农业工程项目建设标准

（2013—2016）

农业部工程建设服务中心　编

中国农业出版社

编写人员名单

主　　编：张国庆

副 主 编：刘克刚

编写人员（按姓氏笔画排序）：

王　蕾　王志强　王宏玉　刘冰心

刘克刚　李铁男　张国庆　张晓亚

陈　东　郝聪明　洪俊君

前　　言

近年来，农业部陆续制定并颁布了一批农业工程项目建设标准，涵盖了农业建设项目所涉及的主要工程技术领域，为新时期现代农业发展提供了重要技术支撑。为更好地推动标准的宣贯和实施，方便广大农业工程技术人员和管理人员及时掌握与使用，农业部发展计划司委托农业部工程建设服务中心，汇总编辑了《农业工程项目建设标准（2013—2016)》，以期指导并规范农业部农业建设项目的管理实践活动。

本书共收录农业部2013—2016年发布实施的23项农业工程项目建设标准，涉及种植、畜牧兽医、农业机械、渔业水产、农村能源、环境保护等方面，供农业领域广大干部和技术人员在工作中参考和查询。另外，本书收录了2011年农业部发布的《农业工程项目建设标准编制规范》（NY/T 2081—2011)，以期指导今后相关标准编制工作。

编　者

2017年10月

前言

目　　录

ICS 65.040.01
P 35

中华人民共和国农业行业标准

NY/T 2442—2013

蔬菜集约化育苗场建设标准

Construction criterion for intensive vegetable nursery

2013-09-10 发布

2014-01-01 实施

中华人民共和国农业部 发布

前　言

本标准按照 GB/T 1.1—2009 给出的规则起草。

本标准由农业部发展计划司提出并归口。

本标准起草单位：全国农业技术推广服务中心、中国农业科学院蔬菜花卉研究所。

本标准主要起草人：梁桂梅、尚庆茂、冷杨、张志刚、王娟娟、董春娟、房嫚嫚。

蔬菜集约化育苗场建设标准

1 范围

本标准规定了蔬菜集约化育苗场建设的内容和技术要求。

本标准适用于蔬菜集约化育苗场新建工程，改建、扩建工程项目可参照执行。

2 规范性引用文件

下列文件对于本文件的应用是必不可少的。凡是注日期的引用文件，仅注日期的版本适用于本文件。凡是不注日期的引用文件，其最新版本(包括所有的修改单)适用于本文件。

GB 15569 农业植物调运检疫规程

GB/T 18407.1 农产品安全质量 无公害蔬菜产地环境要求

GB/T 19165 日光温室和塑料大棚结构与性能要求

NY/T 1145 温室地基基础设计、施工与验收技术规范

NYJ/T 06 连栋温室建设标准

NYJ/T 07 日光温室建设标准

3 术语和定义

下列术语和定义适用于本文件。

3.1

集约化育苗场 nursery

利用先进的育苗设施，稳定地成批生产优质商品幼苗的场所。

3.2

集约化育苗 intensive seedling

在一定面积的育苗场内，采用先进的技术和设备，按照科学的工艺流程，集中、规范、批量、高效化培育优质幼苗的方式。

3.3

基质 substrate

为栽培作物提供适宜养分和 pH，具备良好的持水、保肥、通气性能和根系固着力的混合轻质材料。

3.4

播种车间 planting workshop

为播种及其相关操作提供便利条件、相对封闭的工作区域。

3.5

育苗设施 seedling facilities

能够为幼苗生长发育提供适宜环境条件的保护性结构型式，如日光温室、塑料大棚、连栋温室等。

4 基本原则

4.1 贯彻执行国家以经济建设为中心的各项方针，因地制宜，选用科学的生产工艺，做到技术先进、经济合理、安全适用。

4.2 育苗场建设应根据市场预测和育苗体系的要求确定其规模，由规模确定工艺与设备，在此基础上

进行设计与施工。新建场必须在竣工验收后才能投产。

4.3 贯彻节约能源、用水、用地和环境保护等有关政策法规。

4.4 育苗场一般应一次建成，如需分期建设，先期工程应形成独立的生产能力，后期工程应不妨碍已建项目的正常生产。

4.5 改(扩)建项目应充分利用原有的生产设施和设备，提高项目建设效益。

4.6 育苗场的建设除执行本建设标准外，尚应符合国家现行有关强制性标准。

5 建设规模与项目组成

5.1 建设规模应综合考虑当地蔬菜苗需求、拟建育苗场的技术水平和投资额度等条件后确定。

5.2 按照表1划分规模等级。

表1 蔬菜集约化育苗场建设规模划分

类别	Ⅰ类	Ⅱ类	Ⅲ类
苗床面积，m^2	≥10 000	≥5 000	≥2 000
预测年育苗量，万株	1 200～6 000	450～3 000	120～1 500

5.3 育苗场的项目构成，按功能划分为四个部分：

——育苗设施：培育蔬菜幼苗的保护地设施，包括日光温室、塑料大棚、连栋温室等，北方重点发展日光温室，南方重点发展塑料大棚或连栋温室。

——辅助性设施：为幼苗培育、商品苗销售提供直接服务的设施设备，包括催芽室、播种车间、消毒池、仓储间、种子健康检测室、新品种试验田等。

——配套设施：为育苗提供基本保障条件，包括供暖设施、灌排系统、供电系统、道路系统、运输工具等。

——管理设施：生产管理所需的配套设施，包括办公室等。

6 选址与建设条件

6.1 总体环境应符合 GB/T 18407.1 的要求。

6.2 场地要求地势较平坦，高燥，水源充足，排水方便。品种试验田要求土壤肥沃，土层深厚。

6.3 建设地应交通便利。

6.4 周边应没有高大树木或建筑物遮阴。

6.5 以下地区不得建场：

——易受洪涝威胁的地区；

——蔬菜检疫性病虫害发生地区；

——工业、农业、矿山和城市垃圾污染严重地区。

7 工艺与设备

7.1 工艺与设备的确定原则：

——符合建设地技术经济条件和生产规模；

——节能高效、优质安全；

——适度采取机械化和自动化操作设备，提高劳动生产率，减轻劳动强度。

7.2 育苗生产一般采取下列工艺流程：

——准备阶段：包括种子检测、种子消毒、设备调试、育苗设施及操作器具消毒、基质配制等；

——播种阶段:包括基质填装、压穴、播种、覆盖、喷淋等;

——成苗阶段:包括催芽、真叶发育和炼苗等;

——储运阶段:包括成苗后短暂在圃储存、包装和运输。

7.3 根据育苗工艺、育苗规模选择性能可靠的定型专用设备。设备的选用按表2执行。

表2 蔬菜集约化育苗场设备选用范围

操作阶段	设备选用范围
准备阶段	种子催芽箱2台~3台,基质搅拌机1台,高压蒸汽清洗机1台
播种阶段	精量播种机1台
生长阶段	移动式喷灌机(每座育苗温室1台),温湿度记录仪(每座育苗温室2个~3个),喷雾器1台~2台,频振式杀虫灯3个~10个
储运阶段	箱式货车1辆~2辆

8 建筑与建设用地

8.1 总体布局与用地

8.1.1 总体布局应节约用地,避免土地浪费。

8.1.2 育苗场根据功能划分为育苗区(包括育苗设施、辅助育苗设施、配套设施)和管理区(包括办公室、生活区、厕所、门卫等)。其中,育苗区分为育苗设施单元、播种作业单元、生产资料储放单元、作业机具储放及维修单元、电力供应单元、排灌控制单元、包装运输单元、育苗垃圾处理单元;管理区分为办公单元、生活单元、门卫单元、生活垃圾处理单元。育苗区和管理区之间应保持一定距离,各单元之间根据工艺流程进行合理布局。

8.1.3 育苗场的占地面积与建筑面积指标,按表3规定。

表3 各类育苗场占地及建筑面积

单位为平方米

类别	占地面积	总建筑面积	育苗设施建筑面积	辅助性设施建筑面积	配套设施建筑面积	管理设施建筑面积
Ⅰ类	20 000以上	14 750~18 750	12 500~15 000	500~750	1 500~2 500	250~500
Ⅱ类	10 000以上	7 125~8 875	6 000~7 000	250~375	750~1 250	125~250
Ⅲ类	5 000以上	2 950~3 550	2 500~2 800	100~150	300~500	50~100
注:苗床面积一般按育苗设施建筑面积的70%~80%计。						

8.2 建筑与结构

8.2.1 各类建筑应符合坚固耐用、性能优良、经济实用的原则。

8.2.2 日光温室、连栋温室、塑料大棚等育苗设施的建设符合NYJ/T 07、NY/T 1145、NYJ/T 06和GB/T 19165的规定。

8.2.3 播种车间、仓储车间宜采用钢架结构,办公用房宜采用砖混或混凝土结构。

8.2.4 育苗场内的排灌系统、供电系统应与道路建设相结合。

8.2.5 育苗场内的道路应采用硬化路面,主干道宽度6 m,其他道路宽度3 m。

9 配套工程

9.1 育苗场内配套工程设置水平应满足育苗需要,并与主体工程相适应;配套工程应布局合理、便于管理,并尽量利用当地条件。配套工程设备应选用高效、节能、低噪声、少污染、便于维修使用、安全可靠、机械化水平高的设备。

9.2　育苗场应具有可靠、配套的水源工程。

9.3　育苗场的排水系统应雨、污分流。

9.4　锅炉房的设计规划应根据生产、辅助生产、管理和生活建筑负荷统一考虑。

9.5　催芽室应设置空调系统。

9.6　育苗场育苗设施、锅炉房电力负荷等级应为二级，其余用电负荷为三级。

9.7　仓储设施的设置，应符合保证生产、加速周转、合理储备的原则。

10　植物检疫与环境保护

10.1　植物检疫

秧苗检疫按 GB 15569 的规定执行。

10.2　环境保护

10.2.1　育苗场在生产过程中产生的幼苗残株、废弃基质应集中进行无害化处理。

10.2.2　育苗场污水、锅炉房、废弃物应符合国家相关排放标准。

11　主要技术经济指标

11.1　育苗场主要建筑材料消耗可根据表 4 的规定确定。

表 4　育苗场基建三材用量指标

结构类型	钢材 kg/m^2	水泥 kg/m^2	木材 kg/m^2
连栋温室	7～14	2～5	—
日光温室	6～9	18～20	—
塑料大棚	7～10	0.01～0.5	—
砖混结构	15～30	120～180	0.02～0.04
轻钢结构	15～25	80～100	0.01～0.02

11.2　育苗场生产用水、电、基质、肥料消耗按表 5 规定。

表 5　集约化育苗场生产消耗指标

项目	水 m^3/万株	电 kW·h/万株	基质 m^3/万株	肥料 kg/万株
消耗指标	0.7～3	25～100	0.15～0.6	0.2～0.8

11.3　投资比例与主要投资估算指标。

11.3.1　各专业投资占工程总投资的比例宜为：育苗设施 50%～70%，工艺设备费 10%～20%，水、电、暖通 10%～15%，其他费用 5%～10%。

11.3.2　各类育苗场工程建设投资估算指标按表 6 执行。

表 6　各类育苗场工程建设投资估算指标

类别	苗床面积 m^2	总投资额 万元	育苗设施 %	辅助性设施 %	配套设施 %	管理设施 %	其他费用 %	基本预备费 %
Ⅰ类	≥10 000	1 500～2 000	50～60	17～13	13～10	8～5	7	5
Ⅱ类	≥5 000	1 000～1 500	60～65	12～10	11～9	5～4	7	5
Ⅲ类	≥2 000	500～1 000	65～70	10～8	8～6	5～4	7	5

11.4 育苗场的工程建设工期不宜超过表7的规定。

表7 育苗场建设总工期

项目	建设规模		
	Ⅰ类	Ⅱ类	Ⅲ类
建设总工期 月	12	10	6

11.5 劳动定员

11.5.1 育苗场应根据建设规模和经营管理的要求，本着人员精干、统一领导、分级管理的原则，设置组织机构。

11.5.2 从事蔬菜幼苗生产的工人，应经过专业技术培训。

11.5.3 育苗场非生产人员占工厂全员的比例不应超过10%。

11.5.4 育苗场劳动定员和劳动生产率应符合国家主管部门颁布实施的标准及规定。新建育苗场的劳动定员和实物劳动生产率应按表8控制。

表8 各类育苗场劳动定员和劳动生产率

类别	全场定员 人	直接生产工人 人	全员劳动生产率 万株/(人·年)	直接生产工人劳动生产率 万株/(人·年)
Ⅰ类	11～19	10～17	53～91	60～100
Ⅱ类	9～14	8～13	36～56	40～60
Ⅲ类	6～11	5～10	18～33	20～40
注：全场定员和直接生产工人不含季节性用工人员。				

ICS 65.040
P 04

中华人民共和国农业行业标准

NY/T 2443—2013

种畜禽性能测定中心建设标准　奶牛

Construction standards for breeding livestock performance test center—Dairy cow

2013-09-10 发布　　2014-01-01 实施

中华人民共和国农业部　发布

前　言

本标准按照GB/T 1.1—2009给出的规则起草。本标准符合NY/T 2081—2011《农业工程项目建设标准编制规范》的要求。

本标准由农业部发展计划司提出。

本标准由农业部农产品质量安全监管局归口。

本标准起草单位：农业部工程建设服务中心、中国农业大学。

本标准主要起草人：施正香、俞宏军、颜志辉、陈宇、杨红、李硕、邓书辉、王朝元、李保明、李浩。

种畜禽性能测定中心建设标准　奶牛

1　范围

本标准规定了奶牛生产性能测定中心建设规模、工作流程与设备、建设内容、选址与布局、建筑工程、项目建设投资指标、项目建设工期和劳动定员等要求。

本标准适用于奶牛生产性能测定中心的建设，其他乳品参数测试实验室可参照执行。

2　规范性引用文件

下列文件对于本文件的应用是必不可少的。凡是注日期的引用文件，仅注日期的版本适用于本文件。凡是不注日期的引用文件，其最新版本(包括所有的修改单)适用于本文件。

GB 5749—2006　生活饮用水卫生标准

GB 8978—1996　污水综合排放标准

GB 50016　建筑设计防火规范

GB 50073　洁净厂房设计规范

GB 50189　公共建筑节能设计标准

JGJ 91—1993　科学实验室建筑设计规范

NY/T 800—2004　生鲜牛乳中体细胞测定方法

NY/T 1450—2007　中国荷斯坦牛生产性能测定技术规范

3　术语和定义

下列术语和定义适用于本文件。

3.1

奶牛生产性能测定　dairy herd improvement

按照中国荷斯坦牛生产性能测定技术规范对泌乳牛泌乳性能及乳成分的测定。

4　建设规模

4.1　奶牛生产性能测定中心建设规模，应视国家制订的奶牛良种繁育体系总体规划布局和品种繁育体系结构的需要，以及周边地区奶牛生产情况和社会经济发展状况等合理确定。

4.2　奶牛生产性能测定中心规模按每天 1 500 个样品，可服务奶牛规模为每年 3 万头。

5　工作流程与设备

5.1　工作流程

测定中心工作流程如图 1 所示。

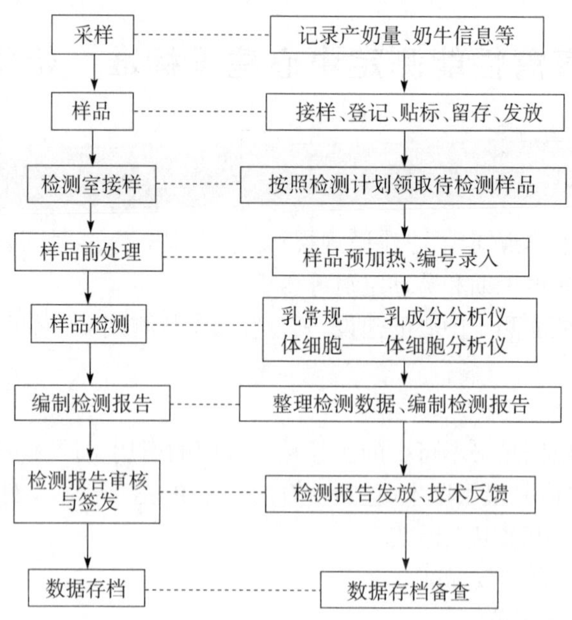

图 1　奶牛生产性能测定中心工作流程图

5.2　设备配置基本原则

满足测定工艺要求，先进适用、性能可靠、安全卫生，自动化程度高。

5.3　基本设备配置

5.3.1　采样设备

5.3.1.1　配置专用流量计、采样瓶、样品架和样品运输箱等。

5.3.1.2　奶样运输车：用于样品采集后的运输，需配置车载冷藏装置，冷藏体积 200 L。

5.3.2　主要测定设备

5.3.2.1　乳成分分析仪

用于乳成分测定，满足 NY/T 1450 中规定的仪器设备要求。

5.3.2.2　体细胞分析仪

用于体细胞检测，满足 NY/T 800 中的仪器设备要求。

5.3.2.3　高效液相色谱仪

用于样品抗生素等的分析。

5.3.2.4　光学显微镜

用于校正样品中体细胞数，放大倍数不小于 400 倍。

5.3.3　其他设备

5.3.3.1　样品冷藏设备

用于存放样品，4℃冷藏冰箱，总容积为 1 000 L。

5.3.3.2　水净化装置

用于试验用水净化，达到超纯水标准，净化能力不小于 1.5 L/min。

5.3.3.3　废弃样品收集处理装置

用于废液及乳样的收集处置，容积不小于 300 L。

5.4　主要设备技术参数

应符合 NY/T 1450 中关于牛乳中各个指标测定所需的设备要求。

奶牛生产性能测定中心的设备配置见表 1。

表 1 奶牛生产性能测定中心仪器设备配置

设备名称		规格/要求	数量(台、套)	备 注
一、采样装置	流量计	能够准确测定产奶量,并均匀地分出奶样	若干	
	采样瓶	50 mL	若干	
	样品架	可自制样品瓶架,一般 50 个/架	若干	
	样品运输箱	具有 4℃冷藏功能	1	
二、仪器设备	恒温水浴箱	根据采样架及测样速度确定,温度范围为(42±1)℃	2	
	乳成分分析仪	检测脂肪、蛋白质、乳糖、总干物质、非脂乳固体、尿素氮等组分,检测能力为每小时 200 个~400 个样品	2	
	体细胞分析仪	流式细胞计数为基础的准确测量,检测能力为每小时 200 个~600 个样品	2	
	菌落计数器	标准培养皿尺寸,光学 3 级放大 1×,5×,10×	1	
	光学显微镜	目镜×物镜放大倍数≥400 倍	1	
	生物安全柜	工作尺寸 1 000 mm×600 mm×640 mm,2×20 W 照明灯,20 W 紫外灯,波长 254 nm	1	可选
	超净工作台	工作尺寸 1 000 mm×700 mm×620 mm,洁净度:100 级	1	可选
	生化培养箱	控温范围为 4℃~60℃,温度分辨率为 0.1℃,内胆尺寸(mm)$W \times D \times H$=600×700×1 200	1	可选
	离心机	最大转速 13 500 r/min	1	可选
	高压灭菌锅	温度为 109℃~135℃,灭菌时间为 4 min~120 min,工作压力为 0.22 MPa~0.25 MPa	1	可选
	凯氏定氮仪	普通样品测试为 3 min/个~8 min/个,范围为 0.1 mg~280 mg 氮	1	可选
	脂肪测定仪	测量范围为 0.1%~100%,溶剂为 70 mL~90 mL,温度 0℃~285℃	1	可选
	高效液相色谱仪	压力可达 150 kg/cm^2~300 kg/cm^2,色谱柱每米降压为 75 kg/cm^{2}以上,流速为 0.1 mL/min~10.0 mL/min,塔板数可达 5 000 个/m,在一根柱中同时分离成分可达 100 种	1	可选
	消化炉	控温范围:室温至 500℃,控温精度为±1℃	1	可选
	电子天平	最大量程为 210 g,分度值为 0.1 mg	1	可选
三、附属设备	水净化装置	出水量为 1.5 L/min,TOC<4×10^{-9},颗粒<1 个,微生物<1 CFU/mL	1	
	废弃样品收集处理装置	废弃物经过处理后应达到有关排放标准	1	
	管理及信息处理设备	满足信息处理、存储及信息安全要求,计算机、打印机、复印机等	若干	
四、奶样运输车		满足采样人员及样品运输需要,车型为面包车	1	

6 建设内容

奶牛生产性能测定中心建设内容应包括检测实验室、业务用房和配套工程设施等。

6.1 检测实验室

检测实验室包括接样室、样品冷藏室、样品前处理室、乳成分及体细胞检测室、微生物实验室、综合检测室、液相色谱室、消化室、洗涤间、试剂储藏间和附属设施等。

6.1.1 接样室

用于接收样品。

6.1.2 样品冷藏室

用于存放样品。配置冰箱、样品柜等。测定样品数量较多的,可单独配置样品冷库,配置制冷机。

6.1.3 样品前处理室

用于样品测试前的预处理。配置操作台和恒温水浴箱。

6.1.4 乳成分及体细胞检测室

用于乳成分及体细胞的检测。配置乳成分分析仪、体细胞计数仪和恒温水浴箱等设备。

6.1.5 微生物实验室

用于开展乳样细菌检测、培养、分离。配置生物安全柜、超净工作台、生化培养箱、离心机、高压灭菌锅和光学显微镜等设备。

6.1.6 综合实验室

用于乳脂率、乳蛋白率、乳糖和尿素氮等项目的检测及其他常规化学分析。配置凯氏定氮仪、索氏浸提脂肪测定仪等设备。

6.1.7 液相色谱室

用于乳中抗生素、铅、镉等分析检测。配置高效液相色谱仪等设备。

6.1.8 消化室

用于测定样品消化处理及其他挥发性、有毒有害成分处理。配置通风橱和消化炉等设备。

6.1.9 洗涤间

用于清洗、消毒、晾干采样瓶。配置热水器、消毒装置、超声波清洗装置、晾晒架、洗涤池、废液收集处理装置等。

6.1.10 试剂储藏间

用于存放检测工作中相关的各种化学药品、试剂。

6.1.11 库房等

包括库房和维修间等。

6.2 业务用房

包括业务室、档案室、会商室、更衣室及卫生间等。布局时,应与检测实验室隔开,也可与已有的其他实验室共用。

6.3 配套工程设施

包括供电、给排水、供热和通讯信息工程等,占地面积在建筑面积中考虑。

6.4 各类建(构)筑物主要技术指标

6.4.1 主要建筑物面积指标见表2。

表2 奶牛生产性能测定中心各功能实验室面积指标

序号	名　称	使用面积,m^2	备　注
1	接样室	10～20	接样人员工作间
2	样品冷藏室	20～30	
3	样品前处理室	15～20	
4	乳成分及体细胞检测室	50～60	
5	微生物实验室	15～20	
6	综合实验室	30～45	
7	液相色谱室	20～30	
8	消化室	15～20	
9	洗涤间	30～40	
10	试剂储藏间	10～15	
11	库房	15～20	放置采样瓶、奶格子和流量计等
12	更衣室及卫生间	20～30	配置热水器

表 2（续）

序号	名 称	使用面积，m^2	备 注
13	档案室	15～20	配置档案架，档案存储及查阅
14	业务室	60～80	用于管理及检测人员办公和数据处理
15	会商室	25～30	
合 计		350～480	建筑面积 450 m^2～600 m^2

6.4.2 样品储藏室、洗涤室、乳成分分析室等应根据其服务区域奶牛数量、检测频率、设备配置数量等需要适当增减。

7 选址与布局

7.1 选址

7.1.1 奶牛生产性能测定中心距离公共场所和居住建筑至少 50 m。

7.1.2 设在奶牛场的测试实验室，宜与其他用房合并建设。

7.2 实验室布局

接样室应靠近中心入口，样品冷藏室应紧邻接样室，其他检测实验室应根据性能检测中心工艺流程布置。办公区与检测区域应隔开，设置专门处理废弃物的区域。

7.3 防疫

7.3.1 奶牛生产性能测定中心应独立建设，与其他畜禽场距离 3 km 以上。

7.3.2 设在奶牛场的奶牛生产性能测定中心，应符合奶牛场建设防疫规范的要求。

8 建筑工程

8.1 建筑结构形式、结构设计使用年限、抗震设防标准

应按照 JGJ 91 规定的通用实验室要求进行设计和建设。建筑物结构形式宜采用现浇钢筋砼框架或砖混结构，结构设计使用年限为 50 年，建筑结构的安全等级为二级，抗震设防类别应为标准设防类（简称丙类），建筑物耐火等级不宜低于二级。

8.2 节能

建筑节能设计应符合 GB 50189 或当地公共建筑节能设计标准的要求。

8.3 供电

8.3.1 用电电压为 220 V/380 V，电力负荷等级为三级。不能保证正常供电时，应配置自备电源。

8.3.2 实验室仪器设备供电应单独布线，并配置稳压器。

8.4 给排水

8.4.1 供水可采用市政自来水，应符合 GB 5749 的规定。

8.4.2 供水管道应设置倒流防止器。防倒流装置应设在清洁区。

8.4.3 检测后的奶样应经过无害化处理后排入排水系统，并应符合 GB 8978 的规定。

8.5 通讯

应配置局域网、通讯等设备。

8.6 采暖及通风

8.6.1 检测实验室环境温度以 18℃～27℃、相对湿度以 30%～70%为宜。

8.6.2 微生物实验室应根据洁净实验室的要求配置空调净化系统，空气洁净度等级（N）按 GB 50073 要求的 5 级设计。

8.7 消防

防火设计应符合 GB 50016 等相关标准的规定。

9 项目建设投资指标

9.1 项目投资构成

奶牛生产性能测定中心建设项目包括实验室建筑安装工程、仪器设备购置安装以及工程建设其他费和预备费。项目投资构成应包括表 3 规定的全部内容。

表 3 奶牛生产性能测定中心投资估算指标

建设内容		工程量	投资指标,元/m²	单项投资额,万元	备 注
一、实验室建筑安装工程	土建工程	450 m²~600 m²	1 500~2 000	70~120	
	装修工程	450 m²~600 m²	500~1 000	25~60	
	给排水工程	450 m²~600 m²	150~200	7~12	包括卫生洁具、实验室给排水、水暖设备等
	通风空调工程	450 m²~600 m²	100~300	5~18	按照分体立式或挂式空调估算
	电气工程	450 m²~600 m²	180~300	8~18	包括配电、照明、网络综合布线等
	微生物室	15 m²~20 m²	3 000~4 000	5~8	
	累计			120~236	
二、仪器设备购置	采样设备	200 台套		15.0~20.0	
	性能测定设备	2 台套~4 台套		200.0~250.0	
	附属仪器设备	5 台套~8 台套		100.0~150.0	
	奶样运输车	1 辆		15.0~25.0	
	累计			330.0~445.0	
三、工程建设其他费				12~24	建安工程的 10%
四、预备费				24~35	前三项的 5%
合计				490~740	

9.2 项目总投资

按 2011 年价格测算,项目总投资为 490 万元~740 万元,详细投资应根据工程设计资料、当时当地工程造价水平和仪器设备购置价格等多方面因素进行测算。

10 项目建设工期、劳动定员及其他

10.1 奶牛生产性能测定中心建设总工期不应超过 1 年。

10.2 检测中心负责人应具有高级技术职称,检测人员应取得资格认证。

10.3 奶牛生产性能测定中心劳动定员按表 4 所列指标控制。

表 4 奶牛生产性能测定中心劳动定员指标

项目	管理人员	技术人员	合计
定员指标	2	6	8

ICS 67.140.10
B 35

中华人民共和国农业行业标准

NY/T 2710—2015

茶树良种繁育基地建设标准

Construction standards for tea plant breeding base

2015-02-09 发布 2015-05-01 实施

中华人民共和国农业部 发布

前　言

本标准按照 GB/T 1.1—2009 给出的规则起草。

本标准由农业部农产品质量安全监管局提出。

本标准由农业部发展计划司归口。

本标准起草单位:农业部工程建设服务中心。

本标准起草协作单位:北京方正联工程咨询有限公司。

本标准主要起草人:李晓钢、黄洁、牛明雷、张晓琳、李莉、曾建明、洪俊君。

茶树良种繁育基地建设标准

1 范围

本标准可作为编写茶树良种繁育基地项目规划、建议书、可行性研究报告、初步设计文件的依据。

本标准适用于政府投资建设的茶树良种繁育基地项目决策、实施、监督、检查、验收等工作,其他社会投资的同类项目可参照执行。

2 规范性引用文件

下列文件对于本文件的应用是必不可少的。凡是注日期的引用文件,仅注日期的版本适用于本文件。凡是不注明日期的引用文件,其最新版本(包括所有的修改单)适用于本文件。

GB 3095—2012 环境空气质量标准

GB 5084—2005 农田灌溉水质量标准

GB/T 8321.3—2000 农药合理使用准则(三)

GB 9137 保护农作物的大气污染物最高允许浓度

GB 11767—2003 茶树种苗

GB 15618 土壤环境质量标准

GB/T 18621 温室通风降温设计规范

GB/T 50363 节水灌溉工程技术规范

GB 50016 建筑设计防火规范

GB 50039 农村防火规范

GB 50052 供配电系统设计规范

GB 50153 建筑结构可靠度设计统一标准

GB 50189 公共建筑节能设计标准

GB 50223 建筑工程抗震设防分类标准

GB 50288 灌溉与排水工程设计规范

JTG B01—2003 公路工程技术标准

NY/T 2019—2011 茶树短穗扦插技术规程

NY/T 5018—2001 无公害食品 茶叶生产技术规程

NY 5020—2001 无公害食品 茶叶产地环境条件

NYJ/T 60—2005 连栋温室建设标准

交公路发[2004]372 号 农村公路建设暂行技术要求

3 术语和定义

下列术语和定义适用于本文件。

3.1

茶树良种繁育基地 quality tea cultivar clonal seedling breeding base

繁育生产茶树良种苗木和穗条的场所,一般由品种园、原种母本园、良种繁育苗圃、茶叶加工示范园等组成。

3.2

品种园 varieties of tea garden

用于活体保存茶树良种,展示和储备保存待推广茶树良种的园地。

3.3

原种母本园 breeder's seeds garden

为茶树良种扦插繁育苗木提供穗条的园地。

3.4

良种繁育苗圃 tea plant clonal seedlings breeding nursery

用短穗扦插方法繁育茶树良种苗木的园地。

4 一般规定

4.1 为了规范政府投资茶树良种繁育基地项目建设，统一项目建设内容，合理确定建设规模，正确把握建设水平，科学估算建设投资，推动技术进步，提高投资效益和工程建设质量，特制定本建设标准。

4.2 茶树良种繁育是茶产业发展的基础，是提升茶叶产量、品质和效益的关键，应加快建设茶树良种繁育基地。

4.3 基地建设应紧紧围绕农业农村经济发展的总体要求，贯彻落实国家关于茶产业政策和发展规划。

4.3.1 以服务产业为宗旨，以市场需求为导向，立足本地特色茶树资源，科学引进适宜品种，优化品种结构，增加单产，改善茶叶品质，实现茶树良种苗木生产专业化、规模化、标准化和集约化。

4.3.2 充分发挥良繁、展示、培训、研究功能和辐射带动作用，提高经济效益、生态效益和社会效益，增加农民收入，全面推动茶产业与当地经济可持续发展。

4.4 基地应合理确定建设规模和内容，可以一次投入一次建成，也可以在原有基础上改造完善或分期建设。

4.4.1 基地应科学规划、节约用地、保护环境、防止污染，提高土地产出率和资源利用率。

4.4.2 政府投资主要支持基地引种试验、原种母本、良种繁育、质量检测、良种良法示范展示以及先进工艺技术引用、机械设备配置等方面建设。

4.4.3 改造完善或分期建设时，后续项目应遵循填平补齐原则确定建设内容，保证与前期建设内容有机结合，促使基地形成更合理和更完善的茶树良种繁育功能。

4.5 基地生产的无性系茶树品种穗条和苗木的质量分级指标、检验方法、检测规则、包装和运输等方面要求应符合 GB 11767—2003 的规定。生产过程使用农药应符合 GB/T 8321.3—2000 的规定。

4.6 基地建设除执行本文件外，尚应符合国家现行的有关标准、规范、规程，应严格执行建筑、结构、供水、供电、采暖、通风、消防、安防等专业各类强制性标准。

5 基地要求与规模

5.1 基地要求

5.1.1 基地建设规模应依据当地经济、社会发展状况，茶叶生产和市场发展需要以及建设单位技术水平、管理能力综合确定，应符合国家和地方茶产业发展规划，相对集中连片、适度规模发展。

5.1.2 基地主要引进和繁育品种应选择经省级或省级以上品种审定机构审定（鉴定或认定）、优质丰产、市场前景好的良种。

5.1.3 引进的茶树无性系原种种苗质量应符合 GB 11767—2003 要求，禁止调入未经检疫或检疫不合格的种苗。

5.1.4 基地繁育品种覆盖面积在宜推广、已推广、拟推广方面应达到一定规模要求。

5.2 基地规模

5.2.1 基地面积不宜少于 300 亩*，其中良种繁育苗圃应占基地面积的 30%，且不宜少于 100 亩。亩产茶树无性系良种苗木 10 万株～20 万株。

---

* 亩为非法定计量单位。1 亩=1/15 hm^2。

6 基地选址和建设条件

6.1 基地选址

6.1.1 基地选址应符合城乡建设规划和产业发展规划。选择生态环境良好、交通方便、地势平缓、水源充足、易于排灌的平地或缓坡丘陵地，离公路干线 50 m 以上。

6.1.2 茶园应为平地或缓坡，坡度宜在 25°以下。

6.2 建设条件

6.2.1 园地土壤应结构良好、地力肥沃，具备较好排灌条件。良种繁育苗圃有效土层厚度应达到0.4 m以上，其余园地有效土层应达到 0.8 m 以上。

6.2.2 土壤 pH 在 4.5～5.5。

6.2.3 土壤、空气、灌溉水质量应符合 NY 5020—2001、GB 15618、GB 3095—2012、GB 5084—2005、GB 9137 的规定。

7 工艺与技术

7.1 工艺流程

7.1.1 茶树良种苗木繁育工艺流程，见图 1。

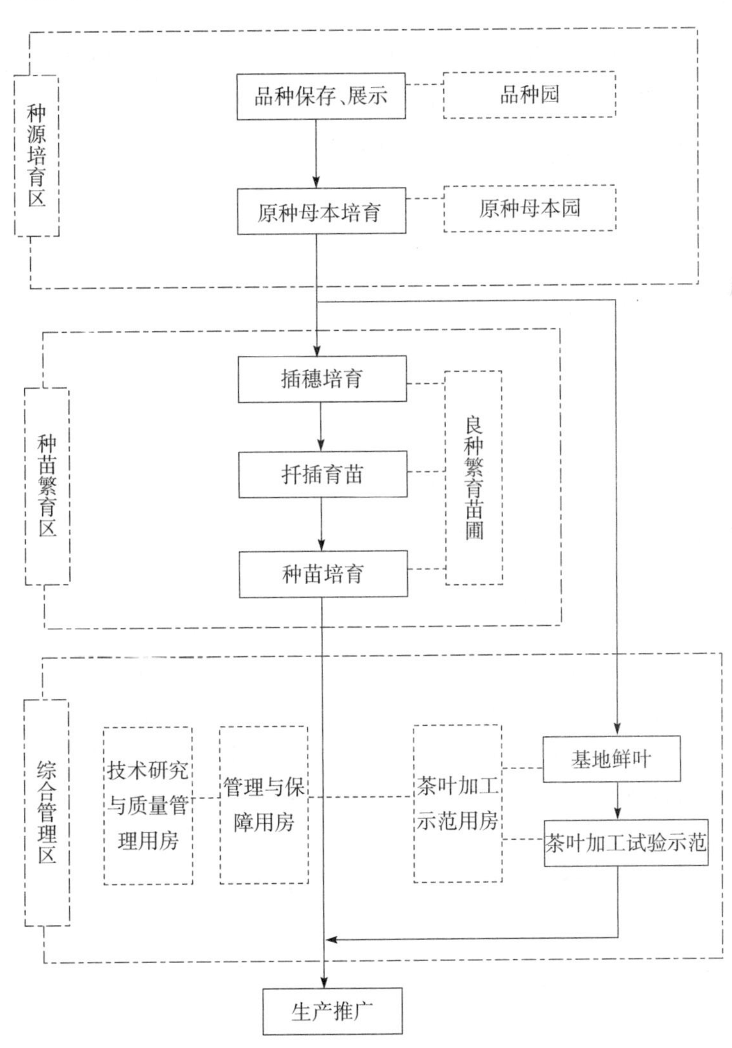

图 1 工艺流程

7.1.2 茶树短穗扦插育苗应符合 NY/T 2019—2011 的规定。

7.2 技术要求

7.2.1 品种保存与展示

7.2.1.1 保存并展示基地主要引进和繁育茶树品种。

7.2.1.2 鼓励有技术创新能力的茶树良种苗木繁育基地开展引种试验,加强品种内部检测,不断筛选适宜本地区种植推广的茶树良种。

7.2.1.3 品种园要求水源条件好、设施完备,具备较强的抵御自然灾害能力。

7.2.2 原种母本培育

7.2.2.1 原种母本品种纯度要求达到 100%。基地应持续开展原种母本园建设和品种更新。

7.2.2.2 原种母本培育需要优良的土壤地力条件。有效养分供应达到丰产茶园要求,其中,有机质含量≥1.5%,全氮(N)含量≥0.10%,速效磷(稀盐酸浸提 P_2O_5)含量≥10 mg/kg,速效钾(醋酸铵浸提 K_2O)含量≥100 mg/kg。

7.2.2.3 原种母本园建设标准应高于一般生产茶园,园内应具备完善的灌排设施,茶园作业道、行间距和土地平整度宜符合机械化作业要求,满足插穗运输需要。

7.2.2.4 原种母本培育需要良好的日常管护条件,应配备修剪、培肥、病虫害防治等设施设备,保证插穗质量。成园前对缺株、断行进行补苗时,应补种苗龄一致的苗木。

7.2.3 良种种苗繁育

7.2.3.1 良种种苗繁育包括插穗培育、扦插育苗和种苗生产 3 个环节。良种繁育苗圃的设施设备应满足种苗繁育生产能力的要求。

7.2.3.2 种苗繁育要求苗圃土地平整,周边心土资源充足,具备良好的灌排设施。圃内道路系统完备,并与周边交通干线相接,便于机械作业和种苗运输。

7.2.3.3 按地域和气候条件选择适当的育苗方式,配备适宜的设施设备。育苗期气候条件较好的茶区宜采用露天育苗,苗圃宜建立高 1.8 m～2.0 m 平棚式遮阳设施和简易越冬设施;育苗期气候条件较差的茶区宜采用设施育苗,建立钢架结构的温室或大棚,提高扦插苗越冬成活率。

8 基地构成

8.1 基地构成

茶树良种繁育基地建设由种源培育区、种苗繁育区、综合管理区,农机具及仪器设备组成。根据地形地貌、植被、道路、水系等情况,将园区按种源培育、种苗繁育、综合管理配套等功能进行区域划分。

8.2 种源培育区

8.2.1 种源培育区包括品种园、原种母本园,总面积不宜小于 200 亩。

8.2.2 品种园主要功能是活体保存茶树品种,对外进行品种展示。品种园面积宜为基地规模的 10%。

8.2.3 原种母本园(采穗圃)主要功能是培育生产茶树良种穗条,以满足良种繁育场自身繁育和周边育苗场(户)的种源需求。原种母本园面积宜为基地规模的 50%,主栽品种不少于 15 个,每个品种的面积不少于 10 亩,年生产茶树良种穗条能力达到 700 kg/亩以上。

8.3 种苗繁育区

8.3.1 种苗繁育区主要由良种繁育苗圃组成,也可以根据项目单位业务职能需要和建设条件设置工厂化育苗车间。

8.3.2 良种苗木采用短穗扦插育苗技术进行繁育;良种繁育苗圃实际育苗面积应不少于基地规模的 30%,且不宜低于 100 亩(未考虑轮作因素),连片面积宜大于 50 亩,年产良种茶苗不宜少于 1 000 万株。

8.3.3 工厂化育苗车间一般由组培室、智能温室、炼苗场等组成;工厂化育苗车间规模应根据繁育能力和工艺技术确定。

8.4 综合管理区

8.4.1 由技术研究与质量管理部门、茶叶加工部门、管理与保障部门组成。总占地规模不大于基地总用地规模的3%,且不大于20亩。总建筑面积不宜大于1 800 m²。其中技术研究与质量管理用房不宜大于400 m²,加工示范用房不宜大于800 m²,管理与保障用房不宜大于600 m²。

8.5 农机具及仪器设备

主要包括检验检测设备、生产机具、植保设备、茶叶加工设备、其他设备等。

8.6 基地构成和规模汇总

基地构成和规模汇总见表1。

表1 基地构成和规模汇总

序号	名　　称		规　　模
1	种源培育区	品种园	宜为基地面积10%
2		原种母本园	宜为基地面积50%
3	种苗培育区	良种繁育苗圃	不宜少于基地面积30%,且不宜小于100亩
4	综合管理区	技术研究与质量管理用房	不宜大于400 m²
5		茶叶加工示范用房	不宜大于800 m²
6		管理与保障用房	不宜大于600 m²

9 规划布局与建设内容

9.1 规划布局

茶树良种繁育基地须结合当地总体规划、基地功能、建设规模、地形地貌、交通、环境等综合条件,统一规划、科学设计,实现区、园、房、林、路、水的合理布局。基地的规划建设应有利于保护和改善茶区生态环境、维护茶园生态平衡,发挥茶树良种的优良种性,有利于茶园排水、灌溉和机械作业。

9.1.1 平面布局

基地平面规划布局应按功能要求,合理布局种源培育、种苗繁育和综合管理3个功能区。各功能区宜相对独立,通过道路互联互通。各功能区内应按照地形条件,将地块划分成大小不等的作业单元,一般以4.5亩～19.5亩为宜。

9.1.2 竖向布局

基地应按地形条件进行竖向布局。25°以上坡地宜作为林地或蓄水池建设;15°～25°的陡坡地,可根据地形情况建设梯级茶园,同梯等宽,大弯随势,小弯取直;15°以内的坡地及平地可建设茶园和综合管理配套设施;低洼的凹地可用于建设水池。

9.1.3 道路规划

道路规划应有利于茶园布置,便于运输、耕作,尽量少占耕地。缓坡丘陡岗地茶园主干道与支道可设在岗顶;坡度较大的山地茶园,主干道宜设在坡脚,支道与作业道可设成S形,禁止陡坡开设直上直下道路,避免水土冲刷与茶园作业不便;平地主干道与支道应尽量设置成直线形,以减少占地面积,提高劳动效率。

9.1.4 灌排设施规划

灌排设施应具有保水、供水、排水、节水功能,应根据地形地貌,结合道路规划设置,做到小雨不出园,中雨、大雨能蓄能排。各项设施满足机械化、自动化作业要求。

9.1.5 防护林网规划

防护林网建设应与道路、灌排设施相结合,不妨碍茶园机械化管理。树种应选择速生、防护效果好、根系分布深、与茶树无共同病虫害、适合当地自然条件的品种。乔木与灌木相结合,针叶树与阔叶树相结合，常绿树与落叶树相结合，以宜做绿肥的品种为主。

9.1.6 **房屋建设规划**

各类用房确定建设用地时，应考虑便于组织生产和管理，优先选择不适宜茶树种植的土地。各建筑物之间的距离，应符合国家现行的规划、消防、日照等有关规定。茶叶加工示范用房离茶园直线距离宜在 5 km 以内，应与办公、生活区隔离。

9.2 **种源培育区**

9.2.1 **园地深翻平整、开挖种植沟、施基肥**

9.2.1.1 根据园地的地形地貌分类进行土地深翻平整，深度应达到 0.6 m 以上。按照确定的种植规格开挖种植沟，并施用基肥。

9.2.1.2 对于坡度小于 15°的缓坡地和平地，可直接对土壤进行深翻平整；对于坡度大于 15°的地块，应结合深翻土地建设梯级茶园。

9.2.1.3 种植沟深度应达到 0.3 m～0.4 m，宽度应达到 0.4 m。江南茶区、江北茶区、西南和华南大部中、小叶种茶区宜采用双行双株种植，大行距 1.6 m，小行距 0.3 m，株距 0.3 m；西南和华南大叶种茶区宜采用单行单株种植，行距 1.6 m，株距 0.3 m。

9.2.1.4 施基肥应以农家肥或饼肥为主，农家肥用量为 45 000 kg/hm^2，饼肥用量为 4 500 kg/hm^2～7 500 kg/hm^2。

9.2.1.5 园地深翻平整、开挖种植沟、施肥、病虫害防治及其他相关技术要求按 NY/T 5018—2001 的规定执行。

9.2.2 **品种园和原种母本园建设**

9.2.2.1 从育种单位引进国家或省级品种的原种种苗，品种纯度应为 100%。

9.2.2.2 不同品种或与一般生产茶园同时建设时必须有道路隔离。母本园行株距可比一般采叶茶园适当放大。

9.2.2.3 原种母本园应土层深厚、土质肥沃、地势平缓、阳光充足、排灌条件好。

9.2.3 品种园、原种母本园基础设施建设内容主要是灌溉、排水、道路、供电等工程，具体要求详见 9.6。

9.3 **种苗繁育区**

9.3.1 **土地平整**

对种苗繁育区进行全园土地平整，为露天育苗及设施育苗建设创造条件。每一块苗圃要相对水平，保证雨季不积水。

9.3.2 **苗床建设**

苗床建设应满足良种种苗繁育要求。宜采用东西走向，长度一般在 10 m～20 m，畦面宽度 1.0 m～1.2 m，高度 0.2 m～0.4 m。畦沟宽度宜为 0.25 m～0.3 m，深度宜为 0.15 m～0.2 m，畦沟横断面应呈上宽下窄梯形，沟底平整，畦沟沿长度方向宜两头低、中间高，坡度为 3%，便于雨季排水。畦面铺 0.07 m～0.09 m 厚心土，压紧后的心土层保持在 0.05 m～0.07 m。苗床四周开深 0.4 m～0.5 m、宽 0.3 m 的水沟。

9.3.3 **温室大棚建设**

9.3.3.1 在北方茶区和高海拔茶区，冬季常出现长时低温冰冻天气，对扦插苗越冬易造成致命影响，建设温室大棚是提高育苗成活率和育苗效益的关键技术措施。

9.3.3.2 温室大棚宜采用连栋式，每栋跨度可采用 6 m 或 8 m，肩高宜≥1.8 m，顶高 3 m～4.5 m，长度宜在 50 m 以内。

9.3.3.3 覆盖材料宜采用双层薄膜或 PVC 中空板。PVC 板透光度≥80%。

9.3.3.4 应设置内、外双遮阳系统。外遮阳宜采用遮光度为70%黑色塑料遮阳网，内遮阳宜采用薄膜—镀铝内遮阳保温幕。遮阳系统宜采用电动控制。

9.3.3.5 根据需要可设置湿帘—风机降温、侧通风和顶通风系统。设计标准按GB/T 18621的规定执行。

9.3.3.6 应配备自动喷灌系统，根据茶苗生长周期合理调整灌水雾化指标。

9.3.4 育苗网室建设

9.3.4.1 网室骨架宜采用热浸镀锌钢架结构或砼柱—钢架混合结构。网室高1.8 m～2 m，宽度宜为1.5 m整数倍，长度不宜超过50 m，顶宜为平顶。

9.3.4.2 网室遮阳系统可采用电动或手动开闭系统，遮阳材料宜采用遮光度为70%黑色塑料遮阳网。

9.3.4.3 网室保温宜采用室内活动式塑料拱棚保温。骨架材料可为镀锌钢管或竹材。

9.3.4.4 网室宜采用自动喷雾灌溉—施肥系统。

9.3.5 种苗繁育区其他建设内容，具体要求详见9.6。

9.4 综合管理区

9.4.1 技术研究与质量管理用房

9.4.1.1 由品种保存实验室、种苗繁育与质量控制实验室、茶叶质量检验实验室、培训中心和办公室组成。

9.4.1.2 房屋结构宜采用砖混结构或钢筋砼框架结构，按照普通实验室进行装修。

9.4.1.3 建筑面积不宜大于400 m^2。

9.4.1.4 品种保存、种苗繁育与质量控制、茶叶质量检验等实验室应配备实验台、实验用品柜、实验仪器设备。

9.4.1.5 培训和办公用房可根据需要设置培训室桌椅和办公家具。

9.4.2 茶叶加工示范用房

9.4.2.1 由鲜叶摊青、加工示范试验、良种茶叶样品仓储室组成。

9.4.2.2 茶叶加工示范用房结构可采用砖混结构、轻型钢结构或钢结构。

9.4.2.3 茶叶加工示范应符合茶叶企业质量认证有关要求。

9.4.2.4 茶叶加工示范用房规模不宜大于800 m^2。

9.4.2.5 鲜叶摊青、加工示范实验室按加工实验要求配备相关成套设备。良种茶叶样品仓储应采用冷藏方式。

9.4.3 管理与保障用房

9.4.3.1 包括行政管理、后勤管理、仓储、生活保障等用房。

9.4.3.2 房屋结构宜采用砖混结构或钢筋砼框架结构，按照普通办公用房、仓储用房、后勤用房进行装修。

9.4.3.3 建筑面积按照行政、后勤管理人员定编数量计算，建筑面积标准不宜超过20 m^2/人，且总建筑面积不应超过400 m^2。按照普通办公用房设置办公设施。

9.4.3.4 根据原材料、工器具数量确定仓储用房规模，库房存储规模应能满足一个生产季节所需物资的存储要求，总建筑面积不宜小于200 m^2。

9.4.4 综合管理区建筑物应执行的相关标准和规范

9.4.4.1 建筑工程应符合国家、行业相关标准。建筑结构设计使用年限为50年，建筑结构安全等级为二级。应符合GB 50153的规定。

9.4.4.2 建筑抗震设防类别为标准设防类，采用丙类。应符合GB 50223的规定。

9.4.4.3 鲜叶摊青、加工示范实验室火灾危险性类别为丙类，耐火等级应不低于三级。良种茶叶样品火灾危险性类别为丙类，耐火等级宜为二级。技术研究与质量管理用房和管理与保障用房耐火等级宜为二级。应符合 GB 50016 的规定。

9.4.4.4 应按 GB 50189 或地方节能标准的规定，进行建筑节能设计。

9.4.4.5 综合管理区建筑物除应遵守本文件引用的标准规范之外，还应按照有关规定执行其他建筑工程标准规范。

9.5 农机具及仪器设备

9.5.1 检验、检测设备

检验检测设备主要包括土壤养分速测仪、土壤水分速测仪、光学显微镜、电子天平、恒温干燥箱、农残速测仪、超净工作台以及茶叶水分监测仪、茶叶分筛机等。

9.5.2 生产机具

生产机具主要包括茶树修剪机、移动喷灌设备、中耕机、深耕机、施肥机等，各类机具数量根据项目需要和设备性能选配，原则上不宜少于 2 套。

9.5.3 植保设备

植保设备主要包括智能型虫情测报灯、频振式杀虫灯、机动弥雾机、自动诱蛾器、病虫害远程监控系统、小型气象站等。

9.5.4 茶叶加工试验设备

茶叶加工试验设备包括茶叶初加工试验生产线、抽气充氮包装封口机、干评台、湿评台、样品柜、评茶盘、杯、匙等。

9.5.5 其他设备

根据工作需要确定办公设备和生产运输车辆配置数量。

9.6 其他建设工程

9.6.1 道路工程

9.6.1.1 基地道路分为主干道、支道和作业道。

9.6.1.2 主干道单车道宽不小于 4.5 m，双车道宽不小于 6.5 m，且都应与基地外道路交通线相连，通达基地各主要功能区，可行驶长度 9 m 以上货运车辆。路面采用水泥混凝土或沥青混凝土铺设，具体做法按照 JTG B01—2003 的规定执行。

9.6.1.3 支道路宽不小于 3 m，应与主干道相连，通达各区块，可行驶农用运输车辆。路面采用水泥混凝土或沥青混凝土铺设，具体做法按照 JTG B01—2003 的规定执行。

9.6.1.4 作业道路宽不小于 1.2 m，应与支、干道相连，可供茶园机具行驶。路面采用沙石、泥结碎石或手摆块石铺设，具体做法可按照交公路发[2004]372 号的规定执行。

9.6.2 灌溉排水工程

9.6.2.1 主要包括水源工程、蓄水池、灌排设施等。

9.6.2.2 水源工程。应保障园区有充足水源用于生产灌溉，可建设蓄水池或水井保证有效供水。新建水井工程应符合项目所在地有关政策、法规。

9.6.2.3 蓄水池。形状与大小根据需要确定，在基地范围内均匀布置，墙体可采用水泥砖、页岩砖、块石或混凝土，底板宜为混凝土，池内设砖砌梯步。蓄水池应通过管、渠与水源有效联通。

9.6.2.4 灌排设施。由主水渠、支渠以及固定式或移动式喷灌系统组成。主水渠、支渠宜采用混凝土、浆砌石、土工膜等防渗沟渠或低压管道。灌排设施应形成整体，各系统、区域有效衔接，确保旱能灌、涝能排。

9.6.2.5 灌溉排水工程规划设计宜符合 GB 50288 和 GB/T 50363 的规定。

9.6.3 积肥池、垃圾收集池

根据需要设置，底部应采用土工布膜防渗或其他防渗材料，四周池墙宜采用防渗混凝土或其他防渗材料。当采用砖墙时，应用防水砂浆砌筑和抹灰。各类池体上应设置盖板，确保车辆、人员安全。

9.6.4 变配电与消防工程

9.6.4.1 茶树良种苗木繁育基地供电电源宜从当地供电网络引入 10 kV 电源，建设变配电室或箱式变电站，并根据当地供电情况设置自备电源。

9.6.4.2 基地场区宜设路灯照明系统、电话与网络系统。

9.6.4.3 基地电气设计应符合 GB 50052 的规定。

9.6.4.4 综合管理区消防设施按照 GB 50039 的规定执行。

9.6.5 附属工程设施

包括围墙(含金属围网)、大门、监控、锅炉房、园圃内附属用房等，根据需要确定具体建设内容。

10 主要技术及经济指标

10.1 投资估算

10.1.1 应根据实际需要，遵循填平补齐原则，合理确定基地各项具体建设内容和规模，估算相应投资。

10.1.2 基地建设投资估算应依据建设地点现行造价定额及造价信息文件，并与当地建设水平相一致。

10.1.3 基地建设总投资包括建安工程费、田间工程费、农机具及仪器设备购置费、工程建设其他费和预备费 5 部分。

10.1.3.1 建安工程、田间工程建设规模及参考单价见附录 A。

10.1.3.2 农机具及仪器设备建设内容及参考单价见附录 A。

10.1.3.3 工程建设其他费用

工程建设其他费包括建设单位管理费、项目前期工作咨询费、工程勘察设计费、招标代理服务费、工程监理费、建设项目环境影响咨询服务费等。

工程建设其他费按照《基本建设财务管理规定》、《建设项目前期工作咨询收费暂行规定》、《工程勘察设计收费标准》、《招标代理服务收费管理暂行办法》、《建设工程监理与相关服务收费管理规定》、《建设项目环境影响咨询收费标准》等规定计取。

10.1.3.4 预备费

预备费按建安工程费、田间工程费、农机具及仪器设备购置费与工程建设其他费 4 项之和的 5%～8%计取。

10.2 劳动定员

项目劳动定员见表 2。

表 2 项目劳动定员

功能区名称	部门名称	管理人员	技术人员	合计
综合管理区	办公室	3 人		3 人
种源培育区	技术部	1 人/300 亩	3 人/300 亩	4 人/300 亩
种苗繁育区	生产管理部	1 人/300 亩	5 人/300 亩	6 人/300 亩
	营销部	2 人	3 人	5 人
	固定工人	5 人～10 人/100 亩苗圃		
注：本定员表中人员数量不包括劳动高峰期雇用的临时工人(施肥、植保、采茶等，该类人员数量随建设规模，特别是示范区的规模变化而变化)；种源培育区技术部、种苗繁育区生产管理部按照基地面积总规模每 300 亩为单位配备管理、技术人员。				

10.3 种苗单位产品生产成本

种苗单位产品生产成本包括剪穗扦插费、综合费用、技术管理费、设施折旧费、生产投工费、成活保证费等，参见附录B。

附 录 A
（规范性附录）
茶树良种繁育基地建设项目投资估算附表

A.1 基地建设项目投资估算

见表 A.1。

表 A.1 基地建设项目投资估算

<table>
<tr><th>建设规模，亩</th><th>投资规模，万元</th><th>苗圃，亩</th><th>单位面积年繁育种苗能力</th></tr>
<tr><td>300～600</td><td>330～660</td><td>100～150</td><td rowspan="3">苗圃：≥10 万株/亩
原种母本园：≥700 kg/亩</td></tr>
<tr><td>600～900</td><td>660～990</td><td>150～250</td></tr>
<tr><td>900～1 300</td><td>990～1 430</td><td>250～500</td></tr>
<tr><td colspan="4">注 1：根据农业部 2006—2012 年批复的 39 个茶树良种苗木繁育基地（种子工程类、农业综合开发类）相关数据，确定本表的建设规模、投资规模。经过样本统计分析得出每亩基地投资约为 0.92 万元，但考虑到通货膨胀及人工、材料、农资等涨价因素，本标准估算指标调整为 1.1 万元/亩。
注 2：本表参考样本为农业部已批复项目，该类项目在投资前已经具备了一定规模和基础，投资的主要建设内容依据 4.4.2 确定，其他社会投资建设茶树良种苗木繁育基地估算投资可以参考本投资指标。</td></tr>
</table>

A.2 建安工程、田间工程建设规模及参考单价

见表 A.2。

表 A.2 建安工程、田间工程建设规模及参考单价

<table>
<tr><th>功能区</th><th>建设内容</th><th>数 量</th><th>单位</th><th>参考单价
元</th><th>备 注</th></tr>
<tr><td>综合管理区</td><td>综合管理用房</td><td>总占地规模不大于总用地规模的 3%，且不大于 20 亩；总建筑面积不宜大于 1 800 m²</td><td>m²</td><td>1 500～2 500</td><td>规模根据实际情况确定，估算指标根据砖混、钢筋砼、轻钢等不同结构类型和装修标准确定。</td></tr>
<tr><td rowspan="2">种源培育区</td><td>土地整治</td><td>实际需求</td><td>亩</td><td>200～600</td><td>含土地平整和土壤改良，未包括等高地护坡建筑内容</td></tr>
<tr><td>种植沟</td><td>实际需求</td><td>m</td><td>50</td><td></td></tr>
<tr><td rowspan="4">种苗繁育区</td><td>土地平整</td><td>实际需求</td><td>亩</td><td>400</td><td></td></tr>
<tr><td>温室</td><td>实际需求</td><td>m²</td><td>600～1 000</td><td>轻钢结构、PC 板维护</td></tr>
<tr><td>大棚</td><td>实际需求</td><td>m²</td><td>80～150</td><td>热浸镀锌钢管、塑料薄膜</td></tr>
<tr><td>育苗网室</td><td>实际需求</td><td>m²</td><td>80～120</td><td>热浸镀锌钢架结构或砼柱—钢架混合结构，遮阳网、雾喷系统</td></tr>
<tr><td rowspan="10">其他建设内容</td><td>主干道</td><td>实际需求</td><td>m²</td><td>80～120</td><td>水泥混凝土或沥青混凝土路面</td></tr>
<tr><td>支道</td><td>实际需求</td><td>m²</td><td>80～120</td><td>水泥混凝土或沥青混凝土路面</td></tr>
<tr><td>作业道</td><td>实际需求</td><td>m²</td><td>40～60</td><td>砂石路、泥结碎石路或手摆块石路</td></tr>
<tr><td>主渠</td><td>实际需求</td><td>m</td><td>100～150</td><td>防渗渠</td></tr>
<tr><td>支渠</td><td>实际需求</td><td>m</td><td>70～100</td><td>防渗渠</td></tr>
<tr><td>喷滴灌</td><td>实际需求</td><td>亩</td><td>2 000～3 000</td><td>含首部、管道、喷滴嘴</td></tr>
<tr><td>积肥池、垃圾收集池</td><td>实际需求</td><td>m³</td><td>600</td><td>底部 0.15 m 厚防渗砼，四周池墙防渗砼结构</td></tr>
<tr><td>防护林网</td><td>实际需求</td><td>m</td><td>30～60</td><td></td></tr>
<tr><td>坡改梯</td><td></td><td>亩</td><td>4 000</td><td></td></tr>
<tr><td>场区工程、水源工程等</td><td></td><td></td><td></td><td>根据实际需求估算投资</td></tr>
</table>

A.3 仪器设备及农机具建设内容及参考单价

见表 A.3。

表 A.3 仪器设备及农机具建设内容及参考单价

序号	名　称	主要功能	参考单价 元/台(套)	参数指标
(一)	检验检测设备			
1	土壤养分速测仪	快速测定土壤养分	10 000	
2	土壤水分速测仪	快速测定土壤水分含量	9 900	
3	土壤 pH 速测仪	快速测定土壤 pH	650	
4	PCR 仪	进行茶树分子生物学研究	50 000	96 孔,适用 0.2 mL 样品管,控温精度≤0.5℃,基座温度均匀性<0.5℃
5	光学显微镜及成像设备	进行显微观察及摄像	30 000	放大倍数范围:40 倍～1 600 倍,数码摄像装置像素≥320 万
6	恒温水浴振荡器	用于茶叶内含物提取、分子生物学实验	7 800	
7	磁力加热搅拌器	用于黏稠度不是很大的液体或者固液混合物,可根据要求控制并维持样本温度	700	
8	凝胶成像仪	用于电泳结果的拍照	110 000	镜头 8 mm～48 mm,信噪比>56 dB
9	水平电泳仪	琼脂凝胶制备,样品分离	4 700	
10	电子天平	用于精确称量	3 000	
11	高压灭菌锅	用于组培实验室和生物学研究中培养基和器械用具灭菌	12 600	
12	荧光化学发光成像系统	用于分子生物学和蛋白质电泳结果的成像	95 000	透射波长:302 nm,分辨率:1 360×1 024
13	纯水/超纯水系统	制备纯水和超纯水	18 800	
14	电热恒温鼓风干燥箱	玻璃器皿及样品的干燥处理	5 680	
15	低温冰箱	用于样品保存	31 200	箱内温度:－20℃～－40℃,有效容积≥380 L
16	酸度计	用于测定样品的 pH,精度为 0.1	3 000	
17	超净工作台	用于微生物和分子生物学实验	8 800	
18	光照培养箱	光照度和温度可控的培养箱,用于分子生物学和组培实验	10 000	
19	水浴摇床	用于生物、生化、细胞、菌种等各种液态、固态化合物的振荡培养、制备生物样品	16 800	
20	台式离心机	用于固、液分离纯化	50 000	最高转速:5 000 r/min,标配转子:16 mL×15 mL
21	火焰光度计	用于 K、Na 等元素的定量分析	10 500	
22	实验台		2 000 元/m	具有防火、防水、防腐蚀能力
23	药品柜、标本柜	储存试验药品或生物标准	800 元/m	
24	茶叶水分监测仪	用于茶叶水分的快速检测	35 000	灵敏阈:0.1 μg H_2O;精确度:10 μg～1 mg H_2O,RSD<0.5%;滴定速度:0.6 mg/min(最大值)
25	农残速测仪	用于鲜叶中农药残留的快速测定	16 000	
26	茶叶分筛机	用于产品中碎末茶的含量测定	4 000	
(二)	生产机具			
27	移动喷灌设备	用于园区的移动式喷灌	20 000	
28	茶树单人修剪机	单人茶树修剪	5 000	
29	茶树双人修剪机	双人茶树修剪	8 000	
30	茶园深耕机	茶园土壤的翻耕	5 600	

表 A.3（续）

序号	名　称	主要功能	参考单价 元/台(套)	参数指标
31	茶园中耕机	茶园土壤的中耕作业	120 000	输出轴有 540 r/min、720 r/min、800 r/min、1 000 r/min 等多种转速可选
32	茶园施肥机	茶园开沟施肥	1 500	
33	提水泵	用于灌溉用水的提升增压	4 000	
（三）	植保设备			
34	小型气象站	为植保系统进行田间小气候观测研究用的自动气象站。可测量风向、风速、温度、湿度、露点、气压、降水量、光合辐射、日照时数等气象要素	45 000	温度范围：－30℃～70℃，湿度范围：0%～100%，风速量程：0 m/s～60 m/s，大气压力测量范围：500 mbar～1 100 mbar，降水量测量范围：0 mm/min～4 mm/min，电导率测量范围：0 mS/cm～15.00 mS/cm
35	智能型虫情测报灯	用于茶园病虫的自动测报	15 000	
36	自控诱蛾器	用于诱杀茶园翅害虫	1 000	
37	频振式杀虫灯	用于灯光诱杀茶园害虫	1 500	
38	机动弥雾机	茶园病虫害防治用	5 000	
39	病虫害远程监控系统		100 000	
（四）	茶叶加工试验设备			
40	茶叶初加工试验生产线	用于园区茶叶鲜叶原料初加工（根据企业产品确定生产线）	466 000	
41	抽气充氮包装封口机	用于产品包装	30 000	N_2 纯度：99.50%，包装速度：5 包/min～15 包/min
42	样品柜	茶叶样品低温陈列保存	500	
43	干评台、湿评台	用于茶叶质量的感官审评（按 QS 相关要求）	5 000	
44	评茶盘、审评杯碗、汤匙、叶底杯	用于茶叶质量的感官审评（按 QS 相关要求）	3 000	
（五）	其他设备			
45	空调	各功能用房的温湿度调节	6 200	
46	数码相机	茶树、病虫等图片拍摄	3 000	
47	扫描仪	图片扫描	3 000	
48	台式电脑	基地各类资料整理、存储	5 000	
49	笔记本电脑	基地各类资料整理、存储	6 000	
50	电冰箱、冰柜	标本、试剂、药品存放	3 600	
51	投影仪	培训	5 000	
52	档案柜	档案存放	650	
53	资料架	资料文件存放	80	

附　录　B
(资料性附录)
种苗单位产品生产成本估算

种苗单位产品生产成本估算见表 B.1。

表 B.1　种苗单位产品生产成本估算

序号	科目	单位	单价,元	备注
1	剪穗扦插费	株	0.010	
2	综合费用	株	0.015	水电肥药
3	技术管理费	株	0.015	
4	设施折旧费	株	0.05	
5	生产投工费	株	0.015	整畦、起苗
6	成活保证费	株	0.010	
合计	种苗	株	0.115	
注:以上成本为良种繁育苗圃繁育一株茶苗的成本费用,不包含母本园、良种示范园、管理用房、仪器设备等投资的种苗单位生产成本。				

ICS 65.020.01
B 40

中华人民共和国农业行业标准

NY/T 2711—2015

草原监测站建设标准

The construction standard for grassland monitoring station

2015-02-09 发布　　　　2015-05-01 实施

中华人民共和国农业部 发布

前　言

本标准按照 GB/T 1.1—2009 给出的规则起草。

本标准由农业部发展计划司提出。

本标准由农业部农产品质量安全监管局归口。

本标准起草单位:农业部草原监理中心。

本标准主要起草人:杨智、罗健、李维薇、贠旭疆、杨季、韩天虎、李景平、刘帅、闫凯、孙斌。

草原监测站建设标准

1 范围

本标准规定了草原监测站建设条件、建设内容与规模、主要经济指标等方面的内容。

本标准适用于新建、改建草原监测站的规划、建议书、可行性研究报告和设计等文件编制以及项目的评估、立项、实施、检查和验收。

2 规范性引用文件

下列文件对于本文件的应用是必不可少的。凡是注日期的引用文件，仅注日期的版本适用于本文件。凡是不注日期的引用文件，其最新版本(包括所有的修改单)适用于本文件。

GB 24820—2009 实验室家具通用技术条件

GB 50016—2006 建筑设计防火规范

GB 50034—2004 建筑照明设计标准

GB 50057—2010 建筑物防雷设计规范

GB 50068—2001 建筑结构可靠度设计统一标准

GB 50189 公共建筑节能设计标准

GB 50223—2008 建筑工程抗震设防分类标准

JGJ 67—2006 办公建筑设计规范

JGJ 91 科学实验室建筑设计规范

3 术语和定义

下列术语和定义适用于本文件。

3.1

草原监测站 grassland monitoring station

指承担一定区域范围内草原资源和生态监测工作，具备野外监测工作能力、监测样品分析处理能力、信息分析处理能力的草原监测工作机构。草原监测站按建设级别分为国家级、省级、地市级和县级。

3.2

理化分析实验室 physical and chemical analysis laboratory

指利用理化分析仪器设备，通过物理、化学等分析手段进行植物、土壤、水分等样品处理和分析的实验室。

3.3

信息应用室 information application platform

指利用数据分析设备和软件进行草原监测数据输入、存储、加工、综合应用的场所。

4 建设条件

4.1 草原面积 4 万 hm^2(含)以上的县级区域宜建县级草原监测站，相应建地市级和省级草原监测站。农业部建国家级草原监测站。

4.2 应符合相关行业发展规划。

4.3 具有可靠的水、电、交通和通讯等外部协作条件，工程、水文地质条件良好。

4.4 应遵循国家现行的有关强制标准。

5 任务和功能

5.1 组织实施草原面积、生产能力、生态环境状况及草原保护与建设效益的监测。

5.2 组织开展草原监测培训。

5.3 组织承担草原资源调查。

5.4 编制草原监测报告及专项报告。

5.5 县级和地市级草原监测站野外监测能力应达到 20 样地/年，植物和土壤样品检测能力达到 1 200 份样品/年；省级和国家级草原监测站野外监测能力应达到 100 样地/年，植物和土壤样品检测能力达到 2 400 份样品/年，覆盖本区域遥感数据处理能力达到 12 次/年。

6 建设内容与规模

6.1 基础设施建设

6.1.1 建设内容

草原监测站建筑包括办公室、理化分析实验室、样本储存室、档案资料室、信息应用室等。

6.1.2 建设规模

根据各级草原监测站的人员配置情况和工作职责确定建设规模，详见表 1。

表 1 草原监测站基础设施建设规模表

单位为平方米

监测站级别	办公室	理化分析实验室	样本储存室	档案资料室	信息应用室	合　计
国家级	400	200	100	300	300	1 300
省　级	300	200	200	200	200	1 100
地市级	100～200	50～100	50～100	50～100	50～100	300～600
县　级	100～200	50～100	100～200	50～100	30～50	330～650

6.1.3 建筑与结构

6.1.3.1 监测站建筑结构形式应因地制宜。

6.1.3.2 结构设计使用年限应符合 GB 50068—2001 的 1.0.5 中的规定。

6.1.3.3 基础设施建设参照 JGJ 67—2006 中 4.2 办公用房设计要求，理化分析实验室建筑设计及装修工程应满足 JGJ 91 有关科学实验室建筑设计的一般规范要求。

6.1.3.4 建筑耐火等级应符合 GB 50016—2006 中 3.2 规定的三级耐火等级。

6.1.3.5 抗震设防类别应符合 GB 50223—2008 的 3.0.2 中乙类设防要求。

6.1.3.6 理化分析实验室家具配置参照 GB 24820—2009 技术参数要求。

6.1.3.7 内装修应采用防火、节能、环保型装修材料；外装修宜采用不易老化、阻燃型的装修材料。

6.1.4 配套设施

6.1.4.1 草原监测站应设置必要的给排水、通讯、网络、消防、安保设施。

6.1.4.2 位于采暖地区的草原监测站，按国家有关规定设置采暖设施，宜采用城市集中供暖，节能设计按照 GB 50189 或地方颁布的公共建筑节能设计标准执行。

6.1.4.3 理化分析实验室、信息应用室应具备良好的通风条件，必要时可增设机械通风设施。

6.1.4.4 草原监测站电力负荷为三级，照明光源宜采用节能灯或自然光，人工照明可参照 GB 50034—2004 中 5.2.2 的规定。

6.1.4.5 草原监测站建筑的防雷设计应符合 GB 50057—2010 中第二类防雷建筑的要求。

6.2 设备仪器配置

设备仪器包括日常办公、野外监测、数据分析、理化分析等设施设备，详见表 2～表 5。各级草原监测站根据具体情况进行设备仪器配置，草原监测站设备仪器应优先选用高效、节能、性能稳定的国产产品。

表 2 日常办公设备表

序号	设施设备	计量单位	数量				单价元	主要内容及标准
			国家级	省级	地市级	县级		
1	办公桌、椅	套					2 000	人均 1 套
2	台式计算机	台					4 000	人均 1 套
3	资料文件柜	组					2 000	防火、防潮
4	彩色激光打印机	台	2	2	1	1	8 000	A3 幅面
5	复印机	台	2	2	1	1	15 000	A3 幅面
6	投影仪	台	2	2	1	1	15 000	光通量 3 000 流明(含)以上
7	激光多功能一体机	台	1	1	0	0	5 000	A3 幅面

表 3 野外监测设备表

序号	设备仪器	计量单位	数量				单价元	主要内容及标准
			国家级	省级	地市级	县级		
1	野外监测车辆	台	2～3	3～4	1～2	2	200 000	越野车或客货两用车
2	便携式计算机	台	4～6	4～5	2	3	15 000	
3	数字照相机	台	4	4～5	2	3	12 000	单反相机，像素 1 000 万(含)以上
4	数字摄像机	台	2	4～5	1～2	2～3	10 000	
5	手持 GPS 接收机	部	2	4	2	3	4 000	精度 15 m
6	差分式 GPS 接收机	部	2～3	4	0	0	30 000	精度 1 m
7	手持对讲机	部	5	8	4	6	2 500	通讯距离 5 km(含)以上
8	卫星电话	部	2～3	4～5	0	0	20 000	
9	PDA 野外数据采集设备	部	2～3	4～5	1～2	2～3	10 000	主频 2.0 GHz(含)以上
10	望远镜	台	3	4	2	3	5 000	带照相功能
11	录音笔	支	3	4	2	3	2 000	
12	野外取样工具	套	2	6	3	4	5 000	植物、土壤、水分等取样工具
13	pH 计	台	2	4	2	3	2 000	分辨率 0.01，精度±0.02
14	便携式土壤水分/温度速测仪	台	2	4	2	3	7 500	
15	土壤养分速测仪	台	2	4	0	0	10 000	
16	土壤紧实度仪	台	2	4	0	0	40 000	
17	便携式电子天平	台	2	4	2	3	1 000	精度 0.01 g(含)以上
18	叶面积仪	台	2	2	0	0	5 000	
19	鼠虫害监测工具	套	3	5	3	4	5 000	包括捕鼠夹、地箭、鼠袋、鼠类标志环(牌)、捕鼠笼、防蚤箱、养鼠笼、鼠类解剖及测量器材(解剖剪、解剖刀、测微尺)、除蚤箱等
20	小型气象观测仪	套	0	0	0	1	50 000	常规气象要素观测设备
21	安全防护用品	套	3	5	3	4	5 000	包括野外调查防护设备、急救箱、药品箱等

表 4　数据分析设备表

序号	设备仪器	计量单位	数量				单价元	主要内容及标准
			国家级	省级	地市级	县级		
1	应用服务器	台	2	1～2	1	1	30 000	主频 3.0 GHz(含)以上
2	数据库服务器	台	2	1	0	0	50 000	主频 3.0 GHz(含)以上
3	UPS 电源	台	4	2～3	1	1	10 000	220 V
4	地理信息系统软件	套	2	1	0	0	120 000	
5	遥感影像处理软件	套	2	1	0	0	100 000	
6	数据库软件	套	2	1	0	0	30 000	
7	服务器操作系统软件	套	4	2～3	0	0	2 000	
8	大容量存储设备	套	4～6	3～4	1～2	1～2	3 000	存储容量 10 T(含)以上
9	软、硬件防火墙	套	1	0	0	0	90 000	
10	扫描仪	台	1	1	0	0	100 000	A0 幅面
11	绘图仪	台	2	1	0	0	120 000	超 A0 幅面
12	标本柜	套	4～8	12～16	4～8	8～16	2 000	防火、防潮

表 5　理化分析设备表

序号	设备仪器	主要内容及标准	备　注
1	加热仪器	电炉、电热板、水浴、沙浴、油浴、高温电炉、恒温箱、干燥箱等	
2	计量仪器	温度计、湿度计、比重计、天平、气压表、定时器等	
3	常规器皿	玻璃器皿类	
4	样品处理仪器	坩埚、研钵、粉碎机、离心机、电磁搅拌器、电动振荡器等	
5	配套设备	冰箱、冰柜、废液缸、微波炉、液氮罐、生化培养箱等	
6	精密仪器	电导仪、紫外分光光度计、火焰光度计、原子吸收分光光度计、流动分析仪、全自动凯氏定氮仪、叶绿素测定仪等	该类为省级(含)以上草原监测站选配设备仪器
7	其他	坩埚钳、试管夹、弹簧夹、试管架、铁架台、漏斗架、试剂匙、刷子、胶管、洗耳球、刀、剪、镊等	

7　主要技术及经济指标

7.1　项目投资

草原监测站建设投资包括基础建设投资和设备仪器投资两部分。基础建设投资估算指标以建设工程质量保证年限标准为基础,以编制期市场价格为测算依据,项目区工程及材料价格与本标准估算不一致时,按当地实际价格进行调整,详见表 6。设备仪器投资以政府采购价为准。

表 6　草原监测站建设投资参考额度表

单位为万元

项目名称		建设类型			
		国家级	省级	地市级	县级
基础设施	办公室	160.00	120.00	30.00～60.00	25.00～50.00
	理化分析实验室	90.00	90.00	17.50～35.00	15.00～30.00
	样本储存室	40.00	80.00	15.00～30.00	25.00～50.00
	档案资料室	120.00	80.00	15.00～30.00	12.50～25.00
	信息应用室	120.00	80.00	15.00～30.00	7.50～12.50
设备仪器	日常办公设备	30.00～33.00	23.50～27.00	9.50～16.50	10.00～16.50
	野外监测设备	88.00～118.00	124.50～151.50	38.50～60.50	71.00～73.00
	数据分析设备	116.00～120.00	60.50～66.00	48.00～56.00	56.00～72.00
	理化分析设备	103.50～128.00	83.50～108.00	12.50～17.00	12.50～17.00
总投资指标		867.50～929.00	742.00～802.50	201.00～335.00	234.50～346.00

7.2 建设工期

项目建设工期按照建筑工程的工期、进口或国产仪器设备的购置安装工期确定，通常为15个月～18个月。

7.3 劳动定员

7.3.1 从事草原监测的技术人员应具有相关专业中专以上学历，并具有草原外业监测工作经验。

7.3.2 技术负责人和质量负责人应具有中级及以上专业技术职称或同等能力，并从事草原监测相关工作5年以上。

7.3.3 法律法规另有规定的检验人员，须有相关部门的资格证明。

7.3.4 国家级和省级草原监测站技术人员和管理人员总数30人～40人，地市级和县级草原监测站技术人员和管理人员总数15人～20人，其中，县级草原监测站从事草原外业监测工作的人员不宜少于4人，从事样品处理和理化分析的人员不宜少于3人。

ICS 65.040.30
B 91

中华人民共和国农业行业标准

NY/T 2712—2015

节水农业示范区建设标准　总则

Criterion for water-saving agriculture demonstration area construction—General principles

2015-02-09 发布　　2015-05-01 实施

中华人民共和国农业部　发布

前　　言

本标准按照 GB/T 1.1—2009 给出的规则起草。

本标准由农业部发展计划司提出并归口。

本标准起草单位:全国农业技术推广服务中心、中国农业大学。

本标准主要起草人:吴勇、杜森、钟永红、张赓、郭焱、高祥照。

节水农业示范区建设标准　总则

1　范围

本标准规定了节水农业示范区建设的原则、目标、规模、选址、内容与要求等。

本标准适用于指导全国节水农业示范区建设工作。

2　规范性引用文件

下列文件对于本文件的应用是必不可少的。凡是注日期的引用文件，仅注日期的版本适用于本文件。凡是不注日期的引用文件，其最新版本(包括所有的修改单)适用于本文件。

GB 5084　农田灌溉水质标准

GB 50288　灌溉与排水工程设计规范

NY/T 1782　农田土壤墒情监测技术规范

NY/T 2148　高标准农田建设标准

SL 103　微灌工程技术规范

SL/T 153　低压管道输水灌溉工程技术规范(井灌区部分)

3　术语和定义

下列术语和定义适用于本文件。

3.1

节水农业示范区　demonstration area for water-saving agriculture

建设或运用工程设施、农艺、农机、生物、管理等措施，科学管理、合理调控农田水分，提高水资源生产力和抗旱减灾能力。实现节约、高效用水和高产稳产目标，具有一定规模和示范性质的农业生产区域。

3.2

覆盖保墒　soil moisture conservation with cover materials

田间覆盖地膜、秸秆、生草等，起到集雨、保墒等作用，充分利用自然降水；有效缓解干旱影响，实现高产稳产的节水技术，包括全膜覆盖、半膜覆盖、秋覆膜、顶凌覆膜等不同形式。

3.3

膜下滴灌　drip irrigation under mulching film

地膜覆盖和滴灌相结合，在膜下进行滴灌的技术模式。滴灌可大幅节约灌溉用水，地膜覆盖可减少土壤水分蒸发损失，保持土壤墒情，提高灌溉效率。

3.4

测墒灌溉　irrigation based on soil moisture monitoring

开展土壤墒情监测，根据土壤墒情及作物需水规律，科学制定灌溉制度，合理确定灌溉时间和灌溉水量的技术。

3.5

水肥一体化　integrated water and fertilizer management

指对农田水分和养分进行综合调控和一体化管理，以肥调水、以水促肥，实现水肥耦合，全面提升农田水肥利用效率。

3.6

灌溉施肥 fertigation

将肥料溶解在水中，借助管道灌溉系统，灌溉与施肥同时进行，适时适量地满足作物水分和养分需求，实现水和肥的一体化利用和管理，使水和肥料以优化的组合状态供应给作物吸收利用的技术。

3.7

微灌 micro irrigation

利用专门设备，将有压水流变成细小水流或水滴，湿润作物根区土壤的灌水方法，包括滴灌、微喷灌、涌泉灌等。

3.8

喷灌 sprinkler irrigation

喷灌是利用喷头等专用设备把有压水喷洒到空中，形成水滴落到地面和作物表面的灌水方法。

3.9

棚面集雨 water harvesting from green house roof

利用温室等棚面作为集雨面，通过蓄水池等设施集蓄雨水用于补充灌溉的技术。

3.10

稻田覆膜保墒 rice planting with mulching film

以地膜覆盖增温、保墒为核心，集成旱育秧、施用长效肥料、厢面覆盖和厢沟浸润灌溉等措施的稻田综合高效节水技术。

3.11

深松耕 deep loosening tillage

进行土壤深松、深耕 25 cm 以上，提高土壤蓄水保墒能力的技术模式。

3.12

集雨补灌 water harvesting and supplemental irrigation

利用各种方式将一定汇水面积内的降水蓄积在集雨窖（池）中，在作物关键需水期进行补充灌溉的节水技术。

3.13

小地龙灌溉 xiaodilong irrigation

在塑料输水软管的管身上均匀打孔，软管一端接在水泵等水源出水口上，一端延伸到田间，进行微喷灌溉的灌水方法。

3.14

水分生产力 water productivity

在作物全生育期内，单位水消耗量所获得的经济产量，也称为水分利用效率（water use efficiency）。

3.15

降水利用率 utilization rate of precipitation

农田中保留的可被作物利用的水量占当季降水总量的百分数。

4 建设原则

4.1 综合利用各种水资源，对农田水分进行科学管理和合理调控，满足农业生产需要，实现农业高产稳产、水资源高效利用，促进农业可持续发展。

4.2 注重因地制宜、分类指导。旱作农业区重点采取各种蓄水、保墒、高效利用措施，充分利用自然降水，有条件的地区适度开发地表水和地下水实施补充灌溉。灌溉农业区在充分利用土壤水和自然降水的基础上，进行合理灌溉，提高水分生产力。

4.3 充分利用现有农业基础设施和生产条件，以节水为中心，坚持填平补齐建设方针，完善田间工程设施，同时坚持工程、农艺、农机、生物、化学和管理等措施的有机结合。

4.4 积极采用节水农业新技术、新工艺、新材料、新设备和新产品，开展试验示范和集成创新。

5 建设目标

5.1 示范区单产提高 10%以上。

5.2 旱作农田降水利用率提高 10%以上，水分生产力提高 10%以上。

5.3 灌溉农田水分生产力提高 10%以上。

5.4 实现土壤墒情自动化监测和数据远程无线传输，及时发布监测报告。

5.5 实现节水农业技术试验、示范、展示和集成创新。

6 建设规模

6.1 根据作物种类、种植模式和水源条件等确定建设规模。

6.2 粮食作物，500 亩(含)以上。

6.3 经济作物，200 亩(含)以上。

6.4 设施农业，100 亩(含)以上。

7 建设选址

7.1 基础条件好、集中连片、交通便利、示范带动作用强。

7.2 水资源状况、作物品种、种植模式、经济水平等代表性强。

7.3 优先选择基本农田。

7.4 优先选择规模化种植农田。

8 建设内容与要求

8.1 工程设施

8.1.1 土地平整

土地平整应符合 NY/T 2148 的规定，根据地形地貌、土壤类型、用水方式等确定田块形状、方向、长度和宽度，满足土壤蓄积降水和灌溉排水等技术要求。旱地田块方向与坡向一致，比降应小于 1/500；坡度 2°～6°时宜沿等高线修成坡式梯田或隔坡梯田；坡度 6°～15°时宜修成水平梯田。土层厚度宜大于 50 cm，耕作层厚度宜大于 25 cm。喷灌、微灌地块可适当降低平整要求。

8.1.2 水源工程

按不同作物水分需求实现相应的水源保障。

8.1.2.1 井灌工程的井、泵、动力、输变电设备和井房等配套率应达到 100%。

8.1.2.2 干旱、半干旱地区和南方季节性缺水地区应建设集雨窖(池)等小型水源，集雨灌溉供水保证率应达到 50%～75%。根据降水、作物补灌需求等确定集雨蓄水工程的数量和容积。蓄水池容量控制在 2 000 m^3 以下，四周修建 1.2 m 高度防护栏；南方和北方地区亩均耕地配置蓄水池容积应分别不小于 8 m^3 和 30 m^3。小型蓄水窖(池)容量不小于 30 m^3，集雨场、引水沟、沉沙池、防护栏、泵管等附属设施应配套完备。当利用坡面或公路等做集雨场时，每 50 m^3 蓄水容积应有不少于 667 m^2 的集雨面积。

8.1.2.3 塘堰容量应小于 100 000 m^3，坝高不超过 10 m，挡水、泄水和防水建筑物等应配套齐全。

8.1.2.4 有条件的地区可进行引小水、小型提灌和机井修缮等小水源建设。小水引流、小型提灌流量一般小于 1 m^3/s。

8.1.2.5 灌溉水源应符合 GB 5084 的规定，禁止用未处理过的污水进行灌溉。

8.1.3 灌溉工程

8.1.3.1 在水浇地、设施农业和旱地补灌区，宜以管道输水代替渠道输水，以喷灌、微灌和小地龙灌溉等代替地面灌溉，配备施肥设备，实现水肥一体化应用。地面灌溉设计保证率不低于 70%，喷灌、微灌设计保证率不低于 85%。

8.1.3.2 微灌应符合 SL 103 的规定。

8.1.3.3 管道输水应符合 SL/T 153 的规定。干管和支管在灌区内的长度宜为 90 m/hm^2～150 m/hm^2；支管间距宜采用 50 m～150 m。各用水单位应设置独立的配水口，单口灌溉面积宜在 0.25 hm^2～0.60 hm^2，出水口或给水栓间距宜为 50 m～100 m。设施农业和旱地补灌输水管道宜根据实际情况布设。固定输水管道埋深应在冻土层以下，且不少于 0.6 m。

8.1.3.4 在水田区，渠道应进行防渗衬砌，防渗率不低于 70%。渠道上配水、灌水、量水、交通和控制建筑物应配备齐全。有条件的地区建议采用管道输水。

8.1.4 排水工程

8.1.4.1 排水系统应符合 GB 50288 的规定，满足农田防洪、排涝、防渍和防治土壤盐渍化的要求。灌溉水田、水浇地和设施农业必须配套排水系统。

8.1.4.2 排水沟与灌溉渠道应分离，避免串灌串排。在丘陵山区受地形条件限制必须灌排兼用时，串联田块不得超过 3 块。

8.1.4.3 排水沟宜用生物护坡或者砖、石、混凝土等材料毛砌硬化。为提高透水率，在保证强度的前提下，尽量保留缝隙。有条件的可使用管道排水。

8.1.4.4 排水沟(管)应根据土壤质地、地下水矿化度、作物生长要求和排水标准等确定深度。

8.1.5 其他田间配套工程

道路、桥梁、林网、大棚等田间配套工程应符合 NY/T 2148 的规定。

8.2 技术措施

8.2.1 旱作区

以发展旱作保墒、集雨补灌为核心，采用抗旱品种，发挥生物节水潜力。通过深松耕营造土壤水库积蓄自然降水，覆盖地膜、秸秆、生草等抑蒸保墒；施用保水剂、抗旱抗逆制剂等增加抗旱抗逆能力，建设集水窖(池)等小水源，积极发展集雨补灌和抗旱保苗坐水种，使用长效肥料、缓控释肥料、有机肥料实现水肥耦合大幅提高单产，提高自然降水生产力。

8.2.2 精灌区

充分利用微灌、喷灌等现代灌溉设施设备，大力发展水肥一体化和膜下滴灌技术，配套使用水溶肥料，实现水、肥资源的科学精确利用。

8.2.3 地面灌溉区

大力发展测墒灌溉，科学制定灌溉制度，改进输水和灌溉方式，推广应用管道输水和水肥一体化，提高农民科学用水意识，提高灌溉水生产力。

8.2.4 水田区

推广稻田覆膜保墒、湿润灌溉、控制灌溉等节水技术，促进水肥耦合，提高肥料利用率，减少水资源浪费，减轻环境污染。

8.3 服务能力

8.3.1 土壤墒情监测

每个示范区建立 1 个土壤墒情自动监测站，监测数据能远程传输到全国土壤墒情系统，适时进行墒情监测。土壤墒情自动监测站建设、运行与管理应符合 NY/T 1782 的规定。

8.3.2 农机服务

按照示范区规模配备深耕深松、机械铺管覆膜、机械收割等设备，且应符合 NY/T 2148 的规定。

8.3.3 宣传培训

设立节水农业示范区统一标牌，标明责任单位、责任人、目标任务、技术要点等内容。在关键农时及干旱、低温、干热风等自然灾害发生时及时开展抗旱节水等技术指导。完善培训设施，定期开展节水技术培训，适时组织农民现场观摩活动。

ICS 65.020.01
B 05

中华人民共和国农业行业标准

NY/T 2771—2015

农村秸秆青贮氨化设施建设标准

The construction standard of facilities for ammoniation and silage of crop straw

2015-05-21 发布　　　　2015-08-01 实施

中华人民共和国农业部 发布

目　　次

前　言

本标准按照国家住房与城乡建设部、国家发展和改革委员会印发的《工程项目建设标准编制程序规定》、《工程项目建设标准编写规定》(建标[2007]144 号)和 GB/T 1.1—2009 给出的规则,结合家畜养殖技术要求和生产实际完成起草。

家畜存栏量和青贮饲料日取量进度是合理设计青贮池尺寸的决定数据,只要二者已定,青贮池的截面积和总长度就是定值。决定截面积的是高和宽,青贮池高度的选择并不难。加大高度可以节约用地,但建筑费用显著增大,在 2.0 m～3.5 m 范围内酌情选择。一旦确定了高度,那么,合理的宽度随之而定。同时,确定多联池单池适当数量是 3 个～4 个。这些发现对于纠正目前普遍存在的青贮池尺寸设计不合理现象极为重要。

本标准由农业部发展计划司提出。

本标准由农业部农产品质量安全监管局归口。

本标准编制单位:河南畜牧规划设计研究院。

本标准参编单位:河南省饲草饲料站。

本标准主要起草人:徐泽君、周永亮、王彦华、王学君、晁先平、李伟、袁蕾、陈振辉、王晓佩、杨国峰、范存威、华磊、高立。

农村秸秆青贮氨化设施建设标准

1 总则

1.1 制定标准的目的

为了规范农村秸秆青贮氨化设施建设，合理确定农村秸秆青贮氨化设施建设内容、规模、水平和选址，为农村秸秆青贮氨化设施建设和项目投资决策提供依据，参照国家、行业、地方有关现行标准和技术规范，结合农村秸秆青贮氨化设施建设实际，特制定本标准。

1.2 标准的适用范围

本标准适用于新建、改(扩)建农村秸秆青贮氨化设施的建设规划、项目建议书、可行性研究报告和初步设计等文件编制，以及项目建设的评估、检查和验收。秸秆青贮池、氨化池在农村秸秆青贮氨化设施中具有代表性，青贮池也可以用于秸秆氨化。本标准适用于秸秆青贮池、氨化池，其他秸秆青贮氨化永久性设施可参照本标准。

1.3 标准的共性要求

1.3.1 体现技术先进、经济合理、安全适用、确保质量的原则。

1.3.2 农村秸秆青贮氨化设施建设内容、规模应根据实际情况因地制宜，科学合理确定。

1.3.3 农村秸秆青贮氨化设施建设应充分考虑财力、物力的可能，坚持以获得最佳秩序和最佳效益为目标。

1.3.4 对影响农村秸秆青贮氨化设施建设水平和投资效益发挥的关键设施，应按照节约、降耗、增效的原则，做出规定。

1.3.5 配套设施的设置，应与主体设施相适应。凡是有协作条件的，应充分利用，不应另行设置。

1.3.6 农村秸秆青贮氨化设施改扩建项目应充分依托既有条件，发挥原有工程设施的潜力。

1.3.7 农村秸秆青贮氨化设施建设水平应以现有实践及经验为依据，考虑发展需要，兼顾投资能力，总体要体现同类项目行业先进水平。

1.4 执行相关标准的要求

农村秸秆青贮氨化设施，除应符合本建设标准外，尚应符合国家现行有关经济、参数标准和指标及定额的规定。

2 规范性引用文件

下列文件对于本文件的应用是必不可少的。凡是注日期的引用文件，仅注日期的版本适用于本文件。凡是不注日期的引用文件，其最新版本(包括所有的修改单)适用于本文件。

GB 50010 混凝土结构设计规范

GB 50204 混凝土结构工程施工质量验收规范

GB 50209 建筑地面工程施工质量验收规范

GB 50052 供配电系统设计规范

3 术语和定义

下列术语和定义适用于本文件。

3.1

秸秆青贮 straw silage

把新鲜的青绿秸秆切短，填入一定的建筑设施内压实、封闭，经微生物发酵作用产生有机酸等物质，调制成一种具有特殊芳香气味、营养丰富的青贮饲料的制作方法。它能长期保存青绿秸秆的特性，扩大饲料资源，保证均衡供应青绿秸秆。

3.2

秸秆氨化　straw ammoniation

秸秆氨化是用氨水、液态氨或尿素溶液按一定比例喷洒在农作物秸秆上，在密封的条件下经过一段时间的发酵处理，以提高秸秆营养价值的方法。

4　建设规模与项目构成

4.1　青贮氨化设施建设规模的依据及原则

4.1.1　青贮氨化设施建设规模按畜牧场全年饲养量、畜群结构、每头每日采食量、青贮氨化饲料容重、青贮氨化饲料利用率、青贮池、氨化池年循环使用次数等指标计算确定。

4.1.2　青贮池每年循环使用次数：北方地区按 0.92 次设计，南方地区按 1.5 次设计。

4.1.3　常年使用氨化饲料的养殖场应有氨化池 3 个以上，在单个氨化池容积不低于 1 个月全场氨化秸秆需要量的情况下，每个单池每年最低循环使用 4 次。

4.2　青贮氨化设施项目构成与建设规模的度量指标、规模等级

4.2.1　青贮氨化设施构成有青贮池（或氨化池）、操作场地和通道、防雨排水设施。青贮池（或氨化池）是青贮氨化设施的主体，由底面和墙体构成；操作场地和通道由青贮池（或氨化池）周围硬化地面构成。

4.2.2　青贮氨化设施的度量指标为青贮池、氨化池的总容积，单位为立方米（m^3）。青贮氨化设施规模等级见表 1。

表 1　青贮氨化设施规模等级

规模	青贮池总容积 V，m^3	氨化池总容积 V，m^3
大型	$V \geq 10\,000$	$V \geq 2\,000$
中型	$1\,000 < V < 10\,000$	$500 < V < 2\,000$
小型	$V \leq 1\,000$	$V \leq 500$

5　选址与建设条件

青贮池、氨化池址应选在地势较高、空气干燥、地质条件较好、地下水位较低、排水良好、避风向阳的地段。应远离水井，不宜在低洼处或树荫下建池，并避开交通要道、路口、粪场、垃圾堆（场）等。供电线路到位、安全可靠，满足最大装机容量要求；青贮氨化区有停车场地、进出回路，避免交通拥堵。

6　建设用地与规划布局

6.1　各类养殖场青贮氨化设施建设用地指标

按养殖场牲畜年均饲养量推算青贮氨化设施建设用地指标为：奶牛场 4.0 m^2/头～7.0 m^2/头；肉牛育肥场 3.5 m^2/头～6.5 m^2/头；羊场 0.4 m^2/只～0.8 m^2/只。

6.2　各功能区规划布局及占地比例指标

青贮池、氨化池占 70%～80%，操作场地、通道和排水沟等占 20%～30%。

7　建筑工程与附属设施

7.1　青贮池平面布局与建筑形式

7.1.1 根据青贮池总容积、建设条件(地形条件、气候条件、地质条件等)、场区布局、制作工艺、机械化程度、饲养工艺、设备条件等因素确定青贮池、氨化池平面布局。规模养殖场常见的青贮池平面布局有以下几种形式。

a) 长方形多联池平面布局。多联池相邻两个池共用一道墙,共用墙称为间墙,非共用墙称为边墙。示意图见图1。

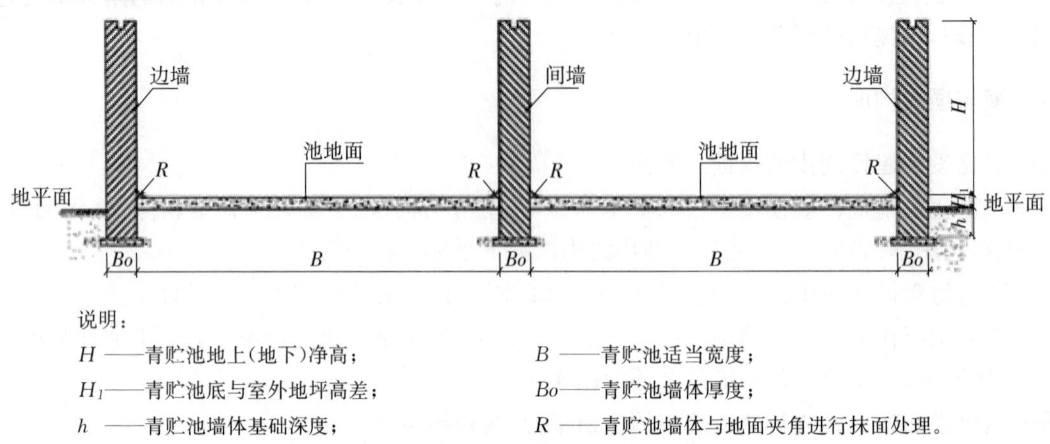

说明:

H ——青贮池地上(地下)净高;

B ——青贮池适当宽度;

H_1——青贮池底与室外地坪高差;

Bo——青贮池墙体厚度;

h ——青贮池墙体基础深度;

R ——青贮池墙体与地面夹角进行抹面处理。

图1 多联池剖面图

b) 两端开口长方形超长池平面布局。

c) 两端开口U形池平面布局,是两端开口长方形超长池的变形,适用于较宽地形的大型青贮单池。

7.1.2 青贮池的建筑形式分为地下式、地上式和半地下式,示意图见图2~图4。

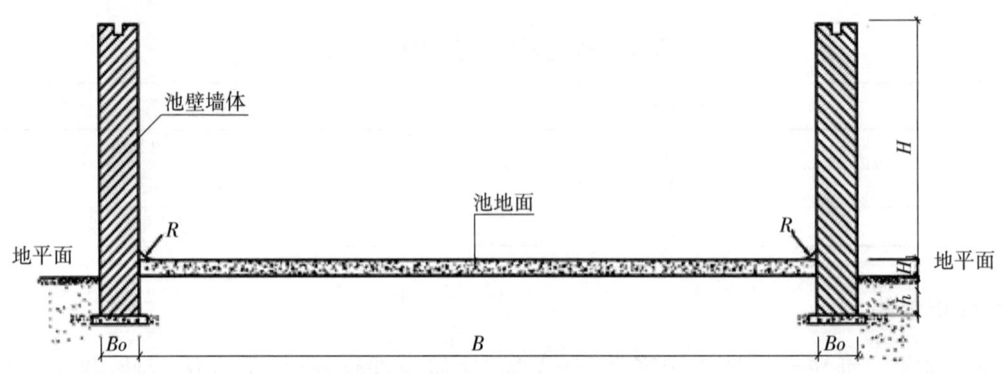

图2 地上式青贮池、氨化池剖面图

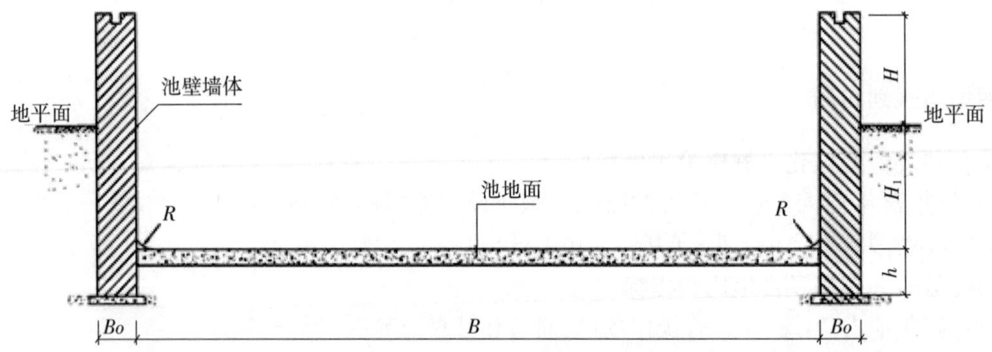

图3 半地上式青贮池、氨化池剖面图

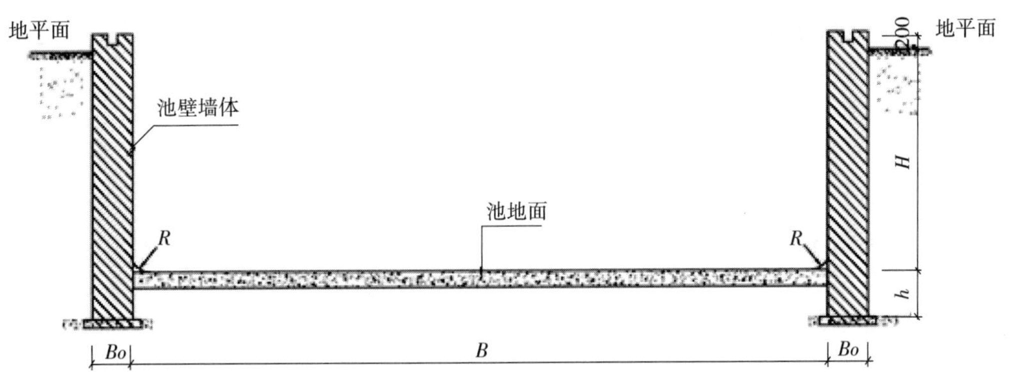

图4　地下式青贮池、氨化池剖面图

7.2　氨化池平面布局与建筑形式

氨化池建筑布局与青贮池平面布局基本相同。氨化池建筑形式宜为地上式。

7.3　青贮池、氨化池尺寸

7.3.1　青贮池、氨化池总容积

青贮池、氨化池总容积按式(1)计算。

$$V=\frac{C\times F}{R\times U\times K} \quad\cdots\cdots (1)$$

式中：

V——青贮池、氨化池容积，单位为立方米(m^3)；

C——年平均饲养量，单位为头；

F——全群每头每年平均采食量，单位为千克每年每头[kg/(年·头)]，详见附录A；

R——青贮氨化容重，单位为千克每立方米(kg/m^3)，详见附录B；

U——青贮氨化饲料利用率(动物实际采食量占总量的百分比)；

K——青贮池、氨化池年使用次数，单位为次每年(次/年)。

7.3.2　青贮池、氨化池宽度

在已定青贮池(或氨化池)高度的情况下，青贮(或氨化)饲料日需要量和最低日取料进度决定青贮池(或氨化池)的合理宽度。青贮池宽度人工取料时宜为2 m～5 m，机械化取料时宜为5 m～20 m。氨化池宽度宜为2 m～10 m。青贮池适宜宽度计算见式(C.1)。

7.3.3　青贮池、氨化池高度

地上式青贮池的地上部分适宜高度为2.0 m～3.5 m。半地下及全地下青贮池的地下部分高度根据地形条件、防雨排水条件、取料工艺适当取值；氨化池地上部分适宜高度为2.0 m～3.5 m。

7.3.4　青贮池、氨化池长度

青贮池(或氨化池)的总长度由每天取料进度和青贮池(或氨化池)年使用次数确定；或根据总容积、单池截面积、单池数量和场地条件等情况确定。青贮池(或氨化池)的总长度按式(2)或式(3)计算，单池长度按式(4)计算。

$$L=\frac{365\times\gamma_{\theta}}{K} \quad\cdots\cdots (2)$$

或

$$L=\frac{V}{H\times B} \quad\cdots\cdots (3)$$

$$L_{单}=\frac{L}{n} \quad\cdots\cdots (4)$$

式中：

L ——青贮池(或氨化池)总长度,单位为米(m);
γ_{θ} ——每日取料进度,单位为米每天(m/d),详见附录 D;
K ——青贮池、氨化池年使用次数,单位为次每年(次/年);
V ——青贮池(或氨化池)容积,单位为立方米(m^3);
H ——青贮池高度,单位为米(m);
B ——青贮池适当宽度,单位为米(m);
$L_{单}$——多联池单池长度,单位为米(m);
n ——为多联池单池个数,单位为个。

7.3.5 多联池、单池适当数量

多联池单池适当数量应为 3 个~5 个。多联青贮池单池适宜个数计算公式见式 C.2。

7.4 建筑物和构筑物的功能、建筑特征及特殊要求

7.4.1 池壁

7.4.1.1 青贮池、氨化池池壁宜采用砖石砌体、混凝土预制板、钢筋混凝土现浇墙体。

7.4.1.2 青贮池、氨化池池壁的内侧应光滑,大型养殖场为了便于机械化取料,青贮池、氨化池宜采用垂直墙体。为了墙体稳定和节省建材,青贮池墙体断面宜做成上窄下宽的梯形。砌体结构的墙体伸缩缝最大间距为 40 m~50 m,混凝土结构的墙体伸缩缝最大间距为 20 m~30 m,缝宽 20 mm~30 mm。并根据地质条件,地基有变化时设置沉降缝。

7.4.1.3 除岩石地基外,青贮池墙体基础埋置深度一般不宜小于 0.5 m。季节性冻土地区按相应规范规定处理。

7.4.1.4 墙体设计荷载需要考虑青贮饲料的自重、青贮饲料对墙体产生的侧压力以及青贮饲料碾压机械设备产生的压力。地下式及半地下式还应考虑覆土的侧压力。不同高度的青贮池的墙体厚度要求见附录 E。地下式与半地下式青贮池、氨化池池壁还要满足防渗的要求。

7.4.1.5 青贮池联池间墙宜做成两端闭合的空心双墙,单墙厚度为实体间墙的 1/3~1/2,里边填土夯实并用混凝土灌顶,总宽度 1 m~1.5 m。联池间墙顶端中间留一条排雨水沟,从后端到开口端有 1%的坡降。

7.4.2 池底(底板)

青贮池、氨化池底面要满足承载力和防渗的要求。底面设计和施工应符合 GB 50010、GB 50209 及 GB 50204 的规定。

青贮池、氨化池底面采用混凝土地面,底面厚度为 150 mm~250 mm。

地下式、半地下式青贮池底面从开口端缓坡向里延伸,坡度为 35%~40%,示意图见图 5。

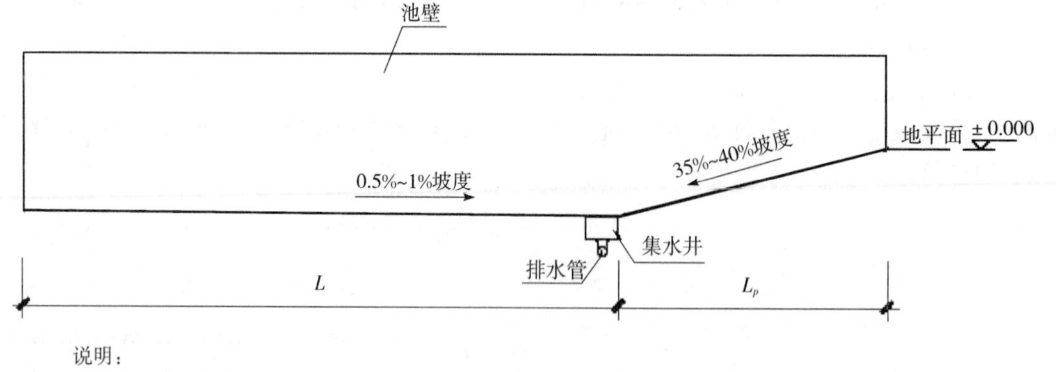

说明:
L ——青贮池长度;
L_p——地下式或半地下式青贮池斜坡长度。

图 5 地下式青贮池纵断面给排水方式示意图

地基土应进行夯实。当天然地基不能满足要求时,根据工程具体情况,因地制宜做出地基处理设计。在季节性冻土地区建造青贮池,还应将底面下的冻胀性土置换为非冻胀性土。墙体外应增加保温层或防冻沙,否则底面将因冻胀而产生裂缝。换填厚度需按照当地冻土深度和有关规范确定。

底面纵、横向伸缩缝间距不大于 6 m,伸缩缝宽度为 10 mm 左右,伸缩缝间应填防渗漏材料以防止青贮饲料流出液渗入地下。

7.4.3 排水

在设计青贮池底面时,应考虑到排水措施。地上式青贮池底面设计标高应高于池外标高 0.2 m~0.3 m。

青贮池底面整体向取料口方向倾斜,坡度宜为 0.5%~1%。地上式青贮池在开口端外侧设置横向排水沟,排水沟的宽度宜为 0.3 m~0.4 m,起点深度宜为 0.1 m~0.15 m,坡度不宜小于 1%;地下式和半地下式青贮池在开口端缓坡与池底面结合处设置集水井,集水井间距宜为 5 m~8 m,井口宜为 0.4 m×0.4 m,井深宜为 0.5 m~1.0 m,井口上边应加格栅。各个集水井之间由横向排水管连接,排水管通入蓄水池,蓄水池内水通过水泵抽出。

7.4.4 周边操作场地和道路

青贮池、氨化池周边一般应设置硬化地面,道路宽度一般不低于 6 m。路面混凝土厚度 150 mm~250 mm,混凝土路面纵、横向伸缩缝间距不大于 6 m,路宽超过 8 m 时中间设一道伸缩缝。

7.4.5 建筑材料

墙体、地面和道路的材料可选用机制砖、石材、混凝土砌块、现浇钢筋混凝土、混凝土预制板等。各种建材规格、配合比见附录 F。

由于青贮料含水量大,且有一定的酸性,所用砌筑材料应具有良好的耐水性和抗腐蚀性,寒冷地区还应具有良好的抗冻性。机制砖标号不低于 Mu10,混凝土标号不低于 C20,砌筑水泥砂浆标号不低于 M7.5。

7.4.6 青贮氨化设施设计使用年限

青贮氨化设施设计使用年限不低于 10 年。

7.4.7 建筑抗震设防类别

青贮氨化设施建筑抗震设防类别宜为丁类。

7.4.8 青贮氨化设施消防

青贮氨化设施与其他建筑物之间的防火间距为 20 m。

青贮氨化设施周边应设置消防措施,消防设施的配置按国家现行标准确定。

7.4.9 供电

设置专门供电线路,提供 220 V~380 V 的电源。宜采用地下电缆,连接配电柜。电力负荷不低于所有用电设备负荷最大值。供电设施符合 GB 50052 的规定。

8 防疫隔离设施

青贮氨化区必须独立分区,青贮池、氨化池与场区外墙间隔不低于 5 m。青贮氨化区与生产区间距 10 m~50 m,与粪污处理区间距大于 50 m。

青贮氨化区与其他功能区由围墙、栅栏或绿化带隔离。

9 环境保护

青贮(或氨化)饲料渗出液应通过池外排水沟收集到污水处理设施进行处理;青贮池(或氨化池)地面应做防渗处理;采取相应的措施防止雨淋、水浸而产生污水。

10 主要技术及经济指标

10.1 建筑工程量估算方法

根据拟建青贮池(或氨化池)的长、宽、高及数量,测算青贮池(或氨化池)建筑工程量、操作场地和通道建筑工程量、防雨排水设施建筑工程量、土方工程量。

青贮池(或氨化池)建筑总工程量=边墙建筑工程量+间墙建筑总工程量+底面建筑总体积+操作场地和通道建筑总工程量+防雨排水设施建筑总工程量

地上式青贮池(或氨化池)土方量=墙体基础体积+底面开挖土方量(或墙体基础体积+底面回填土方量)

地下式青贮池土方量=青贮池容积+青贮池建筑工程量+防雨排水设施建筑工程量

半地下式青贮池土方量=地下部分青贮池容积+地下部分青贮池建筑工程量+防雨排水设施建筑工程量

青贮池(或氨化池)建设总工程量=青贮池(或氨化池)建筑总工程量+土方工程量

10.2 青贮池、氨化池建设主要材料消耗量

表 2 提供的是 4 种规模下所需要的建设材料消耗水平。

表 2 不同规模青贮池(或氨化池)建设材料消耗量参考表

类型	结构	建筑材料	青贮池(或氨化池)总容积			
			500 m^3	1 000 m^3	5 000 m^3	10 000 m^3
地上式	钢筋混凝土	中粗砂,m^3	98.4～120.5	146.9～174.7	430.0～482.1	712.7～770.3
		石子,m^3	204.0～249.8	304.6～362.3	891.4～999.4	1 477.4～1 596.9
		水泥,t	81.4～99.6	121.5～144.5	355.5～398.6	589.2～636.9
		钢筋,t	4.4～6.2	4.7～6.3	9.7～12.7	12.6～16.1
	砖混	砖,万块	12.6～15.6	18.1～21.8	36.9～43.7	48.1～55.2
		中粗砂,m^3	83.8～102.9	124.1～146.8	382.5～425.7	650.6～698.8
		水泥,t	38.2～43.8	58.0～64.4	225.2～237.5	419.4～433.2
半地上式	钢筋混凝土	中粗砂,m^3	74.1～86.2	107.8～122.9	350.6～378.1	609.5～639.1
		石子,m^3	153.6～178.6	223.6～254.8	726.8～783.9	1 263.6～1 324.9
		水泥,t	61.3～71.3	89.2～101.6	289.8～312.6	504.0～528.4
		钢筋,t	2.4～3.2	2.5～3.4	5.3～6.9	8.7～6.9
	砖混	砖,万块	8.2～10.0	10.0～11.8	20.6～23.7	26.9～29.9
		中粗砂,m^3	95.8～108.1	138.6～151.1	551.8～575.0	1 035.1～1 060.5
		水泥,t	33.6～37.5	49.9～53.8	208.9～216.2	398.8～406.4
地下式	钢筋混凝土	中粗砂,m^3	77.7～82.0	112.5～119.4	357.4～372.0	612.9～635.3
		石子,m^3	161.0～169.9	233.3～247.5	740.9～771.3	1 270.6～1 317.0
		水泥,t	64.2～67.8	93.1～98.7	295.5～307.6	506.7～525.3
		钢筋,t	2.7～2.8	2.7～2.8	3.7～3.8	4.7
	砖混	砖,万块	7.3～8.3	11.8～13.6	23.7～27.6	29.9～35.6
		中粗砂,m^3	95.6～99.4	151.1～156.6	575.0～586.7	1 060.5～1 078.5
		水泥,t	34.6～35.1	53.8～54.4	216.2～217.8	406.4～409.3
青贮池、氨化池宽,m			3.2	5.1	12.6	20.2
青贮池、氨化池高,m			2	2.5	2.5	2.5
取料进度,m/d			0.2	0.2	0.4	0.5

注 1:本表青贮池(或氨化池)高度为选定经验值,取料进度按附录 D 取值,青贮池(或氨化池)宽度为计算值,青贮池(或氨化池)墙体为垂直墙体,厚度为附录 E 中推荐值;墙基深度 0.5 m;联池间距除地下式为 1.5 m 外,其他池间距为间墙厚度;青贮池底厚 200 mm;水泥砂浆抹面厚度 15 mm。

注 2:砖混结构砌体每立方米用砖量 545 块,砖(规格 240 mm×115 mm×53 mm)、砂浆净用量 0.23 m^3。

注 3:砌筑砂浆、抹灰砂浆、碎石混凝土材料比例见附录 F。

10.3 建设工程量与投资估算

表 3 提供的是 4 种规模下青贮池(或氨化池)建设工程量与投资估算参考值。

表 3 不同规模青贮池(或氨化池)建设工程量与投资估算参考值

类型	估算内容		青贮池(或氨化池)总容积			
			500 m^3	1 000 m^3	5 000 m^3	10 000 m^3
地上式	砖混结构	建筑工程总量,m^3	294.3～369.5	431.9～522.9	1 196.9～1 369.1	1 930.4～2 122.5
		土方工程量,m^3	86～101	126～141	493～522	921～954
		建设投资,万元	11.6～14.3	16.9～20.0	43.5～49.4	67.4～73.8
	混凝土结构	建筑工程总量,m^3	240.1～293.9	358.4～426.2	1 048.7～1 175.8	1 738.2～1 878.7
		土方工程量,m^3	76～87	114～125	469～491	890～915
		建设投资,万元	12.0～15.1	17.3～20.8	49.1～55.8	80.1～87.5
半地上式	砖混结构	建筑工程总量,m^3	216.2～260.4	289.6～335.1	909.1～993.2	1 556.9～1 648.2
		土方工程量,m^3	370～386	649～669	2 924～2 960	5 693～5 729
		建设投资,万元	8.7～10.3	11.6～13.2	34.9～37.8	58.7～61.7
	混凝土结构	建筑工程总量,m^3	180.7～210.3	263.0～299.7	855.0～922.2	1 486.7～1 558.7
		土方工程量,m^3	350～362	636～652	2 898～2 925	5 658～5 685
		建设投资,万元	9.0～10.7	12.8～14.7	40.5～44.1	69.8～73.7
地下式	砖混结构	建筑工程总量,m^3	260.4～273.7	335.1～355.7	993.2～1 037.7	1 648.2～1 716.8
		土方工程量,m^3	740～750	1 304～1 322	5 851～5 890	11 371～11 432
		建设投资,万元	10.4～11.2	13.4～14.6	38.7～41.2	63.4～67.2
	混凝土结构	建筑工程总量,m^3	210.3～221.6	274.5～291.2	871.6～907.4	1 494.8～1 549.4
		土方工程量,m^3	691～699	1 245～1 258	5 733～5 761	11 221～11 266
		建设投资,万元	10.5～11.0	13.2～14.0	41.5～43.1	71.4～73.4
青贮池、氨化池宽,m			3.2	5.1	12.6	20.2
青贮池、氨化池高,m			2.0	2.5	2.5	2.5
取料进度,m/d			0.2	0.2	0.4	0.5

注 1:本表青贮池(或氨化池)高度为选定经验值,取料进度按附录 D 取值,青贮池(或氨化池)宽度为计算值,青贮池(或氨化池)墙体为垂直墙体,厚度为附录 E 中推荐值;墙基深度 0.5 m;联池间距除地下式为 1.5 m 外,其他池间距为间墙厚度;青贮池底厚 200 mm;水泥砂浆抹面厚度 15 mm。

注 2:2012 年 9 月混凝土综合建筑单价 440 元/m^3、砖混综合建筑单价 385 元/m^3、土方工程单价 3 元/m^3。以后进行投资估算时应参照当地当时市场价格。

10.4 建设工期

青贮氨化设施建设工期一般为 2 个月～6 个月。宜避开冬季和雨季施工。

附 录 A
(规范性附录)
主要草食家畜青贮氨化秸秆采食量

A.1 主要草食家畜青贮氨化秸秆日平均采食量

见表A.1。

表A.1 主要草食家畜青贮氨化秸秆日平均采食量

单位为千克每头

家畜种类	成乳牛	肉牛	山羊	绵羊	备注
青贮秸秆平均采食量	20～25	10～20	1.5～2	2～2.5	饲用时含水量60%～65%
氨化秸秆平均采食量	—	2～10	0.3～0.8	0.5～1.0	饲用时含水量45%～55%

A.2 主要草食家畜青贮氨化秸秆全群年平均采食量

见表A.2。

表A.2 主要草食家畜青贮氨化秸秆全群年平均采食量

单位为千克每头

养殖场类型	青贮秸秆		氨化秸秆	
	下限值	上限值	下限值	上限值
奶牛场	5 500	6 000	1 000	1 500
肉牛育肥场	5 500	7 000	1 800	2 200
山羊自繁自养场	350	450	150	250
绵羊自繁自养场	400	500	200	300

附　录　B
（规范性附录）
主要青贮氨化原料的物理性能

主要青贮氨化原料的物理性能见表 B.1。

表 B.1　主要青贮氨化原料的物理性能

原料名称	制作时容重，kg/m^3	利用时容重，kg/m^3
乳熟至蜡熟期全株玉米	550～650	650～700
青贮玉米秸秆	450～500	550～650
牧草、野草、甘蔗叶梢	500～550	550～600
块根类、叶类鲜蔬菜	650～700	750～800
红薯藤	600～650	700～750
萝卜叶、蔓菁叶、苦荬菜	550～600	600～650
氨化干秸秆	100～200	150～250

附 录 C
(规范性附录)
计 算 公 式

C.1 青贮池适宜宽度

按式(C.1)计算。

$$B=\frac{V_\theta}{H\times\gamma_\theta}\text{或}B=\frac{V\times K}{H\times 365\times\gamma_\theta} \cdots\cdots (C.1)$$

式中：

B ——青贮池适当宽度，单位为米(m)；

V_θ ——每日取料的体积，单位为立方米(m^3)[$V_\theta = C\times F/(365\times R)$]；

V ——青贮池、氨化池容积，单位为立方米(m^3)；

H ——青贮池高度，单位为米(m)；

K ——青贮池、氨化池年使用次数，单位为次每年(次/年)；

γ_θ ——每日取料进度，单位为米每日(m/d)。

C.2 多联青贮池单池适宜个数

多联池总宽度与长度基本相等时建筑面积最小，即 $n\approx L_{单}/B$ 时最经济。考虑到多联池开口端有一定宽度的操作场地和通道，多联池单池适当数量按式(C.2)计算。

$$n\approx\sqrt{L/B}+1 \cdots\cdots (C.2)$$

式中：

n——为多联池单池适宜个数，单位为个；

L——青贮池、氨化池总长度，单位为米(m)；

B——青贮池适当宽度，单位为米(m)。

附　录　D
（资料性附录）
取料进度与青贮池容积对应关系

取料进度与青贮池容积的对应关系见表 D. 1。

表 D. 1　取料进度与青贮池容积对应关系

容积，m^3	500	1 000	5 000	10 000
取料进度，m/d	0.2	0.2	0.4	0.5

附 录 E
(规范性附录)
不同高度青贮池的墙体厚度

不同高度青贮池的墙体厚度见表 E.1。

表 E.1 不同高度青贮池的墙体厚度

青贮池、氨化池形式	墙体高度,m	垂直墙体厚度,mm		梯形墙体顶端厚度,mm	
		砖砌	全混	砖砌	全混
地上式	2	≥630	≥450	≥250	≥200
	2.5	≥740	≥550	≥350	≥300
	3	≥840	≥650	≥450	≥400
	3.5	≥1 100	≥850	≥550	≥500
半地上式	2	≥370	≥250	—	—
	2.5	≥370	≥300	—	—
	3	≥500	≥350	—	—
	3.5	≥630	≥400	—	—
地下式	2	≥370	≥250	—	—
	2.5	≥370	≥250	—	—
	3	≥500	≥300	—	—
	3.5	≥500	≥300	—	—
注 1:通过调研国内大量青贮池列出此表。表中数据为计算推荐值,具体项目可根据所采用墙体结构形式进行计算。 注 2:梯形墙体边坡坡度的经验设计值为 1∶(0.08～0.1)。					

附 录 F
(规范性附录)
建筑材料规格、配合比

建筑材料规格、配合比见表F.1。

表F.1 建筑材料规格、配合比

原 料	规 格	配合比		
		碎石混凝土(C25)	砌筑砂浆(水泥砂浆)(水泥砂浆M5.0)	抹灰砂浆(1∶1.5)
水泥,t	32.5#	0.387	0.220	0.627
中粗砂,m^3	中粗	0.400	1.020	0.793
碎石,m^3	20 mm~40 mm	0.840		
水,m^3		0.184	0.220	0.300

附 录 G
（资料性附录）
不同高度青贮池、氨化池单方钢筋参考用量

不同高度青贮池、氨化池单方钢筋参考用量见表G.1。

表G.1 不同高度青贮池、氨化池单方钢筋参考用量

青贮池、氨化池高度，m	单方钢筋重，kg/m^3
2	34.2
2.5	23.4
3	25.6
3.5	19.5

附　录　H
（规范性附录）
青贮池固定高度下的适宜联池个数和宽度

青贮池固定高度下的适宜联池个数和宽度见表 H.1。

表 H.1　青贮池固定高度下的适宜联池个数和宽度

固定池高 m	总容积 500 m^3		总容积 1 000 m^3		总容积 5 000 m^3		总容积 10 000 m^3	
	联池数量 个	宽度 m	联池数量 个	宽度 m	联池数量 个	宽度 m	联池数量 个	宽度 m
2.0	3～5	3.2	3～5	6.3	3～5	15.8	3～5	25.3
2.5	3～5	2.5	3～5	5.1	3～5	12.6	3～5	20.2
3.0	—	—	3～5	4.2	3～5	10.5	3～5	16.9
3.5	—	—	3～5	3.6	3～5	9.0	3～5	14.4

ICS 65.020.01
B 04

中华人民共和国农业行业标准

NY/T 2772—2015

农业建设项目可行性研究报告编制规程

Code for compiling feasibility study report of agricultural construction project

2015-05-21 发布　　2015-08-01 实施

中华人民共和国农业部 发布

目　次

10.6 环境保护工程
11 安全生产与消防
11.1 安全生产
11.2 消防
12 组织管理
12.1 项目建设
12.2 实施进度
12.3 招标方案
12.4 项目运行
13 投资估算和融资方案
13.1 投资估算
13.2 融资方案
14 财务评价
14.1 编制依据
14.2 基础数据与参数
14.3 营业收入、补贴收入和税金
14.4 成本估算
14.5 盈利能力分析
14.6 偿债能力分析
14.7 财务生存能力分析
14.8 不确定性分析
14.9 财务评价结论
15 非盈利性项目财务费用
15.1 一般要求
15.2 运行费用
15.3 经费来源
16 国民经济评价和社会评价
16.1 国民经济评价
16.2 社会评价
17 风险分析
17.1 主要风险因素
17.2 风险程度分析
17.3 风险防范和降低风险对策
17.4 社会稳定风险评价
18 结论与建议
18.1 结论
18.2 建议
19 附图和附件
19.1 附图
19.2 附件

前　　言

本标准根据农业部《关于下达2004年农业行业标准制定和修订项目计划的通知》的要求，按照GB/T 1.1—2009给出的规则编制。

本标准编制中参考了建设部《关于印发〈工程建设标准编写规定〉和〈工程建设标准出版印刷规定〉的通知》（建标[1996]626号）的要求，结合农业行业工程建设发展的需要而编制。

本标准由中华人民共和国农业部提出并归口。

本标准负责起草单位：农业部工程建设服务中心。

本标准参加起草单位：农业部规划设计研究院、北京东方国纪项目管理咨询有限公司。

本标准主要起草人：孔贵生、黄洁、俞宏军、常瑞甫、杨建梅、陈东、朱绪荣、杨立新、王海鹏、石智峰、王志宏、谭瑶瑶、陈宇、郭艳青、王艳霞。

农业建设项目可行性研究报告编制规程

1 总则

1.1 为规范农业建设项目可行性研究报告编制，保证编制的质量和科学性、完整性，制定本规程。

1.2 本规程适用于农业部门主管的、申请使用中央或地方财政资金支持的新建、改造、扩建农业建设项目可行性研究报告的编制。其他农业项目可行性研究报告的编制可参照执行，特殊要求的按其要求编写。

1.3 农业建设项目包括种植业生产、养殖业生产、农产品加工、农业公共服务能力和基础设施建设五大类，按照项目是否盈利又可分为盈利性项目、非盈利性项目两大类。编制可行性研究报告时，应根据不同类型项目和涉及的行业、工程任务特点及要求对本规程规定的编制内容进行取舍。

1.4 编制农业建设项目可行性研究报告应根据批准的建设规划或项目建议书，按照政府农业投资管理要求，遵照有关规程和规范，调查研究工程项目的建设条件，在可靠资料的基础上，通过方案比选，从技术、经济、社会、环境等方面论证、评价项目建设的可行性。

1.5 可行性研究报告应由具有相应资质的工程咨询单位编制。若干单位协作承担可行性研究的项目，总负责单位应对可行性研究报告编制的深度、质量、科学性和完整性负责。可行性研究报告应有编制单位和注册咨询工程师的签章、主要技术负责人的签字。

1.6 可行性研究报告内容和深度应符合以下基本要求：

a) 报告编制应满足业主投资决策的要求；

b) 报告的设备方案应满足设备预订货的要求，报告确定的工艺技术方案应满足项目合同谈判所需技术条件的要求。

c) 报告对项目总投资的估算和融资方案应满足投(融)资、信贷等部门和机构决策的要求。

d) 报告所确定的技术方案和工程建设方案应满足编制初步设计所需技术参数条件的要求。

1.7 农业建设项目可行性研究报告章节安排应将本规程“2 概论”列为第一章，以下章节按本规程第 3 章～第 18 章的编制要求依次编排。

1.8 农业建设项目可行性研究报告的编制除应符合本规程规定外，还应符合国家、相关行业现行有关标准的规定。

2 概论

2.1 项目概况

2.1.1 名称

项目的全称。

2.1.2 主管部门

项目主管部门的全称。

2.1.3 建设单位

建设单位的全称、所在地址及法定代表人。

2.1.4 建设地点

项目的详细建设地点。

2.1.5 建设功能和目标

说明项目的功能定位和要实现的目标。

2.1.6 建设内容

项目主要建设内容及规模。

2.1.7 项目投资

项目总投资和资金来源。

2.1.8 建设期限

项目建设需要的时间周期。

2.1.9 可行性研究报告编制单位

编制单位的全称和资质证书编号。

多个单位协作承担可行性研究的项目，应注明总负责单位及各合作单位的全称及具体分工。

2.2 编制依据和原则

2.2.1 编制依据

列举可行性研究工作依据的一些主要政策文件和技术经济资料，可根据需要作为可行性研究报告的附件，一般有：

a） 项目建议书或预可行性研究报告的审核意见、批准文件；
b） 农业产业政策、行业及区域规划；
c） 规划、国土资源、环境保护、交通运输、消防、供电、供水等有关部门对项目的预审意见；
d） 国家及行业有关的标准和规范；
e） 有关专题报告及评审意见；
f） 可行性研究报告编制委托书或委托合同；
g） 项目建设的基础资料，包括建设用地图纸资料、市场供需资料、项目地点的自然条件、交通运输条件、环境现状条件、场址选择初步勘察报告、建设单位现有设施条件、技术引进项目的考察及有关价格信息资料等；
h） 其他有关依据资料。

2.2.2 编制原则

简述编制可行性研究报告遵循的基本原则。

2.3 主要研究结论

2.3.1 结论概述

简述研究结论。

2.3.2 主要技术经济指标

盈利性项目应按表1、非盈利性项目按表2分别汇总列出但不限于表中的技术经济指标。

表1 盈利性项目主要技术经济指标

序号	指标名称	单位	数量	备　注
1	生产规模			
2	建设用地面积	亩(m^2)		
3	总建筑面积	m^2		
4	总投资	万元		含建设期利息
5	建设投资	万元		
6	流动资金	万元		
7	…			
8	年均营业收入	万元		达产期
9	年均利润总额	万元		
10	财务内部收益率			所得税前或后
11	财务净现值	万元		所得税前或后

表 1（续）

序号	指标名称	单位	数量	备　　注
12	投资回收期(静态、动态)	年		所得税前或后，含建设期
13	总投资利税率			
14	资本金净利润率			
15	盈亏平衡点			

表 2　非盈利性项目主要技术经济指标

序号	指标名称	单位	数量	备　　注
1	生产规模			
2	建设用地面积	亩(m^2)		
3	总建筑面积	m^2		
4	仪器设备	台(套)		购置的主要仪器设备数量
5	总投资	万元		含建设期利息
6	政府投资	万元		包括中央、地方两级政府资金
7	…			
8	年均费用收入	万元		
9	年均费用支出	万元		
10	新增生产(服务)能力			按项目类型差异各自表述
11	…			
12	增加就业	人/次		
13	折旧期	年		

2.3.3　问题与建议

简述项目建设可能存在的问题和改进意见。

3　项目背景与建设必要性

3.1　项目背景

3.1.1　政策背景

3.1.1.1　政策和文件

说明支撑项目的有关国民经济、社会、产业发展宏观政策和文件情况。

3.1.1.2　规划情况

说明与项目区有关的农业及相关行业或区域发展规划、建设规划等的基本情况和要求。

3.1.2　区域背景

3.1.2.1　区域经济、社会和农业现状与存在问题

3.1.2.1.1　说明与项目有关的区域经济状况及存在的主要问题。

3.1.2.1.2　项目是否符合地区或区域经济与农业发展的需要。

3.1.2.1.3　区域的自然条件、资源状况是否满足项目建设的需要。

3.1.2.2　其他

根据需要，简要说明社会、文化、历史、人文、宗教信仰等方面相关情况。

3.1.3　项目由来

简述项目提出的过程。

3.1.4　建设单位基本情况

3.1.4.1 **业务职责**

单位的性质、基本职责、业务范围和内容,应附建设单位法人资格证书影印件。

3.1.4.2 **人员构成**

单位人员组成情况,包括职工总人数、技术人员数、管理人员数、技术人员中各级专业技术人员数及承担本项目主要技术人员的基本情况。

3.1.4.3 **能力水平**

说明与项目有关的主要技术成果与转化能力、专利技术及其获奖情况,包括优势学科领域、承担课题的能力、技术推广转化能力等。通常应附成果鉴定、专利、获奖证书影印件等。

说明与项目有关的主要产品规格、水平、产能、销量等情况。

3.1.4.4 **基础条件**

3.1.4.4.1 现有基础设施和技术条件情况,包括土地、房产、主要农业科研仪器与农业机械设备、配套设施条件等。

3.1.4.4.2 技术储备、项目储备、成果储备情况等。

3.1.4.4.3 近5年已建同类项目的完成和运行情况,说明可在项目中发挥作用的设施、设备情况。

3.1.4.5 **资产与财务**

包括单位经费或收入来源、年总收入与总支出及盈余或利润、税金、固定资产总值、净资产总值等。盈利性项目应附近期资产负债表、完税证明和损益表。

3.1.4.6 **协作或技术依托单位**

应明确协作或技术支持的内容、责权利关系,通常应附双方合作的意向协议。

3.1.5 **影响因素**

从政策、法规、社会、经济、资源、环境、单位能力等方面归纳影响项目建设的主要因素。

3.1.5.1 **有利条件**

归纳对项目建设和运行管理形成支撑的主要条件。

3.1.5.2 **不利因素**

说明制约项目建设和运行管理的主要问题。

3.2 项目建设必要性

3.2.1 **政策必要性**

3.2.1.1 从国家宏观经济发展方针、农业产业政策、行业及区域规划、技术政策等方面简述项目建设的依据和理由。

3.2.1.2 从地方区域的经济发展政策、农业产业发展规划、技术发展方向等方面简述项目建设的依据和理由。

3.2.2 **社会经济发展必要性**

根据地方经济、社会现状和发展需要,从项目新增产出品(公共服务)、投资效益角度简要说明项目建设的依据和理由。

3.2.3 **可持续发展必要性**

从国家及地方环境保护、合理配置和有效利用资源、项目新增生态效益等方面简述项目建设的依据和理由。

3.2.4 **建设单位的发展需要**

根据建设单位的现状和发展要求,从项目新增经济效益和社会效益角度简述项目建设的依据和理由。

4 供应与需求

4.1 产品(服务)供需预测

4.1.1 供应现状与预测

分析说明项目产品(服务)国际、国内或区域内的生产(采购)、销售现状及发展趋势和增长潜力。规模较小、内容单一的农业建设项目一般只需做国内或区域内情况分析说明。

4.1.1.1 种植、养殖、农产品加工项目应分别说明近年来农作物生产、畜禽存栏与出栏、水产养殖与捕捞、农产品加工等的总生产能力、产量、销售量及分布情况,分析预测今后的发展趋势和增长潜力。

4.1.1.2 农业公共服务能力与基础设施建设项目应说明农产品质量安全与控制、市场体系、植物保护、动物防疫、渔港、农业资源与环境保护及农业科研等能力现状,分析预测发展趋势和需求潜力。

4.1.2 需求现状与预测

说明产品(服务)的购买与使用情况,分析预测项目区域内产品(服务)的购买与使用能力的发展趋势和潜在需求。

4.2 目标市场分析

4.2.1 目标市场定位

根据供需预测分析,结合市场分布与区域特点、消费习惯、质量和价格的适应性等主要因素,分析选择和确定产品(服务)的销售区域和范围。

4.2.2 价格现状与预测

种植业生产、养殖业生产、农产品加工项目应做价格的分析预测。

4.2.2.1 说明国内或区域市场项目产品(服务)的价格现状,分析影响价格形成和导致价格变化的主要因素,预测产品(服务)目标市场的价格走向和趋势。

4.2.2.2 出口产品应分析和预测目标市场的国际市场价格。

4.2.3 市场份额

分析预测产品(服务)在目标市场的销售量及所占份额。

4.3 市场竞争力与营销

盈利性项目需做市场竞争力与营销策略分析。

4.3.1 经营现状

说明项目建设与管理主体所具备的原有市场及销售量、销售方式、经营特点等情况。

4.3.2 主要竞争对象

简述在目标市场范围内,主要竞争对象的基本情况。

4.3.3 竞争态势分析

将项目自身条件与主要竞争对象条件进行对比分析,说明项目的优势和劣势。对比分析的主要方面一般有原材料条件、工艺技术水平、规模效益、产品开发能力、产品质量、价格、销售渠道、商誉及品牌、人力资源等。

4.3.4 营销策略

根据竞争态势分析,结合项目自身的特点和优势,提出市场营销应采取的策略。

5 生产规模和产出方案

5.1 生产规模

分析说明项目在设定的正常运营年份预期的主要生产(服务)能力或使用效益。

5.1.1 生产规模的确定

5.1.1.1 分析说明影响生产规模的相关因素:

a) 市场容量。根据市场需求预测的市场容量、目标市场和可能占有的市场份额说明项目市场容量。

b) 约束条件。说明自然环境条件、资源条件、资金条件和主要外部协作条件等对生产规模的影响。

c） 政府投资主导的项目还应重点考虑政府允诺的出资额和许可的规模要求对生产规模的影响。

5.1.1.2 综合上述因素，研究确定项目投入产出比处于较优状态、资源和资金可以得到充分利用并可获得较佳效益的合理生产规模。

5.1.2 **规模指标**

生产规模根据项目类型用量化指标说明。

5.1.2.1 种植业生产、养殖业生产项目以年产量、种植面积、养殖量、养殖面积、出栏量等表述。

5.1.2.2 农产品加工项目以年生产量、年加工量、储存量表述。

5.1.2.3 农业公共服务能力与基础设施建设项目以作业面积、灌溉面积、容纳能力、覆盖范围、年处理量、建筑面积、设备数量、服务能力等表述。

5.1.2.4 分期建设的项目，应列出各期的生产规模。

5.1.3 **生产规模的方案比选**

需要进行生产规模方案比选的项目，应说明各方案的主要影响因素，分析比较各方案的优缺点，综合评判后提出推荐方案。

5.2 产出方案

5.2.1 正常生产经营周期内项目产出的产品（服务）种类、数量及质量要求构成产出方案。生产经营周期一般按年度计算。

5.2.2 应根据市场需求、产业政策、资源综合利用、环境条件、目标市场、销售策略、产品或服务定位等因素，研究确定产出方案。

5.2.2.1 种植业生产、养殖业生产、农产品加工项目一般应说明生产经营的主、副产品品种和质量标准，并按品种说明生产量、加工量、经营量和运输量等。

5.2.2.2 农业公共服务能力与基础设施建设项目应说明新增的服务种类和能力水平，按服务种类说明处理量、容纳能力、覆盖范围、交易量、试验（实验、检验、检测）数量、研究成果数量等。

5.2.2.3 有出口外销的产品，说明产品内外销数量分配及外销产品的质量标准等。

5.2.3 **产出方案比选**

需要对产品方案比选的项目，应说明各方案的主要影响因素，分析比较其优缺点，并提出推荐方案。

6 项目选址

6.1 选址要求

从用地、交通、安全、场区布置、保护环境和生态等方面概述项目建设对选址的原则性要求。选址地点与位置应符合城镇发展规划，满足工程建设和生产工艺要求，并与周边环境相适应。

6.2 选址现状

说明项目选址的现状情况，分地点建设的应分别说明。

6.2.1 **地点与位置**

说明项目选址地点的具体位置，并提供地理位置图。

6.2.1.1 建设地点在城镇的，应说明所在地街道门牌号。

6.2.1.2 建设地点在乡村的，应说明所在乡镇或村队及具体地块位置。规模化的种植业生产项目，应说明所在农田的具体位置。

6.2.2 **土地性质及规划**

6.2.2.1 说明建设范围、占地面积及周边情况。

6.2.2.2 说明场址所在地土地权属和用地解决方案，按照自有土地、已征（租）地、拟征（租）地等情况分别详细说明，并提供相关证明文件作为附件。

6.2.2.3 分别说明土地利用规划、城乡建设规划对该地块的具体要求，并提供当地土地管理部门、规划管理部门的审查意见作为附件。

6.3 土地利用

6.3.1 说明选址地块现使用状况，包括地表(下)建(构)筑物、农业田间工程及设施、农作物种植及其他开发利用等情况。

6.3.2 改扩建项目选址应详细说明场地现有建(构)筑物、各项设施等的基本情况。

6.3.3 新增用地的项目应详细说明项目用地情况，并提出节约用地措施。对占用耕地的设施农业用地建设项目，应说明耕地占用与补充落实的情况。

6.4 场址方案比选

对有两个以上场址方案比选的项目，应通过对各方案的工程建设条件和经济性条件进行比选确定优选方案。一般采用综合分析法对选址现状、建设条件、建设投资、运营费用等比较分析，说明各方案的优缺点，并提出推荐方案。

6.5 建设条件

说明项目建设所在地的自然、社会、环境、资源、公共服务及场地等条件情况，分地点建设的，应分别说明。

6.5.1 地形、地貌

基础设施建设和大规模的农业生产项目，根据需要概述项目区内地形地貌，如山地、丘陵、最高标高、最低标高、坡度等。

6.5.2 自然灾害

概述地震、洪涝、干旱、台风等相关自然灾害的频率、级别、强度、历史发生、分布特点及规律等，说明地方相应灾害设防要求。

6.5.3 农业病虫害与疫病

种植业、养殖业类项目需分别说明病虫害、动物疫病等情况。

6.5.4 工程地质、水文地质及气象

根据项目类型和特点，对工程地质、水文地质及气象条件进行分析说明。

6.5.4.1 工程地质主要包括场址的地质构造、岩性、地基承载力、冻土层深、有无不良地质作用和地质灾害等。种植业生产项目还需说明土壤类型、性状、土壤肥力及理化性质。

6.5.4.2 水文地质主要包括水文地质构造、地表及地下水的类型及特征、土壤含水性、流量、地下水水位和涌水量等。沿海建设项目还涉及海流、潮汐、波浪及泥沙等。

6.5.4.3 气象条件主要说明降水量、温(湿)度、风向、风力等分布特点和基本情况。种植业生产项目还需说明光照、热量、蒸发及霜期等。

根据项目特点和需要，提供相关专题报告。

6.5.5 水资源平衡分析

耗水量较大的种植业生产项目须作水资源平衡分析和说明。

6.5.5.1 从地表水量、降水量、地下水量三方面分析可供应的水量。

6.5.5.2 确定灌溉定额，计算农作物灌溉需水量。

6.5.5.3 用水平衡分析，当地主管部门对农业用地表水、地下水有具体规定的，从其规定。

6.5.6 主要原料及辅料供应

应根据项目主要原材料和辅料年消耗量，说明主要原料及辅料的来源、供应条件、运输方式等，分析对项目运营的保障程度。大规模的养殖业生产项目需做饲养规模与饲草、饲料的平衡分析。

6.5.7 主要燃料供应

应根据项目主要燃料年消耗量说明主要燃料的来源、供应条件、运输方式等，分析对项目运营的保障程度。

6.5.8 交通运输

说明项目区域内港口、铁路、公路、机场等交通基础设施情况，分析对项目运营的保障程度。

6.5.9 公用设施

说明给排水、电、气、通信、生活等公用设施情况。

6.5.10 环境保护

说明项目建设是否满足保护环境和生态的基本要求。

6.5.11 法律支持

项目建设应符合法律、法规对项目建设和运行的要求。

6.5.12 劳动力资源

劳动力密集型建设项目应说明劳动力的来源和保障情况。

6.5.13 征地、拆迁

说明征地、拆迁方案，包括补偿标准、拆迁安置工作量和所需投资等。

6.5.14 施工条件

场址的施工场地(技术改造项目还包括原有场址及公用设施)、施工用电、用水及其他作业条件应满足工程施工的需要。

7 技术与设备方案

7.1 技术方案

7.1.1 选择原则和要求

7.1.1.1 技术方案应满足成熟、适用、可靠和经济合理的要求。

7.1.1.2 包含多个单项工程的项目，应分别说明各单项工程的技术方案。

7.1.2 生产方法

7.1.2.1 生产方法包括品种选育、栽培种植、养殖、加工、储运、检验检测、试验与研究等方法。

7.1.2.2 说明生产方法的优缺点及发展趋势，分析其与原材料供应的适应性、技术来源的可得性，是否符合节能和清洁生产的要求。

常规生产方法可简化叙述。

7.1.3 农艺、生产工艺及实(试)验流程

根据生产规模和生产方法，制定生产(作业)流程，绘制流程图；突出主要工序或节点，明确农(工)艺要求，说明工序流程的特点、主要工序间的衔接情况、关键工序的要求；编制物料平衡表、原辅材料及水电气消耗表；确定主要生产技术参数(关键工序的人员、技术、材料要求)。

7.1.3.1 种植

7.1.3.1.1 明确品种及来源，说明发芽率、壮苗率、移栽成活率、单产及质量标准等特性。

7.1.3.1.2 说明耕作制度及种植方式，包括育苗、栽种、生长、收获等关键期及田间管理的主要技术参数和农艺要点。

7.1.3.1.3 说明大田种植的田块布置与安排。

7.1.3.1.4 说明温室内温度、湿度、光照、通风等环境控制指标。

7.1.3.1.5 说明种子、肥料、农药、灌溉用水等种类与消耗定额。

7.1.3.2 养殖

7.1.3.2.1 明确品种及来源，说明繁殖率、成活率、出栏率、单体重及质量标准等特性。

7.1.3.2.2　说明养殖模式、养殖阶段划分、畜禽(水产品)群体周转及流程。

7.1.3.2.3　说明饲养工艺,包括选育良种、繁育、饲喂、成畜等关键期及饲养管理的主要技术指标和技术要点;说明产仔率、育成率、出栏率等指标,明确死淘率等。

7.1.3.2.4　明确不同阶段养殖舍(池)内温度、湿度、光照、通风等环境控制要求。

7.1.3.2.5　说明饲料、饵料、兽(鱼)药等消耗种类与消耗定额,明确料肉(蛋)比、耗水量等指标。

7.1.3.2.6　说明疫病防控措施。

7.1.3.2.7　明确清粪方式,说明粪污处理方式。

7.1.3.3　农产品加工

7.1.3.3.1　明确加工品种、加工规模、加工标准或技术指标和技术要点。

7.1.3.3.2　绘制工艺流程图,说明各工序流程及特点、主要工序间的衔接情况、关键工序的操作条件和要求,说明产出率、商品率等指标。

7.1.3.3.3　说明人员、物料,包装、储藏、运输要求;说明各类物料的消耗定额,编制物料平衡表、原辅材料及水电气消耗表。

7.1.3.3.4　明确生产和辅助建筑的工艺设计要求,确定主要生产技术参数和环境指标。

7.1.3.3.5　确定生产工作制度及用工。

7.1.3.3.6　选择成套生产设备的需单独说明。

7.1.3.4　沼气工程

7.1.3.4.1　明确发酵原料的来源、特性、供给方式。

7.1.3.4.2　明确主体工艺技术方案,说明原料处理、厌氧发酵、沼气净化储存利用、沼渣沼液消纳等工艺环节的主要技术参数,说明产气率等指标。

7.1.3.5　检验检测

7.1.3.5.1　明确检测对象、检测规模、精度要求等,确定主要检验检测参数和标准。

7.1.3.5.2　说明检验检测流程及工序特点、主要工序间的衔接情况、关键工序的操作条件和要求。

7.1.3.5.3　明确检验检测室的建筑设备设计要求和环境指标。

7.1.3.5.4　绘制检验检测流程图,编制重点设备材料及水电气消耗表。

7.1.3.6　农业实(试)验

7.1.3.6.1　说明实(试)验程序和特点,主要环节操作条件、指标及要求。

7.1.3.6.2　说明实验室、试验田块的总体布局及相应的环境参数要求。

7.1.3.7　基础设施建设

基础设施项目按单项工程说明建设标准及使用要求。

7.1.3.8　总体生产工艺

有多个关联的单项工程、工艺复杂的项目需编制总体生产工艺。

7.1.4　技术方案比选

从技术的先进性、可靠性,技术对产品质量的保证程度、对原材料的适应性,生产(作业)流程的合理性、获得的难易程度及费用支出等方面说明比选结果。

7.2　设备方案

根据生产规模、产出方案和技术方案,提出设备的主要性能参数或技术规格、数量和估价。

进口设备应单独说明。

7.2.1　选择原则

根据项目特点,提出设备的优选原则和兼顾原则。一般包括先进、适用、安全、可靠和经济合理等方面的要求,同类产品国产优先。

7.2.2 **设备选择**

7.2.2.1 主要设备供应现状。

7.2.2.2 根据生产规模、产出方案确定设备生产能力。

7.2.2.3 结合技术方案选择设备:

a) 农机具、养殖、加工、中试等生产性设备。

b) 检验检测、化验试验、测定分析等检测、研究设备。

c) 配套设备。

7.2.3 **设备比选**

7.2.3.1 从生产规模的满足程度、产品质量和生产工(农)艺要求的保证程度、设备使用寿命、物料消耗指标、节能环保、备品备件保证程度、安装调试服务以及所需的设备投资等方面对不同的设备方案进行比较。

7.2.3.2 大型设备、需要定制的非标准设备,应就生产厂商、价格、性能等进行详细论证并单独出具设备报告。

7.2.3.3 常规设备可简化说明。

7.2.4 **设备清单**

7.2.4.1 根据比选结果,提供设备清单,编制主要设备表(见表3)。应说明设备名称、规格及主要参数、数量、价格及设备来源等。

7.2.4.2 特殊安装要求的设备需单独说明。

7.2.4.3 非主要设备可不列出设备清单,可按单项工程估算其基本规模和价格。

表3 仪器设备清单

序号	名　称	技术规格、性能参数	数量	单价	总价	备注
一	检验检测设备					
…						
二	科研仪器设备					
…						
三	农产品加工设备					
…						
四	农机具					
…						
五	其他设备					

8 工程建设方案

8.1 总平面布置和运输

8.1.1 **总平面布置**

8.1.1.1 说明总平面布置和功能分区的原则。

8.1.1.2 概述场地现状特点和周边环境,包括区域位置、地形地貌、原有工程及有关的自然因素等。

8.1.1.3 两个以上可供比选的总平面布置方案,应进行指标比选和功能比选,经方案比选确定总平面布置。

8.1.1.4 说明推荐方案的功能分区、相关工程位置关系、生产工艺、场内外运输、人流与物流、场区消防、道路布置、绿化、分期建设等情况和特点。

8.1.1.5 说明竖向布置方案及其合理性,估算土(石)方工程量。

8.1.1.6 场地平整、防洪及排涝方案说明。

8.1.1.7 绘制总平面布置图，标注现有工程和项目工程名称及位置。农业建筑工程总图比例推荐使用不大于1∶2 000，田间工程总平面方案布置图比例推荐采用不大于1∶10 000。

8.1.1.8 合理确定总平面主要设计指标，参考表4列出总平面主要设计指标。

8.1.1.9 农业建筑工程与田间工程的总平面布置应分别说明。

表4 总平面主要设计指标

序号	名 称	单 位	数 量	备 注
1	项目总占地面积	hm^2		
2	征用土地面积	hm^2		
3	场区(厂区、基地)用地面积	hm^2		
4	总建筑面积	m^2		地上和地下部分可分列
5	建(构)筑物用地面积	hm^2		
6	堆(晒)场面积	hm^2		
7	道路、装卸作业场及停车场用地面积	hm^2		
8	硬化地坪面积	hm^2		
9	港池面积	hm^2		
10	农业生产用地面积	hm^2		
11	绿地用地面积	hm^2		
12	行政办公及生活服务设施用地面积	hm^2		
13	容积率	%		④/③
14	建筑系数	%		(⑤+⑥)/③
15	绿地率	%		⑪/③
16	…			
注：表列内容可随工程内容增减。				

8.1.2 项目组成

按单项工程列表，分类说明项目工程内容的构成，可参考表5。

表5 项目工程组成表

工程类别	工程名称	规模	备注
一、农业建筑工程			
(一)主体工程 … (二)辅助工程 … (三)公用工程 …			
二、农业田间工程			
(一)土地整治 … (二)农田水利 … (三)道路与桥涵 … …			
三、其他工程			
…			

8.1.3 运输

说明场内外年运输量、运输方式等,确定运输工具。

8.1.3.1 场外运输

根据项目运营特点,说明场外年运入量和运出量、运输方式、运输途径、包装方式、仓储要求等。

需要购置场外运输工具的项目,应列出场外主要运输工具及装卸设备表,说明配置的合理性。

8.1.3.2 场内运输

说明场内主要运输工具的配置形式(委托、租赁、自备等)。需要购置的,列出运输工具及装卸设备表,说明配置的合理性。

8.2 农业建筑工程

8.2.1 建筑

8.2.1.1 说明主要建(构)筑物概况,包括建(构)筑物的名称和用途、占地面积、建筑面积、建筑(檐口)高度、层数、容量等。

8.2.1.2 说明火灾危险性分类、建筑物耐火等级。

8.2.1.3 说明主要建(构)筑物方案设计的特点、主要工程做法及采用的主要建筑材料等。

8.2.1.4 说明新技术、新材料的应用情况。

8.2.1.5 说明主要单体工程的平面布置,提供平、立、剖面图。

8.2.2 结构

8.2.2.1 说明结构安全等级,结构设计使用年限,建筑抗震、防风、防浪等设防强度和类别等。

8.2.2.2 说明主要建(构)筑物的结构类型,采用的主要结构材料及特殊材料;明确基础形式与地基处理方案。

8.2.2.3 说明新结构、新技术的应用情况。

8.2.3 电气

8.2.3.1 变、配电系统

8.2.3.1.1 说明供电电源、输变电方式及接口位置。

8.2.3.1.2 说明项目用电负荷、负荷等级等。

8.2.3.1.3 说明变(配)电所位置、数量及容量,供电电压等级、回路数、变压器容量、台数,高低压配电系统形式等。

8.2.3.1.4 说明有爆炸危险性环境区域内的电气设备选择等。

8.2.3.1.5 列出变、配电系统主要设备表。

8.2.3.1.6 说明应急电源、照明系统、防雷系统、防静电与接地措施和方式。

8.2.3.2 自动控制系统

8.2.3.2.1 说明系统功能、系统组成及系统配置等。

8.2.3.2.2 列出自动控制系统主要设备表。

8.2.3.3 信息管理系统

8.2.3.3.1 说明系统功能、系统组成及系统配置等,内外网的联结及安全措施。

8.2.3.3.2 列出信息管理系统设备表。

8.2.3.4 其他系统

其他系统包括通信、广播、火灾报警与联动控制系统、门禁系统、电视监控系统等,应说明系统组成、功能、配置、主要设备表等设置方案。

8.2.4 给排水

8.2.4.1 **给水**

8.2.4.1.1 说明水源及供水方式,市政给水管网或自备水源供水量、供水压力和水质等。

8.2.4.1.2 估算项目用水量(最高日用水量、最大时用水量等)、热水设计小时耗热量、消防用水量等。

8.2.4.1.3 扩建项目应说明所采用水源的剩余供水量、供水压力、水质等,分析能否满足扩建项目需求,说明如不能满足时所采取的措施。

8.2.4.1.4 说明生产、生活给水系统的供水方式及分区,调节设施的容量及位置等。

8.2.4.1.5 描述消防系统的供水方案、系统种类、设施配备及对消防用水量、水压的要求,供水方式及消防水源情况等。

8.2.4.1.6 说明热水系统,热源、系统供应范围及供应方式。

8.2.4.1.7 说明循环水系统、系统的组成、稳定水质措施、系统的控制方法。

8.2.4.1.8 其他特殊用水系统,说明系统功能及组成。

8.2.4.1.9 说明管材、接口及敷设方式,编制主要设备表。

8.2.4.2 **排水**

8.2.4.2.1 说明排水体制,污水、废水及雨水的排放出路。扩建项目应说明现有排水设施能否满足扩建需求,如不能满足时所采取的措施。

8.2.4.2.2 估算污水、废水、雨水及其他排水的排放量。

8.2.4.2.3 说明排水系统及综合利用情况。

8.2.4.2.4 说明污水、废水的处理方法及其效果。

8.2.4.2.5 说明管材、接口及敷设方式,编制主要设备材料表。

8.2.5 **采暖与通风空调**

8.2.5.1 明确采暖、通风、空调的室外计算参数,室内设计参数。

8.2.5.2 进行冷、热负荷的估算。列表说明项目各车间(库房)的采暖、通风、空调负荷及制冷量以及供冷(热)的要求。

8.2.5.3 确定并说明空气调节冷、热源的选择及参数。

8.2.5.4 说明采暖、空气调节的系统形式及控制方式,说明采暖、通风、空调末端设备的类型、管道材料及保温材料的选择。

8.2.5.5 说明通风及防排烟系统的系统配置要求。

8.2.6 **动力**

8.2.6.1 **供热**

8.2.6.1.1 说明热源概况。

8.2.6.1.2 说明供热范围、热媒参数及耗热量估算。

8.2.6.1.3 说明供热方式及热力管道敷设原则。

8.2.6.1.4 提出锅炉房、热交换站的面积及位置等要求。

8.2.6.2 **燃料供应**

8.2.6.2.1 概述燃料来源、种类、供应范围及方式,列表估算燃料年需要量。

8.2.6.2.2 说明灰渣储存及运输方式。

8.2.6.3 **其他动力站房(蒸汽、冷冻水和实验室气体管路系统等)**

8.2.6.3.1 说明动力站房内容、性质、面积、位置及其他要求。

8.2.6.3.2 说明系统形式及主要设备选择。

8.2.7 场区附属工程

8.2.7.1 道路

说明场区道路等级,明确承载力要求,说明长度、宽度等,说明路基、路面工程做法。沿道路一并建设的路灯照明、地下管线、沟渠和绿化应统筹考虑。

8.2.7.2 绿化

说明场区绿化面积、方式、主栽品种等。

8.2.7.3 围墙大门

说明围墙长度及工程做法。说明大门做法。设门卫室的场区,门卫室及大门单独作为一个单项工程。

8.3 农业田间工程

8.3.1 土地整治

8.3.1.1 土地平整

明确拟平整土地的范围、地势标高、挖土和填土方量及土方平衡方案;说明土方工程量的估算方法。

8.3.1.2 土壤改良

说明土壤改良面积、方法和措施;明确土壤改良中的掺和材料、配比和来源。

8.3.1.3 坡改梯

说明农田的坡度,明确拟改梯田的宽度和长度;明确坡改梯田的灌排水设施;说明作业道路的长度、宽度及工程做法;明确梯埂的断面、结构和砌筑方式,采用生物护埂要明确生物品种及护埂做法。

8.3.1.4 水土流失治理

明确水平沟、冲刷沟、截流沟、小塘坝(水窖、水柜)的规格尺寸、结构形式、材料及工程做法。采用植物措施,要明确各防护林、植物带等的行距、株距、树种等做法。

8.3.2 田间道路

8.3.2.1 机耕路

明确主次干道及设计标准、路面材料、路宽度等工程做法。机耕路一般分为混凝土路面、沙石路面、泥结石路面和土路等。

8.3.2.2 田间生产路

明确田间生产道路的设计标准、路面材料、路宽等工程做法。一般分为混凝土路面、沙石路面、石板路面和土路等。

8.3.3 农田水利

8.3.3.1 机井

明确机井的类型(大口井、深井、浅井等),说明机井深度、井孔直径、井管材料、单井出水量和灌溉面积、机井的数量、井距以及配套水泵数量、型号及配套动力。

8.3.3.2 库、塘(池)

说明库、塘(池)的设计标准、总蓄水量、主要构筑物的结构型式及尺寸;明确库、塘(池)的取水方式及设计流量。

8.3.3.3 窖

说明窖的用途,明确窖蓄水容量、规格尺寸、结构形式和数量等。

8.3.3.4 泵站

说明泵站的使用功能、建设规模,明确装机流量和装机功率、扬程等参数。泵站设计流量根据设计灌排水率、灌溉和排涝面积、渠系水利用系数等综合分析计算确定。泵房及配套建筑物应明确建设规模、结构形式、规格尺寸、工程做法、工程量等。

8.3.3.5 **灌溉工程**

8.3.3.5.1 沟渠灌溉应说明沟渠的名称、设计标准、设计流量、灌溉面积、长度、断面形式和尺寸等。

8.3.3.5.2 管道灌溉应说明灌溉面积、水源、动力、水泵、控制设备、过滤设备、施肥设备、管道系统(管材、管径等)及喷头、微喷头、滴头、滴灌带等内容,明确灌溉定额和灌溉周期设计方案。

8.3.3.6 **排水工程**

明沟排水明确沟渠的名称、排水设计标准、长度、断面形式和尺寸等。管道排水说明管道的管材、管径、数量及配件等。

8.3.4 **田间构筑物**

8.3.4.1 **农桥**

明确农桥的设计标准;说明农桥的功能、跨度和宽度、材质及工程做法。

8.3.4.2 **涵洞**

说明涵洞的功能、型式和材料,确定涵洞的规格尺寸。

8.3.4.3 **水闸**

说明水闸的功能、用途、结构形式、规格尺寸。

8.3.4.4 **倒虹吸**

明确设计标准,说明管材(砼管、钢筋砼管、玻璃钢管或钢管)、管径及敷设方式(单管、双管或多管)。

8.3.4.5 **渡槽**

说明渡槽设计标准,明确布设位置、跨度、断面形状(矩形或 U 形)、结构形式、规格尺寸等。

8.3.5 **种植圃(试验池)**

说明种植圃(试验池)的建设规模和目标,明确建设内容和建设标准。涉及农业建筑、土地整治、道路、水源、灌溉设施等基础设施,详见本规程前述相关规定。

8.3.6 **防护林网**

明确各类防护林带的建设目标、占地面积、林带结构、种类、宽度、高度、间距(株行距)、植树数量等。

8.3.7 **田间供电**

说明供电、用电总负荷、电压、线路长度、规格等技术指标以及线路敷设方式,变压器的位置、规格、数量等。

8.3.8 **其他田间建(构)筑物**

8.3.8.1 **围栏**

说明围栏的作用、结构形式、材质、高度、总长度等。

8.3.8.2 **晒(堆)场**

说明晒场的用途、规模、结构形式、工程做法(面层、垫层材料及厚度等)。

8.3.8.3 **堆沤(积粪)池(场)**

说明用途、堆沤材料种类、规格尺寸、结构形式、工程做法等。对于池(场)有安全防护要求的要予以明确形式和做法,如围栏、盖板等。

9 节能和节水

9.1 节约能源

9.1.1 **节能措施**

9.1.1.1 **生产节能措施**

从以下几方面说明项目采用的生产节能措施。

a) 节能新技术、新工艺、农艺措施;

b) 采用的节能设备、设施；

c) 余热、余压、可燃气体的回收利用。

9.1.1.2 **储运节能措施**

在原材料、产品和产成品的储藏、运输过程中采取的节能措施。

9.1.1.3 **建筑节能措施**

a) 建筑节能设计依据；

b) 建筑节能的主要技术和措施；

c) 采用的节能材料和产品。

9.1.1.4 **电气节能措施**

电气设备及装置选择、电气系统设计采取的主要节能措施。

9.1.1.5 **供暖节能措施**

供暖设备及装置选择、供暖系统设计及安装采取的主要节能措施。

9.1.1.6 **单项节能工程**

分析论证单项节能工程设计方案的合理性、可靠性、安全性等。

9.1.2 **供能方式**

通过新能源与传统能源供给方式的比较，确定供能模式。

9.1.3 **能耗指标及分析**

9.1.3.1 计算项目综合能耗总量、单位产品(产值)综合能耗、可比能耗等指标。

9.1.3.2 通过对比分析，评价项目能耗水平。

9.2 **节水**

9.2.1 **节水措施**

9.2.1.1 **节水生产技术措施**

从以下几方面说明项目采用的节水生产技术措施，说明生产技术措施的来源、特点及实施条件和要求。

a) 节水栽培技术；

b) 节水灌溉技术；

c) 节水养殖技术。

9.2.1.2 **节水工程措施**

从以下几方面说明项目采用的节水工程措施的特点、节水效果等，选择适合于生产技术措施的节水工程。

a) 节水系统设计；

b) 节水工程设施；

c) 节水设备。

9.2.1.3 **旱作节水措施**

说明项目采用的旱作节水措施的特点、节水效果等。

9.2.1.4 水的循环使用。

9.2.1.5 其他节水措施。

9.2.2 **水耗指标及分析**

9.2.2.1 测算耗水总量及耗水指标。

9.2.2.2 结合农业生产的季节性影响等因素，分析供水量与耗水量间的关系。

9.2.2.3 评价耗水水平，提出缺水季节供水解决方案。

10 环境保护

10.1 编制依据

有关环境保护的法律、法规、标准及规范等。

10.2 环境现状

10.2.1 场址及周边所在地的土壤、空气、水、噪声、生态及社会环境现状。

10.2.2 场址所在地的污染物排放标准。

10.3 环境影响

分析拟建项目在工程建设和投入运营过程中对环境可能产生的破坏因素以及对环境的影响程度，包括废气、废水、固体废弃物、噪声、粉尘和其他废弃物的排放数量，水土流失情况，对地形、地貌、植被及整个流域和区域环境及生态系统的综合影响等。

10.3.1 项目建设对环境的影响

10.3.1.1 对地形、地貌等自然环境的影响。

10.3.1.2 对森林、草地植被的影响。

10.3.1.3 对大气、地表水、地下水、土壤的影响。

10.3.1.4 对社会环境、文物古迹、风景名胜区、水源保护区的影响。

10.3.2 项目产生的废弃物对环境的影响

10.3.2.1 分析说明项目建成后运行过程中产生的污染物情况。应说明污染物名称、产生点、产生量及排放量、排放方式，特殊废弃物需说明组成、特性及排放特征等。

a) 废气(水)。编制废气(水)排放一览表，可参考表6。

表6 废气(水)排放一览表

序号	污染源位置 (生产设施、设备名称)	名称	产生量	排放量	主要成分	排放特征	排放方式
1							
2							
…							

b) 固体废弃物。编制固体废弃物排放一览表，可参考表7。

表7 固体废弃物排放一览表

序号	污染源位置 (生产设施、设备名称)	固体废 弃物名称	产生数量 t/a	固体废弃物组成 及特性	固体废弃物 处理方式	排放数量 t/a
1						
2						
…						

c) 粉尘。编制粉尘排放一览表，可参考表8。

表8 粉尘排放一览表

序号	生产设施 (设备)名称	粉尘名称	产生数量 t/a	排放数量 t/a	排放方式
1					
2					
…					

d) 噪声。说明噪声源位置、名称、噪声特征、声压级别[dB(A)]等。

e) 农业面源污染。说明农业生产过程中农药、化肥、塑料薄膜等残留及畜禽粪污、病死畜禽尸体等面源污染物的分布与影响。

f) 其他污染物。包括电磁波、震动、异味、放射性物质等的分布与影响。

10.3.2.2 分析污染物发生的位置、特性,计算强度值及其对周围环境的危害程度等。

10.4 污染物防治

10.4.1 废气、粉(烟)尘的防治

10.4.1.1 综合治理措施(包括生产工艺改进、生产设备更新、改进管理等)及末端处理技术、工艺说明。

10.4.1.2 治理后预期达到的效果与国家或当地允许排放标准的对比以及区域大气环境质量变化情况。

10.4.2 废水处理

10.4.2.1 末端处理技术及工艺说明。

10.4.2.2 废水经处理后的相关水质指标。

10.4.2.3 废水处理后的利用。

10.4.3 噪声控制

10.4.3.1 说明噪声控制的主要措施,包括工艺、建筑、公用工程设计采用的降低噪声措施以及总平面设计结合功能分区的降噪措施。

10.4.3.2 说明采取控制措施后噪声是否符合有关标准的要求。

10.4.4 固体废弃物的综合利用及处置

固体废弃物的种类、无害化处置方法、二次污染的防范措施。

10.4.5 农业面源污染的控制与防治

减少面源污染的技术手段和工程措施,包括畜禽死尸等废弃物的无害化处置方法和畜禽粪污的综合循环利用,推广应用种、养业清洁生产模式、乡村清洁工程模式等。

10.4.6 其他污染的控制及防治

如存在其他污染问题,则应根据生产过程的特点,说明污染来源、污染程度、污染的治理或防范措施,说明治理或采取的防范措施能否达到有关标准的要求。

10.4.7 绿化

从大气、粉尘及噪声污染等保护环境角度对项目场区绿化的说明。

10.4.8 预期效果分析

论述经采取防治环境污染的主要措施后,污染物的排放是否符合环境保护部门对建设项目环境保护规定的有关要求。

10.5 环境监测

有环境监测要求时,对监测目标、方法、配备的主要仪器设备等作简要说明。

10.6 环境保护工程

按单项工程要求汇总各专业属于环境保护的工程及设备,说明工程名称、规模、主要做法及材料,提供设备清单及价格。

11 安全生产与消防

11.1 安全生产

11.1.1 编制依据

有关安全生产与卫生的法律、法规、标准及规定,安全生产等级要求。

11.1.2 主要危险有害因素分析

11.1.2.1 分析项目主要危险因素及可能造成人员伤亡和财产损失的后果,包括火灾、爆炸、电气伤害、机械伤害以及雨、雪、风、浪、高温、低温、冰冻等自然灾害的影响。

11.1.2.2 分析粉尘、噪声、有毒有害物质、高温高强度作业等项目主要危害因素及其对工作人员身心健康可能造成的影响。

11.1.3 **安全生产措施**

11.1.3.1 储存和使用有毒有害物品的安全防护措施。

11.1.3.2 生产劳动采取的保护措施。

11.1.3.3 危险作业的保护措施。

11.1.3.4 危险场所的防护措施。

11.1.3.5 有爆炸危险场所的防爆措施，如结构选型、泄压设施、构造做法等。

11.1.3.6 自然灾害下的防护措施。

11.1.3.7 卫生防护措施。

11.1.3.8 管理措施包括：

a） 安全生产的工程措施，应满足安全生产等级要求，并在相应专业工程中体现；

b） 需要按单项工程使用的，应说明工程名称、规模、主要做法及材料，提供设备清单及价格。

11.2 **消防**

11.2.1 **防火等级**

11.2.1.1 当地消防部门关于本项目的意见和建议。

11.2.1.2 分析本项目生产作业过程中的火灾危险性，确定项目各单项工程的火灾危险性类别。

11.2.1.3 确定建筑物的耐火等级。

11.2.2 **消防设施方案**

根据项目对周边公安消防机构的依托程度，确定各专业的消防方案。

11.2.2.1 使用有火灾或爆炸危险介质的工艺设备的选型及其安全措施。

11.2.2.2 总图布置中的消防措施（消防配套工程、出入口、分区、消防道路与间隔等）。

11.2.2.3 主要建筑的耐火等级，防火、防烟分区，有爆炸和火灾危险环境的危险区域划分。

11.2.2.4 消防系统及消防设施方案（消防水源及水量、消防电源、消防设备、火灾自动报警控制系统、可燃气体检测报警系统等）。

11.2.2.5 防烟、排烟方案。

11.2.2.6 火灾和爆炸危险场所的电气设备的选型。

11.2.2.7 防雷、防静电方案。

11.2.2.8 汇总各专业属于消防的建筑工程及设备。

12 组织管理

12.1 项目建设

12.1.1 **项目法人**

既有法人项目需说明项目建设的组织机构和管理模式，新设法人项目应说明法人的组建方式、构成和管理模式。

12.1.2 **建设管理**

按照建设单位具体情况，项目建设组织管理形式分为项目法人自行组织管理和引入工程项目管理机制两种组织形式和管理模式。

12.1.2.1 项目法人自行管理。明确项目在建设期将成立的组织机构，具体包括组织机构的名称、组织结构图、具体分工以及相应的职能。

12.1.2.2 委托管理。说明引入工程项目管理机制，明确委托管理单位职责及工程项目管理机构职责、项目管理不同阶段工作内容。

12.1.3 建设工期

建设工期主要包括土建施工、设备采购安装、生产准备、设备调试、联合试运转、交付使用等阶段。建设工期可参考有关部门或专门机构制定的工期定额，结合项目的具体情况综合确定。

12.2 实施进度

12.2.1 实施进度安排

12.2.1.1 根据建设程序，从项目可行性研究报告编制之日起，至项目竣工验收的全过程做出计划安排，并说明其合理性。

12.2.1.2 有引进技术和设备的项目，应列出涉外工作的安排建议。

12.2.2 实施进度计划表

编制项目实施计划进度表，根据项目的复杂程度与具体条件，选用横道图或网络计划图的方法表示。

12.3 招标方案

根据规定，依法必须进行招标的工程，可行性研究报告须明确招标范围、招标方式和组织形式。

12.3.1 招标范围

说明建设项目的勘察、设计、施工、监理以及重要设备、材料等采购活动的具体招标范围（全部或者部分招标）。

12.3.2 招标方式

公开招标或邀请招标。

12.3.3 招标组织形式

委托招标或自行招标。自行招标需明确说明建设单位自行招标的能力情况。

说明项目的招标范围、招标组织形式、招标方式等内容，编制招标基本情况表（参见表 9）。

12.4 项目运行

12.4.1 运行组织机构

说明项目在建成后运行管理机构，明确分工、职责，绘制运行组织机构框图。涉及多个单位联合经营的项目，须明确责权利关系，应有合作经营的意向协议。

12.4.2 人员配置及培训

12.4.2.1 提出员工选聘及培训方案，进度应与项目的建设进度相衔接。

12.4.2.2 主要生产作业、管理、服务人员的配置依据及数量。

12.4.2.3 编制人力资源构成表（参见表 10）。

表 9 招标基本情况表

建议项目名称：

	招标范围		招标组织形式		招标方式		不采用招标方式	招标估算金额万元	备注
	全部招标	部分招标	自行招标	委托招标	公开招标	邀请招标			
勘察									
设计									
建筑工程									
安装工程									
监理									
设备									
重要材料									
其他									

表 10 人员构成表

序号	部门	工人	工程技术人员	管理人员	其他人员	合 计	备 注
1	生产部门						
	…						
	…						
2	管理部门						
	…						
	…						
3	服务部门						
	…						
	…						
4	其 他						
	…						
5	总 计						

13 投资估算和融资方案

13.1 投资估算

13.1.1 一般要求

13.1.1.1 总投资包含项目建设所需的全部资金，涵盖了项目建设前期、实施过程、竣工验收等阶段的建设费用。

13.1.1.2 盈利性项目总投资一般由建设投资、建设期利息和铺底流动资金三部分组成，非盈利性项目投资估算不包括铺底流动资金。

13.1.1.3 建设投资包括工程建设费、工程建设其他费用和预备费。

a) 工程建设费包括农业建筑工程费、农业田间工程费、农业安装工程费、农机具及仪器设备购置费。养殖业项目引种、多年生果树苗木费用纳入工程建设费估算。

b) 工程建设其他费用包括建设单位管理费、前期工作咨询费、勘察设计费、工程监理费、招投标管理费、招标代理服务费、基础设施配套费等。

c) 预备费包括基本预备费和涨价预备费。

13.1.1.4 投资估算文件包括投资估算编制说明和投资估算表。

13.1.1.5 投资估算的编制应符合《农业建设项目投资估算内容和方法》(NY/T 1716—2009)(以下简称《投资估算内容和方法》)的规定。

13.1.2 投资估算编制说明

13.1.2.1 编制范围

说明投资估算的范围，明确包括和不包括的项目或费用。

13.1.2.2 编制依据

13.1.2.2.1 国家、行业、地方政府和主管部门的有关工程建设和造价管理的有关规定，如法律、法规、政策标准、技术规范等。

13.1.2.2.2 前期批复规划的建设方案、建设内容和投资。

13.1.2.2.3 工艺技术和各专业工程建设方案及设备购置清单。

13.1.2.2.4 当地工程造价管理部门发布的投资估算指标。

13.1.2.2.5 类似工程的技术经济指标。

13.1.2.2.6 政府部门及权威部门发布的有关工程造价信息。

13.1.2.2.7　委托单位提供的其他相关工程造价资料。

13.1.2.3　**编制方法**

13.1.2.3.1　说明采用的投资估算方法。一般采用指标估算法，具体参见《投资估算内容和方法》第6章“投资估算的编制内容和方法”、附录A和附录B。

13.1.2.3.2　建设项目投资估算内容的分解参照《投资估算内容和方法》第5章“农业建设项目费用构成”的要求。

13.1.2.3.3　建设项目投资估算要反映项目建设所在地及投资估算编制年的实际水平。

13.1.2.3.4　引进技术及设备的项目，应说明价格来源、外汇换算率和日期、税费的计算内容及依据。

13.1.2.4　主要技术经济指标。

13.1.2.5　明确各种参数和费率的选定原则和标准。

13.1.2.6　特殊问题（包括采用的新技术、新材料、新设备、新工艺）须说明价格确定依据和方法。

13.1.3　**投资估算表**

13.1.3.1　建设投资估算表主要包括建设总投资估算表、农机具及仪器设备购置费估算表、分年度投资计划表等。

13.1.3.2　列表计算建设投资见表11～表13。

表11　建设总投资估算表（指标估算法）

<table>
<tr><th rowspan="2">序号</th><th rowspan="2">工程和费用名称</th><th colspan="6">估算价值，万元</th><th colspan="3">技术经济指标</th><th rowspan="2">占总投资比例，%</th><th rowspan="2">备注</th></tr>
<tr><th>建筑工程费</th><th>田间工程费</th><th>安装工程费</th><th>农机具和仪器设备购置</th><th>其他费用</th><th>合计</th><th>单位</th><th>数量</th><th>单位价值</th></tr>
<tr><td>一</td><td>工程建设费</td><td></td><td></td><td></td><td></td><td></td><td></td><td></td><td></td><td></td><td></td><td></td></tr>
<tr><td>1</td><td>单项工程（或单位工程）1</td><td></td><td></td><td></td><td></td><td></td><td></td><td></td><td></td><td></td><td></td><td></td></tr>
<tr><td></td><td>…</td><td></td><td></td><td></td><td></td><td></td><td></td><td></td><td></td><td></td><td></td><td></td></tr>
<tr><td>二</td><td>工程建设其他费</td><td></td><td></td><td></td><td></td><td></td><td></td><td></td><td></td><td></td><td></td><td></td></tr>
<tr><td>1</td><td>费用1</td><td></td><td></td><td></td><td></td><td></td><td></td><td></td><td></td><td></td><td></td><td></td></tr>
<tr><td></td><td>…</td><td></td><td></td><td></td><td></td><td></td><td></td><td></td><td></td><td></td><td></td><td></td></tr>
<tr><td>三</td><td>预备费</td><td></td><td></td><td></td><td></td><td></td><td></td><td></td><td></td><td></td><td></td><td></td></tr>
<tr><td>四</td><td>建设总投资</td><td></td><td></td><td></td><td></td><td></td><td></td><td></td><td></td><td></td><td>100</td><td></td></tr>
</table>

表12　农机具及仪器设备购置费估算表

序号	设备名称	性能参数	单位	数量	单价，万元	合计，万元	备注
一	单项工程1						
(一)	实验室仪器设备						
1	××						
	…						
(二)	工艺设备						
1	××						
	…						
(三)	农机具(含车辆)						
1	××						
	…						
(四)	其他仪器设备						
1	××						
	…						

表 12（续）

序号	设备名称	性能参数	单位	数量	单价，万元	合计，万元	备注
二	单项工程 2						
（一）	实验室仪器设备						
1	××						
	…						

表 13　分年度投资计划表

序号	工程和费用名称	估算投资，万元	年度投资					备注
			第 1 年	第 2 年	第 3 年	…	第 n 年	
一	工程建设费							
	…							
二	工程建设其他费							
	…							
三	预备费							
四	建设总投资							

其他建设投资估算表样参见《投资估算内容和方法》第 7 章“投资估算表”表 1～表 8。

13.1.3.3　分析建设投资的主要构成及其占总投资比例。投资分析可单独成篇，亦可列入编制说明中叙述。

13.1.4　建设期利息

13.1.4.1　说明各种融资方式和用款计划。

13.1.4.2　列表计算建设期利息，见表 14。

表 14　建设期利息估算表

单位为万元

序号	项　　目	合计	建　设　期					
			1	2	3	4	…	n
1	借款							
1.1	建设期利息							
1.1.1	期初借款余额							
1.1.2	当期借款							
1.1.3	当期应计利息							
1.1.4	期末借款余额							
1.2	其他融资费用							
1.3	小计(1.1+1.2)							
2	债券							
2.1	建设期利息							
2.1.1	期初债务余额							
2.1.2	当期债务余额							
2.1.3	当期应计利息							
2.1.4	期末债务余额							
2.2	其他融资费用							
2.3	小计(2.1+2.2)							
3	合计(1.3+2.3)							
3.1	建设期利息合计(1.1+2.1)							
3.2	其他融资费用合(1.2+2.2)							

13.1.5 **流动资金估算**

13.1.5.1 盈利性项目需估算铺底流动资金。

13.1.5.2 说明流动资金估算方法及依据，一般可采用分项详细估算法和扩大指标法。

13.1.5.3 列表计算流动资金，见表15。

13.1.6 项目总投资使用计划与资金筹措，见表16。

表15 流动资金估算表(分项详细估算法)

单位为万元

序号	项目	最低周转天数	周转次数	计算期					
				1	2	3	4	…	n
1	流动资产								
1.1	应收账款								
1.2	存货								
1.2.1	原材料								
1.2.2	×××								
	…								
1.2.3	燃料								
	×××								
	…								
1.2.4	在产品								
1.2.5	产成品								
1.3	现金								
1.4	预付账款								
2	流动负债								
2.1	应付账款								
2.2	预收账款								
3	流动资金(1—2)								
4	流动资金当期增加额								

表16 项目总投资使用计划与资金筹措表

人民币单位为万元，外币单位为××

序号	项目	合计			1			…		
		人民币	外币	小计	人民币	外币	小计	人民币	外币	小计
1	总投资									
1.1	建设总投资									
1.2	建设期利息									
1.3	流动资金									
2	资金筹措									
2.1	项目资本金									
2.1.1	用于建设投资									
	××方									
	…									
2.1.2	用于流动资金									
	××方									
	…									
2.1.3	用于建设期利息									
	××方									
	…									
2.2	债务资金									

表 16（续）

序号	项　目	合　计			1			…		
		人民币	外币	小计	人民币	外币	小计	人民币	外币	小计
2.2.1	用于建设投资									
	××借款									
	××债券									
	…									
2.2.2	用于建设期利息									
	××借款									
	××债券									
	…									
2.2.3	用于流动资金									
	××借款									
	××债券									
	…									
2.3	其他资金									
	×××									
	…									

13.2　融资方案

13.2.1　资本金筹措

说明项目资本金的出资人、出资方式、出资额度及认缴进度，计算占总投资的比例。

政府投资项目资金一般包括中央财政资金、地方财政资金和单位自筹三部分。

13.2.2　债务资金筹措

说明项目债务资金的筹集渠道、筹集额度与成本、用途及占建设投资的比例等。

13.2.3　融资方案分析

必要时对融资方案进行分析，包括资金结构、融资风险和融资成本等。

14　财务评价

14.1　编制依据

列举财务评价的依据，包括一般依据和特殊依据。

14.1.1　一般依据

可参见的一般依据包括《农业建设项目经济评价方法》、《建设项目经济评价方法与参数》(第三版)、《投资项目可行性研究指南》(试用版)等。

14.1.2　特殊依据

本项目特有的有关价格、税收、利率、汇率、土地等方面的依据。

14.2　基础数据与参数

14.2.1　价格

14.2.1.1　说明确定价格的原则。

14.2.1.2　列出原辅材料、水、电、燃料等的采购价格，产品、副产品或服务的销售价格。

14.2.1.3　说明人员工资及福利的标准和计算方法。

14.2.1.4　说明土地租赁价格、期限。

14.2.2　税率

说明与项目有关的税种、税率，一般包括营业税、增值税、城市维护建设税、教育费附加、所得税等。如有减免税优惠政策，应说明优惠原因、政策依据及减免方式，并列出相应文号。

14.2.3 **计算期与生产负荷**

14.2.3.1 计算期包括建设期和运营期,说明两者年数和运营期各年的生产能力等。

14.2.3.2 种植业项目中的果树、天然橡胶种植等项目,在完成果树(橡胶树)定植到产果(割胶)之间的若干年,有扶管投入而无产出,应计入建设期,并将扶管费用计入项目投资。

14.2.4 **利率、汇率**

14.2.4.1 说明拟采用的流动资金贷款利率和长期贷款利率,若有优惠,应说明。

14.2.4.2 说明采用的汇率水平和依据。

14.2.5 **财务基准收益率**

说明采用的财务基准收益率与依据。

14.3 **营业收入、补贴收入和税金**

根据项目生产规模和农艺技术方案,估算计算期各年份的产品产量,估算营业收入和税金。多种产品或服务应分别计算。

14.3.1 **营业收入与税金**

14.3.1.1 编制营业收入、税金及附加和增值税估算表(参见表17)。

表17 营业收入、税金及附加和增值税估算表

单位为万元

序号	项　　目	合计	计　算　期					
			1	2	3	4	…	n
1	营业收入							
1.1	产品1营业收入							
	单价							
	数量							
	销项税额							
1.2	产品2营业收入							
	单价							
	数量							
	销项税额							
	…							
2	营业税金与附加							
2.1	营业税							
2.2	消费税							
2.3	城市维护建设税							
2.4	教育费附加							
3	增值税							
	销项税额							
	进项税额							

14.3.1.2 种植业项目中的果树、天然橡胶种植等项目,应根据生物生长的自然规律估算计算期各年份的产品产量。

14.3.1.3 养殖业项目应根据生物生长繁殖的自然规律、结合项目技术方案编制生物种群周转表,在此基础上估算计算期各年份的产品产量。

14.3.2 **根据相关政策估算补贴收入**

14.4 **成本估算**

14.4.1 **原材料、燃料和动力费**

14.4.1.1 根据项目生产规模和农艺技术方案,列出所需原材料、燃料和动力的种类,估算计算期各年份的消耗量，编制外购原材料费估算表(参见表18)、外购燃料和动力费估算表(参见表19)。

表18 外购原材料费估算表

单位为万元

序号	项目	合计	计算期					
			1	2	3	4	…	n
1	外购原材料费							
1.1	原料1							
	单价							
	数量							
	进项税额							
1.2	原料2							
	单价							
	数量							
	进项税额							
	…							
2	辅助材料费用							
	进项税额							
3	其他							
	进项税额							
4	外购原材料费合计							
5	外购原材料进项税额合计							

表19 外购燃料和动力费估算表

单位为万元

序号	项目	合计	计算期					
			1	2	3	4	…	n
1	燃料费							
1.1	燃料1							
	单价							
	数量							
	进项税额							
	…							
2	动力费							
2.1	动力1							
	单价							
	数量							
	进项税额							
	…							
3	外购燃料及动力费合计							
4	外购燃料及动力进项税额合计							

14.4.1.2 农机作业费。依据农机作业费的市场价格，直接计入成本。若项目配置了农业机械，则估算机械的耗油、耗电量，计入燃料和动力费。

14.4.1.3 水费。若项目使用外界自来水管网供水，则按照水价和用量估算水费，计入成本；若项目自备水井或自建引水设施，则估算抽水或引水的耗油、耗电量，计入燃料和动力费。

14.4.2 工资及福利

14.4.2.1 根据项目人员定编和计算期各年份劳动力需求、当地收入水平和福利政策，估算计算期各年份工资及福利费，编制工资及福利费估算表(参见表20)。

表20　工资及福利费估算表

单位为万元

序号	项　　目	合计	计　算　期					
			1	2	3	4	…	n
1	生产人员							
	人数							
	人均年工资							
	工资额							
2	技术人员							
	人数							
	人均年工资							
	工资额							
3	管理人员							
	人数							
	人均年工资							
	工资额							
4	工资总额(1+2+3)							
5	福利费							
6	合计(4+5)							

14.4.2.2　生产人员工资福利费计入可变成本，技术人员和管理人员工资福利费计入固定成本。

14.4.2.3　农业生产项目需要的季节性、临时性用工，应按照工资福利标准和计算期各年份的用工量估算，计入可变成本。

14.4.3　固定资产折旧

14.4.3.1　固定资产折旧一般采用平均年限法，特殊方法须经有关部门审核同意。

14.4.3.2　按建筑工程、设备分别说明折旧年限、计提方法、净残值率及年计提折旧额，计算年折旧总额。

14.4.3.3　编制固定资产折旧费估算表(参见表21)。

表21　固定资产折旧费估算表

单位为万元

序号	项　　目	合计	计　算　期					
			1	2	3	4	…	n
1	建筑物							
	原值							
	当期折旧费							
	净值							
2	机器设备							
	原值							
	当期折旧费							
	净值							
3	生物性资产							
	原值							
	当期折旧费							
	净值							
	…							
4	合计							
	原值							
	当期折旧费							
	净值							

14.4.4 无形资产及其他资产摊销

14.4.4.1 明确无形资产和其他资产的构成及现值，说明摊销方法和年限，计算年摊销额。

14.4.4.2 编制无形资产和其他资产摊销费估算表（参见表22）。

表22 无形资产和其他资产摊销费估算表

单位为万元

序号	项　　目	合计	计　算　期					
			1	2	3	4	…	n
1	无形资产							
	原值							
	当期摊销费							
	净值							
2	其他资产							
	原值							
	当期摊销费							
	净值							
	……							
3	合计							
	原值							
	当期摊销费							
	净值							

14.4.5 总成本费用估算

14.4.5.1 总成本费用包括外购原材料费、外购燃料动力费、工资及福利费、折旧费、摊销费、运营期分年支付的土地租金和品种技术使用费、修理费、财务费用、其他费用（如管理费用、销售费用、包装费、运输费）等。采用生产要素法编制总成本费用估算表（参见表23）。

表23 总成本费用估算表（生产要素法）

单位为万元

序号	项　　目	合计	计　算　期					
			1	2	3	4	…	n
1	外购原材料费							
2	外购燃料及动力费							
3	工资及福利费							
4	修理费							
5	其他费用							
6	经营成本(1+2+3+4+5)							
7	折旧费							
8	摊消费							
9	利息支出							
10	总成本费用合计(6+7+8+9)							
	其中：可变成本							
	固定成本							

14.4.5.2 分年支付的土地租金和品种技术使用费，建设期支付部分计入投资，运营期支付部分计入当年成本。若在建设期或建设前期集中支付，则计入投资，作为递延资产或无形资产在运营期分年摊销。

14.5 盈利能力分析

14.5.1 一般要求

14.5.1.1 说明利润分配原则和公积金、公益金提取比例，根据营业收入和税金、成本估算，编制利润与利润分配表（参见表24），计算总投资收益率、资本金净利润率。

表 24　利润与利润分配表

单位为万元

序号	项　　目	合计	计　算　期					
			1	2	3	4	…	*n*
1	营业收入							
2	营业税金及附加							
3	总成本费用							
4	补贴收入							
5	利润总额(1－2－3＋4)							
6	弥补以前年度亏损							
7	应纳税所得额(5－6)							
8	所得税							
9	净利润(5－8)							
10	期初未分配利润							
11	可供分配的利润(9＋10)							
12	提取法定盈余公积金							
13	可供投资者分配的利润(11－12)							
14	应付优先股股利							
15	提取任意盈余公积金							
16	应付普通股股利(13－14－15)							
17	各投资方利润分配：							
	其中：××方							
	××方							
18	未分配利润(13－14－15－17)							
19	息税前利润(利润总额＋利息支出)							
20	息税折旧摊销前利润(息税前利润＋折旧＋摊销)							
计算指标： 1. 总投资收益率 2. 资本金净利润率								

14.5.1.2　编制项目投资现金流量表(参见表 25)，计算全部投资财务内部收益率(税前和税后)、财务净现值(税前和税后)和投资回收期。

表 25　项目投资现金流量表

单位为万元

序号	项　　目	合计	计　算　期					
			1	2	3	4	…	*n*
1	现金流入							
1.1	营业收入							
1.2	补贴收入							
1.3	回收固定资产余值							
1.4	回收流动资金							
2	现金流出							
2.1	建设投资							
2.2	流动资金							
2.3	经营成本							
2.4	营业税金及附加							

表 25（续）

序号	项　　目	合计	计　算　期					
			1	2	3	4	…	n
2.5	维持运营投资							
3	所得税前净现金流量(1－2)							
4	累计所得税前净现金流量							
5	所得税							
6	所得税后净现金流量(3－5)							
7	累计所得税后净现金流量							
计算指标： 项目投资财务内部收益率(%)(所得税前) 项目投资财务内部收益率(%)(所得税后) 项目投资财务净现值(所得税前)(i_c＝%) 项目投资财务净现值(所得税后)(i_c＝%) 项目投资回收期(年)(所得税前) 项目投资回收期(年)(所得税后)								

14.5.1.3　编制项目资本金现金流量表(参见表 26)，计算资本金财务内部收益率(税前和税后)、财务净现值(税前和税后)和投资回收期。

表 26　项目资本金现金流量表

单位为万元

序号	项　　目	合计	计　算　期					
			1	2	3	4	…	n
1	现金流入							
1.1	营业收入							
1.2	补贴收入							
1.3	回收固定资产余值							
1.4	回收流动资金							
2	现金流出							
2.1	项目资本金							
2.2	借款本金偿还							
2.3	借款利息支付							
2.4	经营成本							
2.5	营业税金及附加							
2.6	所得税							
2.7	维持运营投资							
3	净现金流量(1－2)							
计算指标： 资本金财务内部收益率(%)								

14.5.2　其他

如有需要，可编制投资各方现金流量表(参见表 27)，计算投资各方财务内部收益率(税前和税后)、财务净现值(税前和税后)和投资回收期。

表 27　投资各方现金流量表

单位为万元

序号	项　　目	合计	计　算　期					
			1	2	3	4	…	n
1	现金流入							
1.1	实分利润							

表 27（续）

序号	项　　目	合计	计　算　期					
			1	2	3	4	…	n
1.2	资产处置收益分配							
1.3	租赁费收入							
1.4	技术转让或使用收入							
1.5	其他现金流入							
2	现金流出							
2.1	实缴资本							
2.2	租赁资产支出							
2.3	其他现金流出							
3	净现金流量(1－2)							
计算指标： 投资各方财务内部收益率(%)								

14.5.3 分析结果

说明上述计算结果，比照财务基准收益率，判断项目盈利能力。

14.6 偿债能力分析

14.6.1 偿债计算

编制资产负债表(参见表 28)、借款还本付息计划表(参见表 29)，计算借款偿还期或利息备付率、偿债备付率。

表 28　资产负债表

单位为万元

序号	项　　目	合计	计　算　期					
			1	2	3	4	…	n
1	资产							
1.1	流动资产总额							
1.1.1	货币资金							
1.1.2	应收账款							
1.1.3	预付账款							
1.1.4	存货							
1.1.5	其他							
1.2	在建工程							
1.3	固定资产净值							
1.4	无形及其他资产净值							
2	负债及所有者权益 (2.4＋2.5)							
2.1	流动负债总额							
2.1.1	短期借款							
2.1.2	应付账款							
2.1.3	预收账款							
2.1.4	其他							
2.2	建设投资借款							
2.3	流动资金借款							
2.4	负债小计 (2.1＋2.2＋2.3)							
2.5	所有者权益							
2.5.1	资本金							
2.5.2	资本公积金							

表 28（续）

序号	项　　目	合计	计　算　期					
			1	2	3	4	……	n
2.5.3	累计盈余公积金							
2.5.4	累计未分配利润							
计算指标： 资产负债率(%)								

表 29　借款还本付息计划表

单位为万元

序号	项　　目	合计	计　算　期					
			1	2	3	4	…	n
1	借款 1							
1.1	期初借款余额							
1.2	当期还本付息							
	其中:还本							
	付息							
1.3	期末借款余额							
2	借款 2							
2.1	期初借款余额							
2.2	当期还本付息							
	其中:还本							
	付息							
2.3	期末借款余额							
3	债券							
3.1	期初债务余额							
3.2	当期还本付息							
	其中:还本							
	付息							
3.3	期末债务余额							
4	借款和债券合计							
4.1	期初余额							
4.2	当期还本付息							
	其中:还本							
	付息							
4.3	期末余额							
计算指标	利息备付率							
	偿债备付率							

14.6.2　结果分析

说明贷款偿还条件、计算依据和计算结果，判断项目偿还贷款的能力。

14.7　财务生存能力分析

编制财务计划现金流量表（参见表 30），列出计算期各年份的净现金流量，看项目资金能否正常周转，判断项目的财务生存能力。

表 30　财务计划现金流量表

单位为万元

序号	项　　目	合计	计　算　期					
			1	2	3	4	…	n
1	经营活动净现金流量 (1.1−1.2)							

表 30（续）

序号	项　　目	合计	计　算　期					
			1	2	3	4	…	*n*
1.1	现金流入							
1.1.1	营业收入							
1.1.2	增值税销项税额							
1.1.3	补贴收入							
1.1.4	其他流入							
1.2	现金流出							
1.2.1	经营成本							
1.2.2	增值税进项税额							
1.2.3	营业税金及附加							
1.2.4	所得税							
1.2.5	其他流出							
2	投资活动净现金流量（2.1－2.2）							
2.1	现金流入							
2.2	现金流出							
2.2.1	建设投资							
2.2.2	维持运营投资							
2.2.3	流动资金							
2.2.4	其他流出							
3	筹资活动净现金流量（3.1－3.2）							
3.1	现金流入							
3.1.1	项目资本金投入							
3.1.2	建设投资借款							
3.1.3	流动资金借款							
3.1.4	债券							
3.1.5	短期借款							
3.1.6	其他流入							
3.2	现金流出							
3.2.1	各种利息支出							
3.2.2	偿还债务本金							
3.2.3	应付利润（股利分配）							
3.2.4	其他流出							
4	净现金流量（1＋2＋3）							
5	累计盈余资金							

14.8 不确定性分析

14.8.1 盈亏平衡分析

计算以产量（销售量）或生产能力利用率表示的盈亏平衡点，绘制盈亏平衡分析图，并加以分析。

14.8.2 敏感性分析

选取对财务评价产生影响的不确定性因素（产品产量、销售量、产品价格、运营收入、经营成本、建设投资等），进行敏感性分析（一般采用单因素分析），编制敏感性分析表。

14.8.3 分析结论

通过盈亏平衡和敏感性分析，得出项目生产经营状况变化对项目盈利能力影响的评价结论。

14.9 财务评价结论

通过对财务评价的各项指标的计算，对项目的盈利能力、偿债能力、财务生存能力和抗风险能力给出评价，判断项目的财务可行性。

15 非盈利性项目财务费用

15.1 一般要求

非盈利性农业建设项目没有营业收入或只有少量服务性收入，不进行盈利能力分析，不做财务评价。但应考察分析项目财务生存能力，一般采用以下两种方法。

a) 编制财务计划现金流量表(参见表 30)，计算计算期各年份的净现金流量，分析项目资金能否正常周转，判断项目的财务生存能力。

b) 不进行财务评价，只对项目的运行费用与经费来源进行平衡测算，并提出经费来源保障措施。

15.2 运行费用

测算项目正常年运行过程中发生的各种费用，一般包括人员费用、材料费、管理费用、水电气费用、仪器设备维修费和财务支出等。

15.3 经费来源

说明项目正常运行后各种收入的来源，一般包括财政拨款、社会捐助、课题经费、有偿服务收入和补贴收入等。

15.3.1 说明经费来源渠道和保障措施。

15.3.2 编制项目运行费用与经费来源平衡表(参见表 31)。

表 31 年运行费用与经费来源平衡表

序号	费用名称	金额，万元
一	运行费用	
1.1	人员费用(工资、奖金、社保、住房公积金、福利等)	
1.2	材料费	
1.3	仪器维修使用	
1.4	水电费	
1.5	财务支出	
1.6	管理费用	
二	经费来源	
2.1	财政拨款	
2.2	课题费用	
2.3	社会捐助	
2.4	有偿服务收入	
2.5	补贴收入	
三	费用结余[(二)-(一)]	

16 国民经济评价和社会评价

16.1 国民经济评价

国家重点农业建设项目和主管部门指定要编制国民经济评价的项目，或有特定要求需编制国民经济评价的项目，可按照国家发布的关于国民经济评价的内容和方法进行编制。

16.2 社会评价

对于社会因素复杂、社会影响较为久远、社会效益较为显著、社会矛盾较为突出、社会风险较大的投资项目，或者有特殊要求需编制社会评价的项目，可按照以下社会评价的内容提纲进行编制：

a) 项目对社会的影响分析；

b) 项目与所在地互适性分析；

c) 利益群体对项目的态度及参与程度；

d) 各级组织对项目的态度及参与程度；
e) 地区文化状况对项目的适应程度；
f) 社会风险分析；
g) 社会评价结论。

具体评价内容，可参照《投资项目可行性研究指南》相关要求编写。

17 风险分析

17.1 主要风险因素

对项目在建设和运营中可能潜在的主要风险因素进行识别，一般包括市场风险、资源风险、技术风险、资金风险、政策风险、外部协作条件风险和社会风险等。

17.2 风险程度分析

根据识别出的项目可能潜在的风险因素，按风险因素对项目影响程度和风险发生的可能性大小，判定风险等级(一般风险、较大风险、严重风险和灾难性风险)。

17.3 风险防范和降低风险对策

在风险程度分析的基础上，研究提出风险防范措施和降低风险对策。

17.4 社会稳定风险评价

重大固定资产投资项目，按相关规定进行社会稳定风险评价。

18 结论与建议

18.1 结论

18.1.1 推荐方案主要内容论证的结论

18.1.2 综合评价的结论

18.2 建议

18.2.1 可行项目实施中需协调解决的主要问题及下一步工作建议

18.2.2 不可行项目的处理意见和建议

19 附图和附件

19.1 附图

19.1.1 场址区域位置图。

19.1.2 总平面布置图。

19.1.3 主要工艺流程图简图。

19.1.4 主要建筑的平面图、立面图、剖面图。

19.2 附件

根据项目特点和需要，选择但不局限于下述材料作为附件。

19.2.1 项目建议书或预可行性研究报告的审查或审核意见。

19.2.2 与项目有关的规划和政府文件。

19.2.3 与项目有关专题报告的审查或审核意见、重要会议纪要等。

19.2.4 建设单位资质文件(法人证书、营业执照、资产负债表、生产经营许可证、授权使用证明等)。

19.2.5 工程地质勘察报告。

19.2.6 主要环境现状资料、环境影响报告书或环境影响报告表的审核意见。

19.2.7 规划部门出具的建设项目规划许可意见。

19.2.8 项目现占地土地证、国土资源部门出具新征用地预审意见、租地协议。

19.2.9 有关部门出具的港口岸线使用、水域使用审批文件。

19.2.10 与上下游企业的合作协议。

19.2.11 项目建设资金(包括企业自有资金、地方政府配套资金及银行贷款等)落实的证明材料。

19.2.12 引进技术/设备的重要工作纪要、考察报告、协议、意向书;主管部门对引进技术/设备的初步审核意见书或文件;新技术研发的技术鉴定报告。

19.2.13 单独进行可行性研究的子项或配套工程的可行性研究报告的审核文件。

19.2.14 编制可行性研究报告的各单位之间的合作协议。

19.2.15 其他。

ICS 65.060
B 90

中华人民共和国农业行业标准

NY/T 2773—2015

农业机械安全监理机构装备建设标准

The equipment standards of agricultural machinery safety supervision

2015-05-21 发布　　　　2015-08-01 实施

中华人民共和国农业部　发布

前　言

本建设标准根据农业部《关于下达2011年农业行业标准制定和修订项目资金的通知》(农财发[2011]53号)下达的任务，按照《农业工程项目建设标准编制规范》(NY/T 2081—2011)的要求，结合农业行业工程建设发展的需要而编制。

本建设标准共分6章：总则、规范性引用文件、术语和定义、装备建设内容和技术要求、基本建设标准和附则。

本建设标准由农业部发展计划司负责管理，农业部农机监理总站负责具体技术内容的解释。在标准执行过程中如发现有需要修改和补充之处，请将意见和有关资料寄送农业部工程建设服务中心(地址：北京市海淀区学院南路59号，邮政编码：100081)，以供修订时参考。

本标准管理部门：中华人民共和国农业部发展计划司。

本标准主持单位：农业部工程建设服务中心。

本标准编制单位：农业部农机监理总站。

本标准参编单位：山东省农业机械安全监理站、江苏省农业机械安全监理所、山东科大微机应用研究所有限公司。

本标准主要起草人：涂志强、王超、杨云峰、蔡勇、程胜男、石宝成、陆立国、曲明。

农业机械安全监理机构装备建设标准

1 范围

1.1 本标准规定了农业机械安全技术检验、驾驶操作人员考试、事故现场勘察、安全监督检查和宣传教育及行政审批设备等装备建设要求。

1.2 本标准适用于履行《中华人民共和国道路交通安全法》、《中华人民共和国农业机械化促进法》和《农业机械安全监督管理条例》及农业部配套规章赋予农业机械安全监督管理职责任务的部、省、地、县级农机安全监理机构。

2 规范性引用文件

下列文件对于本文件的应用是必不可少的。凡是注日期的引用文件，仅注日期的版本适用于本文件。凡是不注日期的引用文件，其最新版本(包括所有的修改单)适用于本文件。

GB 7258 机动车运行安全技术条件

GB 16151.1 农业机械运行安全技术条件 第1部分:拖拉机

GB 16151.5 农业机械运行安全技术条件 第5部分:挂车

GB 16151.12 农业机械运行安全技术条件 第12部分:谷物联合收割机

GA 307 呼出气体酒精含量探测器

GA/T 945 道路交通事故现场勘查箱通用配置要求

JJF 1168 便携式制动性能测试仪校准规范

JJF 1169 汽车制动操纵力计校准规范

JJF 1196 机动车方向盘转向力—转向角检测仪校准规范

JJG 188 声级计检定规程

JJG 745 机动车前照灯检测仪检定规程

JJG 847 滤纸式烟度计检定规程

JJG 906 滚筒反力式制动检验台检定规程

JJG 1014 机动车检测专用轴(轮)重仪

JJG 1020 平板式制动检验台检定规程

NY/T 1830 拖拉机和联合收割机安全监理检验技术规范

3 术语和定义

下列术语和定义适用于本文件。

3.1

农机安全检测设备 the detection device of Agricultural machinery safety

指按照GB 16151.1、GB 16151.5、GB 16151.12、NY/T 1830规定，对农业机械进行安全检验所需设备的总称。

3.2

农机驾驶操作人考试设备 the admittance examination device of agricultural machinery operators

指按照法律法规规定，对申领拖拉机、联合收割机驾驶操作人员进行资格许可考试所需设备的总称。

3.3

农机事故勘察专用设备　the investigation device of agricultural machinery safety accident

指按照法律法规规定，对农业机械在作业或转移过程中发生的事故进行勘察所需的专用车辆及设备。

3.4

农机安全监督检查专用设备　the supervision device of agricultural machinery safety

指按照法律法规规定，在农田、场院等场所对农业机械进行安全监督检查所需的专用车辆及设备。

3.5

农机安全宣传教育设备　the publicity and education device of agricultural machinery safety

指用于采集农机安全生产活动信息，并对农村社会开展法律、法规、标准和安全生产知识宣传教育所需的设备。

3.6

行政审批设备　the administrative examination and approval device

指按照法律法规规定履行行政审批所需的设备。

4　装备建设内容和技术要求

4.1　农机安全检测设备

包括固定式或移动式制动力试验台、转向力转向角检测仪、踏板力计、前照灯检测仪、声级计、柴油车烟度计、制动性能检测仪、笔记本计算机及外设(灯屏、打印机及相关软件)和移动运载工具(工作架及其他辅助设施)。

4.1.1　设备的检定或校准

用于安全技术检测的计量仪器和设备应符合国家计量部门的要求。

4.1.2　制动力试验台

用于测量并计算拖拉机、联合收割机等自走式农业机械的轴(轮)荷、轴(轮)最大制动力、轴制动率、整车重量、整车制动力、整车制动率等。主要包括滚筒反力式制动试验台、平板式制动试验台和搓板式制动试验台。其技术要求滚筒反力式制动试验台应符合 JJG 906、JJG 1014 的要求，平板式制动试验台应符合 JJG 1020 的要求，搓板式制动试验台参照 JJG 1020 的规定执行。

4.1.3　转向力转向角检测仪

用于测量拖拉机、联合收割机等自走式农业机械的转向盘的自由转动量、转动力(或转动力矩)，其技术要求应符合 JJF 1196 的要求。

4.1.4　踏板力计

用于测量拖拉机、联合收割机等自走式农业机械的制动踏板力，其技术要求应符合 JJF 1169 的要求。

4.1.5　前照灯检测仪

用于测量拖拉机、联合收割机等自走式农业机械的前照灯近光水平偏移量、近光垂直偏移量、远光发光强度，其技术要求应符合 JJG 745 的要求。

4.1.6　声级计

用于测量拖拉机、联合收割机等自走式农业机械的喇叭声级，其技术要求应符合 JJG 188 的要求。

4.1.7　柴油车烟度计

用于测量拖拉机、联合收割机等自走式农业机械的排放烟度值，其技术要求应符合 JJG 847 的要求。

4.1.8　制动性能检测仪

用于测量拖拉机、联合收割机等自走式农业机械的制动距离，其技术要求应符合 JJF 1168 的要求。在被检验的农业机械因特殊原因不能使用制动力试验台检测时，可使用制动性能检测仪或其他同等效能设备。

4.1.9 移动运载工具

用于装载并运输制动力试验台、转向力转向角检测仪、踏板力计、前照灯检测仪、声级计、柴油车烟度计、制动性能检测仪、笔记本计算机及外设（灯屏、打印机及相关软件）和工作架及其他辅助设施等。

4.2 农机驾驶操作人考试设备

包括固定式农机驾驶操作人考试设备或移动式农机驾驶操作人考试设备和考试专用机具（包括考试用拖拉机、考试用联合收割机、考试用挂接农具）。

4.2.1 无纸化考试系统

用于对道路交通安全、农机安全法律法规和拖拉机及联合收割机机械常识、操作规程等相关知识进行无纸化计算机考试，主要包括局域网网络设备、考试服务器计算机和考试计算机。

4.2.2 电子桩考仪

用于对场地驾驶操作技能和田间（模拟）作业驾驶操作技能进行考试，主要包括桩考仪和计算机及配套的无线数据采集、传输、处理系统及农机具挂接考试设备。

4.2.2.1 应对任意尺寸考试拖拉机、联合收割机（包括大中型轮式拖拉机、小型方向盘式拖拉机、手扶式拖拉机、方向盘自走式联合收割机、操纵杆自走式联合收割机、悬挂式联合收割机）进行任意变库考试，可根据考试机型任意变换库型。

4.2.2.2 桩考仪尺寸能满足任意尺寸考试拖拉机、联合收割机（包括大中型轮式拖拉机、小型方向盘式拖拉机、手扶式拖拉机、方向盘自走式联合收割机、操纵杆自走式联合收割机、悬挂式联合收割机）对考试的需求。桩杆高度符合各种考试车辆的考试需求。

4.2.2.3 桩考仪应对不按规定路线或顺序行驶、碰擦桩杆、车身出线、入库不正、移库不入、发动机熄火、拖拉机悬挂点与农具挂接点距离大于 100 mm 等情况进行准确判断。

4.2.2.4 系统传感设备灵敏度应符合碰擦桩杆灵敏度不大于 10 mm、车身出线灵敏度不大于 10 mm、移库不入灵敏度不大于 10 mm、中线偏移误差不大于 10 mm、入库不正灵敏度不大于 10 mm 的要求。挂接农具装置鉴别力不大于 2 mm。

系统传感设备能够判定车辆前进、后退状态及发动机熄火状态。

a） 前进、后退状态应符合响应距离不超过 200 mm 的要求，并不受考试场地大小的影响；

b） 发动机熄火状态判定响应时间应符合不超过 2 s 的要求。

4.2.2.5 桩杆应符合一端离开原位大于 500 mm 后回位，桩杆回位时间不超过 11 s 的要求，并在风力小于等于 6 级时没有摆动。

4.2.2.6 农机具挂接考试设备应能自由升降。

4.2.2.7 具有实时监控和自动绘制考试机具行走轨迹的功能，并能将行走轨迹保存、查询与打印。

4.2.2.8 桩考仪系统须具备方便的调试及自诊断功能，具有欠压、数传信号、传感器信号等信息的自诊断功能。

4.2.2.9 移动式农机驾驶操作人考试设备的无线传输设备传输距离应在 50 m 以上。

4.2.3 移动运载工具

用于装载并运输可移动的无纸化考试系统和电子桩考仪等。车载考试设备和仪器配置有防震、防潮包装箱，不使用时可方便地收入包装箱中进行储存。

4.2.4 考试专用机具

考试专用拖拉机、联合收割机、挂接农具应符合法规和标准的技术要求。

4.3 农机事故勘察专用设备

包括农机事故勘察专用车，车内配备事故勘察和应急救援设备。事故勘察设备包括事故现场勘察箱、照相机、摄像机、专用笔记本计算机、事故现场照明设备、事故现场警示灯、警戒带、停车指示牌（灯）、反光背心、反光雨衣、反光腰带、反光锥筒等；事故应急救援设备包括扩张切割设备、五金工具、消防器材、急救设备等。

4.3.1 事故现场勘察箱

应符合 GA/T 945 的要求。

4.3.2 事故现场照明设备

4.3.2.1 车载探照灯

照明灯具在额定电压下连续工作 5 h，不应出现故障或损坏，能抵抗恶劣环境。

4.3.2.2 应急工作灯

电池额定容量≥2 000 mAh，循环使用寿命≥150 次。

4.3.2.3 作业头灯

电池额定容量≥800 mAh，循环使用寿命≥150 次。

4.3.2.4 强光手电

电池循环使用寿命≥200 次。

4.3.3 事故现场警示灯

采用手持警示灯，夜间 500 m 外可看到灯光指示。

4.3.4 扩张切割设备

4.3.4.1 液压扩张器

油缸承载≥8 t，扩张器最大扩张≥90 mm。

4.3.4.2 起重气垫装置

起重高度≥120 mm，气垫厚度≤25 mm ，最大载重量≥5 t。

4.3.4.3 切割工具

切割深度在 0°斜角时≥60 mm ，切割深度在 45°斜角时≥45 mm。

4.3.5 五金工具

包括剪铁皮剪刀、多用刀、钢丝钳、管口钳、尖嘴钳、组合锤、木柄锯弓、螺丝刀、扳手、指南针、短卷尺、长卷尺等。

4.3.6 消防器材

应配备≥2 kg 手提式干粉灭火器。

4.3.7 急救设备

4.3.7.1 担架

应重量轻，体积小，携带方便，使用安全，承重 180 kg 以上。

4.3.7.2 急救箱

急救箱应可处理简单的人体伤害。应配备棉签、止血带、弹性绷带、脱脂棉、带单向阀的人工呼吸面罩、创可贴、医用胶带、镊子、碘酒等。

4.4 农机安全监督检查专用设备

包括农机安全监督检查车，内配置安全监督检查和通讯设备。包括酒精测试仪、扩音器、强光手电、停车指示牌（灯）、反光背心、反光雨衣、反光腰带、反光锥筒、对讲机、移动终端等设备。

4.4.1 酒精测试仪

符合 GA 307 的要求，并通过公安部认证。

4.4.2 移动终端设备

用于农机安全监理执法人员在执法现场及时查询农机和驾驶操作人的信息、违章记录，包括移动终端及处理系统。

4.5 农机安全宣传教育设备

包括照相机、摄像机、投影仪、电视机和音响设备。

4.6 行政审批设备

应满足岗位工作需求，主要包括台式计算机、笔记本计算机、专用证件打印机、黑白激光打印机、彩色激光打印机、塑封机、扫描仪、传真机、复印机和档案管理设备。

5 基本建设标准

5.1 县级农机安全监理机构装备建设标准见附录A。

5.2 地级农机安全监理机构应配备农机安全监督检查专用设备2套、事故现场勘察专用设备1套，其他装备可按照履行的职责任务选配，选配具体装备项目见附录A。

5.3 部省级农机安全监理机构应配备农机安全监督检查专用设备2套、事故现场勘察专用设备1套，农机安全监理人员培训设备1套(包括农机安全检测设备、农机驾驶操作人考试设备)，其他装备可按照履行的职责任务选配，选配具体装备项目见附录A。

6 附则

按照《农业机械安全监督管理条例》的要求，农机安全监理机构基础设施设备应使用农业机械安全监理统一标识。

附 录 A
(资料性附录)
县级农机安全监理装备建设标准

县级农机安全监理装备建设标准见表 A.1。

表 A.1 县级农机安全监理装备建设标准

项目	名 称	序号	单位	拖拉机、联合收割机拥有量		投资估算元/(台、套、辆、件、个、件)	备 注
				5 000 台以下	5 000(含)台以上		
农机安全检测设备	制动力试验台	01	套	1	2	80 000	滚筒反力式制动试验台投资预算 80 000 元,其他类型的制动力试验台 21 000 元
	转向力转向角检测仪	02	台	1	2	3 300	拥有量超过 10 000 台的,每增加 5 000 台的增加 1 套设备;增加 3 套可移动仪器设备的增配 1 辆移动运载工具
	踏板力计	03	台	1	2	1 900	
	前照灯检测仪	04	台	1	2	5 800	
	声级计	05	台	1	2	1 800	
	柴油车烟度计	06	台	1	2	6 500	
	制动性能检测仪	07	台	1	1	5 200	
	笔记本计算机及外设	08	台	1	2	8 500	包括灯屏、打印机及相关软件
	移动运载工具	09	辆	1	2	120 000	包括工作架及其他辅助设施,适用于选择可移动仪器配置
农机驾驶操作人考试设备	无纸化考试系统	10	套	1	1	50 000	含 10 台考试用计算机、1 台身份证阅读器和激光打印机。投资估算随所需计算机增加而增加
	电子桩考仪	11	套	1	1	80 000	龙门式固定桩考仪投资估算 80 000元,其他类型桩考仪 60 000 元
	移动运载工具	12	套	1	1	120 000	包括工作架及其他辅助设施,适用于选择可移动仪器配置
	考试专用机具	13	套	1	1	450 000	可选大中型轮式拖拉机、小型方向盘式拖拉机、手扶拖拉机和自走式、背负式联合收割机各 1 台,挂接机具可根据当地实际主要机型选配
农机事故勘察专用设备	农机事故勘察车	14	辆	1	1	180 000	
	事故现场勘察箱	15	套	1	1	2 000	
	酒精测试仪	16	台	1	1	3 500	
	照相机	17	台	1	1	6 000	
	摄像机	18	台	1	1	5 000	
	专用笔记本计算机	19	台	1	1	3 500	
	事故现场照明设备	20	台	1	1	2 800	
	事故现场警示灯	21	台	1	1	40	
	扩张切割设备	22	台	1	1	4 000	
	五金工具	23	套	1	1	1 300	
	消防器材	24	套	1	1	50	
	急救设备	25	套	1	1	600	

表 A.1（续）

项目	名　　称	序号	单位	拖拉机、联合收割机拥有量		投资估算元/(台、套、辆、件、个、件)	备　　注
				5 000 台以下	5 000(含)台以上		
农机事故勘察专用设备	停车指示牌(灯)	26	个	2	2	180	
	反光背心	27	件/人	1	1	70	按农机事故处理人员数量配备
	反光雨衣	28	件/人	1	1	100	按农机事故处理人员数量配备
	反光腰带	29	条/人	1	1	60	按农机事故处理人员数量配备
	反光锥筒	30	个	3	5	50	
农机安全监督检查专用设备	农机安全监督检查车	31	辆	1	2	180 000	
	酒精测试仪	32	台	1	1	3 500	
	扩音器	33	个	1	1	700	
	强光手电	34	个/人	1	1	60	按农机监理执法人员数量配备
	停车指示牌(灯)	35	个	2	2	180	
	反光背心	36	件/人	1	1	70	按农机监理执法人员数量配备
	反光雨衣	37	件/人	1	1	100	按农机监理执法人员数量配备
	反光腰带	38	条/人	1	1	60	按农机监理执法人员数量配备
	反光锥筒	39	个	3	5	50	
	对讲机	40	台/人	1	1	900	按农机监理执法人员数量配备
	移动终端设备	41	台/人	1	1	3 000	按农机监理执法人员数量配备
农机安全宣传教育设备	照相机	42	台	1	1	6 000	
	摄像机	43	台	1	1	5 000	
	电视机	44	台	1	1	4 000	
	投影仪	45	台	1	1	5 000	
	音响设备	46	套	1	1	3 000	
农机安全监理行政审批设备		47	台(套)	—	—	—	按岗位工作需要确定

ICS 65.020.30
B 40

中华人民共和国农业行业标准

NY/T 2774—2015

种兔场建设标准

Construction criterion for breeding rabbit farm

2015-05-21 发布　　2015-08-01 实施

中华人民共和国农业部 发布

前　言

本标准按照 GB/T 1.1—2009 给出的规则起草。

本标准由农业部发展计划司提出。

本标准由农业部农产品质量安全监管局归口。

本标准起草单位：农业部规划设计研究院、中国农业大学动物科技学院。

本标准主要起草人：耿如林、张庆东、穆钰、吴中红、陈林、邹永杰、曹楠、杜孝明。

种兔场建设标准

1 总则

1.1 为加强工程项目决策和建设的科学管理,规范种兔场建设,合理确定建设规模,推进技术进步,全面提高投资效益,特制定本标准。

1.2 本标准是编制、评估和审批种兔场工程项目可行性研究报告的重要依据,也是有关部门审查工程项目初步设计和监督、检查项目建设过程的尺度。

1.3 本标准适用于肉用兔种兔场的新建、改建及扩建工程,毛用兔场、皮用兔场的建设可参照执行。

1.4 种兔场建设应遵守国家有关法律、法规,贯彻执行节能、节水、节约用地和环境保护等政策法规,并符合国家及地区畜牧业发展规划。

1.5 种兔场建设除执行本建设标准外,尚应符合国家现行的有关强制性标准、定额或指标的规定。

2 规范性引用文件

下列文件对本文件的应用是必不可少的。凡是注日期的引用文件,仅注日期的版本适用于本文件。凡是不注日期的引用文件,其最新版本(包括所有的修改单)适用于本文件。

GB 5084 农田灌溉水质标准

GB 16548 病害动物和病害动物产品生物安全处理规程

GB 50016 建筑设计防火规范

GB 50039 农村防火规范

GB 50052 供配电系统设计规范

GB 50068 建筑结构可靠度设计统一标准

GB 50223 建筑工程抗震设防分类标准

HJ/T 81 畜禽养殖业污染防治技术规范

NY/T 388 畜禽场环境质量标准

NY/T 1168 畜禽粪便无害化处理技术规范

NY 5027 无公害食品畜禽饮用水水质

3 术语和定义

下列术语和定义适用于本文件。

3.1

有窗式兔舍 rabbit house with windows

由屋面、外墙、门窗等围护结构形成的饲养空间,可人工调控舍内环境的兔舍。

3.2

半开敞式兔舍 semi - open rabbit house

由墙、矮墙和屋面等外围护结构形成的半开敞空间,可通过卷帘等临时措施调控舍内环境的兔舍。

3.3

开敞式兔舍 open rabbit house

四周无墙,外围护结构仅为屋面和立柱,不能人工调控舍内环境的兔舍。又称棚式兔舍。

4 场址选择

4.1 应符合国家相关法律法规、地方土地利用规划和村镇建设规划。

4.2 应满足工程建设需要的水文地质和工程地质条件。

4.3 应选择在地势高燥、背风、向阳、交通便利的地点。环境质量应符合 NY/T 388 的规定。

4.4 应符合动物防疫条件，场址距离居民点、公路铁路等主要交通干线 1 000 m 以上，距离其他畜牧场、畜产品加工厂、大型工厂等 3 000 m 以上。

4.5 应选在最近居民点常年主导风向的下风向处或侧风向处。

4.6 应水源充足、排水畅通、供电可靠，具备就地消纳粪污的条件。

4.7 以下地段或地区严禁建设种兔场：

a) 自然保护区、水源保护区、风景旅游区；

b) 受洪水或山洪威胁及泥石流、滑坡等自然灾害多发地带；

c) 污染严重的地区。

5 场区布局

5.1 种兔场分区

5.1.1 生活管理区

包括办公室、接待室等管理设施及职工宿舍、食堂等生活设施，应位于场区全年主导风向的上风向或侧风向处。

5.1.2 辅助生产区

包括饲料仓库、饲料加工车间、供水、配电等公用设施，宜与生活管理区并列或布置在生活管理区与生产区之间。

5.1.3 生产区

与其他区之间应用实体围墙或绿化隔离带分开，生产建筑与其他建筑间距应大于 20 m。生产区入口应设置人员消毒间和车辆消毒设施。

5.1.3.1 兔舍朝向应兼顾通风与采光，兔舍长轴应以东西向为主，偏转不超过 15°，与常年主导风向呈 30°～60°为宜。

5.1.3.2 兔舍之间应平行排列，兔舍前后间距宜为 8.0 m～15.0 m，左右间距宜为 8.0 m～12.0 m。由上风向到下风向各类兔舍的排列顺序为种公兔舍、种母兔舍、仔兔舍、后备兔舍。

5.1.4 隔离区

应位于场区全年主导风向的下风向处和场区地势最低处，用实体围墙或绿化带与生产区隔离。隔离区主要布置病兔隔离舍、粪尿及死兔处理设施。隔离区与生产区通过污道连接。

5.2 场区绿化

应选择适合当地生长、对人畜无害的花草树木，绿地率应大于 25%。

5.3 场区道路

种兔场与外界应有专用道路相连。场区道路应分净道和污道，两者不应交叉与混用。净道宽度宜为 3.5 m～5.0 m，污道宽度宜为 2.0 m～3.0 m，路面应硬化。

6 建设规模与内容

6.1 种兔场建设规模

以存栏种母兔只数表示，种兔场的建设规模应参考表 1 的规定。

表 1　种兔场建设规模

单位为只

类　别		指　标			
肉用兔种兔场	种母兔存栏量	1 000～2 000	2 000～3 000	3 000～4 000	4 000～5 000
	总存栏量	6 200～12 500	12 500～18 700	18 700～25 000	25 000～31 000
皮用兔种兔场	种母兔存栏量	800～1 500	1 500～2 000	2 000～3 000	3 000～4 000
	总存栏量	6 000～12 500	12 500～17 000	17 000～25 000	25 000～33 000
毛用兔种兔场	种母兔存栏量	1 500～2 500	2 500～4 000	4 000～6 000	6 000～8 000
	总存栏量	6 200～12 000	12 000～17 000	17 000～25 000	25 000～33 000

6.2　种兔场建设内容

包括生产设施、公用配套及管理设施、防疫设施和无害化处理设施等，建设内容可参考表 2。具体工程可根据工艺设计、饲养规模及实际需要建设。

表 2　种兔场建设内容

建设项目	生产设施	公用配套及管理设施	防疫设施	无害化处理设施
建设内容	种公兔舍、种母兔舍、仔兔舍、后备兔舍、精液处理间、性能测定舍、饲料仓库、饲料加工车间	围墙、大门、门卫、宿舍、办公室、档案室、食堂餐厅、锅炉房、变配电室、消防水池、水泵房、卫生间、水井、场区道路、兽医室	（淋浴）消毒间、消毒池、隔离兔舍、清洗消毒池	发酵间、污水处理设施、安全填埋井、焚烧间

7　工艺和设备

7.1　种兔场工艺

应采用 1 层～3 层笼养的饲养方式，采用颗粒料饲喂、阶段饲养、分群饲养等工艺。宜采用人工授精方式配种，全进全出制饲养工艺。

7.1.1　种兔场应采用自动饮水装置。要求饮水器质量好，不跑、漏、滴水，以防止饮水器漏水产生过量污水。

7.1.2　种兔场宜采用机械上料或人工上料工艺，自动下料槽供料。饲槽要求坚固耐啃咬，易清洗消毒。

7.1.3　有窗式兔舍宜采用风机、湿帘降温系统或空调降温系统。开敞式、半开敞式兔舍宜采用可移动风机通风。

7.1.4　清粪可采用人工清粪或机械清粪，种兔场宜采用刮板式机械清粪或传送带清粪。

7.2　种兔场设备

主要包括兔笼、喂料、饮水、通风、降温、供暖、清洗消毒、兽医防疫、人工授精、饲料加工、清粪等设备。设备选型应技术先进、经济实用、性能可靠。

7.2.1　种兔场兔笼宜采用热镀锌金属笼或预制构件兔笼。兔笼形式宜为单层、半阶梯双层或三层重叠式兔笼。兔笼尺寸应符合表 3 的规定。

表 3　各类兔笼尺寸

单位为厘米

类　别	宽度	深度	高度
大型品种、种公兔	65～70	60	45
种母兔、后备兔	55～60	50～55	40
仔兔、幼兔	45	50	30

7.2.2　兔舍内兔笼的排列可采用单列式、双列式或多列式布局。

7.2.3　种兔场宜配套饲料粉碎机、搅拌机、制粒机等饲料加工设备。

8 建筑和结构

8.1 兔舍的建筑形式

应根据当地自然气候条件,因地制宜采用开敞式、半开敞式或有窗式兔舍。

8.2 兔舍建筑高度

以笼具形式和气候特点而定。檐口高度宜大于2.7 m,舍内地面标高应高于舍外地坪0.15 m～0.45 m,并与场区道路标高相协调。

8.3 兔舍跨度

有窗式兔舍建筑跨度以笼具放置形式而定,双列式以6.0 m为宜,三列式以9.0 m为宜,一般跨度宜控制在12.0 m以内;半开敞式或开敞式兔舍跨度宜控制在9.0 m以内。

8.4 兔舍屋面

应采取保温隔热和防水措施。

8.5 舍内地面

应硬化、防滑、耐腐蚀,便于清扫。

8.6 兔舍排污

采用刮板式清粪工艺排污沟坡度宜小于0.5%;人工清粪工艺排污沟坡度宜控制在0.5%～1.0%。

8.7 兔舍墙面

有窗式兔舍外墙应保温隔热;内墙面应平整光滑、便于清洗消毒。

8.8 有窗式兔舍建筑

应具备防鼠、防蚊蝇、防虫和防鸟设施。

8.9 种兔场建筑耐火等级和防火间距

8.9.1 生产建筑、公用配套及管理建筑

不低于三级耐火等级。

8.9.2 生产建筑与周边建筑的防火间距

应按GB 50016戊类厂房的相关规定执行。

8.10 建筑类型

根据现场条件,兔舍建筑可采用砖混结构、轻钢结构或砖木结构。

8.11 抗震设防类别

兔舍宜为适度设防类(简称丁类),其他建筑应按照GB 50223的规定执行。

8.12 生产建筑的结构

设计使用年限25年,结构安全等级二级。其他建筑应按GB 50068的规定执行。

9 配套工程

9.1 给水和排水

9.1.1 种兔场供水应采用生活、生产、消防合一的给水系统,由水源、水泵、水塔、供水管网和饮水设备组成。种兔场用水水质应符合NY 5027的规定。

9.1.2 管理建筑的给水、排水按工业与民用建筑有关规定执行。

9.1.3 兔用饮水设备包括过滤器、减压装置、饮水器及其附属管路,要求密封性好,使用方便,持久耐用。

9.1.4 场区排水应采用雨污分流制,雨水宜采用明沟排放,污水应采用暗管排入污水处理设施。

9.2 供暖、通风与降温

9.2.1 有窗式兔舍供暖措施包括集中供热(锅炉供暖)、局部供热(火炉、红外线灯等)或单独的供暖育仔间等。开敞式、半开敞兔舍可采用塑料膜、草帘、围席等遮封的办法,达到保温的目的。

9.2.2 兔舍应以自然通风方式为主,跨度较大时宜采用机械通风。有窗式和半开敞式兔舍夏季应设置降温设施。

9.3 供电与照明

9.3.1 种兔场供电负荷等级为三级。电源宜由当地供电网络引入 10 kV 电源。

9.3.2 兔舍照明以自然光为主、补充光源照明为辅。光源应采用节能灯,每平方米照度 60 lx~100 lx,灯高距离地面 2.0 m~2.5 m。

9.3.3 种兔场场区宜设路灯照明系统、电话与网络系统。

9.3.4 种兔场宜设视频安防监控系统、出入口控制系统。

9.3.5 种兔场电气设计应符合 GB 50052 的规定。

9.4 消防设施

消防设施按 GB 50039 的规定执行。

10 粪污无害化处理

10.1 种兔场的粪污处理设施应与生产设施同步设计、同时施工、同时投产使用,其处理能力和处理效率应与生产规模相匹配。

10.2 种兔场粪污应进行无害化处理与资源化利用,宜采用高温堆肥发酵处理方式对固体粪污进行无害化处理。处理结果应符合 NY/T 1168 的要求。

10.3 种兔场生产污水必须采取有效措施进行净化处理,包括机械、物理、化学、生物学等多种方式。污水排放应符合 GB 5084 的规定。

11 防疫设施

11.1 种兔场四周应建封闭实体围墙,各功能区之间设绿化隔离带。场区大门口、生产区入口设车辆消毒池及人员消毒间,进入生产区的车辆和人员应严格消毒。

11.2 种兔场应建设安全填埋井或焚烧间,非传染性病死兔尸体、胎盘、死胎等的处理与处置应符合 HJ/T 81 的规定。传染性病死兔尸体及器官组织等处理按 GB 16548 的规定执行。

11.3 种兔场分期建设时,各期工程应形成独立的生产区域,各区间设置隔离沟、障及有效的防疫措施。

12 主要技术经济指标

12.1 种兔场建设总投资和分项工程建设投资应参考表 4 的规定。表 4 的投资指标仅限于生产建筑为有窗式种兔舍的种兔场,半开敞式种兔场投资在此基础上生产设施下调 10%~15%,开敞式种兔场投资在此基础上生产设施下调 15%~20%。

表 4 种兔场建设投资控制额度表

项目名称	种母兔存栏量,只			
	1 000~2 000	2 000~3 000	3 000~4000	4 000~5 000
总投资指标,万元	350~580	580~780	770~1 000	1 000~1 250
生产设施,万元	200~395	395~550	550~715	715~860
公用配套及管理设施,万元	130~155	155~190	190~250	250~310
防疫设施,万元	15~17	17~18	18~21	21~28
粪污无害化处理设施,万元	8~12	12~17	17~23	23~35

12.2 种兔场占地面积及建筑面积指标应参考表 5 的规定。

表 5 种兔场占地面积及建筑面积指标

项目名称	种母兔存栏量，只			
	1 000～2 000	2 000～3 000	3 000～4000	4 000～5 000
占地面积，m^2	12 000～15 000	15 000～20 000	20 000～28 000	28 000～32 000
总建筑面积，m^2	2 300～4 200	4 200～5 800	5 800～7 600	7 600～9 400
生产建筑面积，m^2	1 800～3 600	3 600～5 000	5 000～6 600	6 600～7 900
其他建筑面积，m^2	500～550	550～750	750～1 000	1 000～1 500

12.3 种兔场劳动定员应参考表 6 的规定，条件较好、管理水平较高的地区，应尽量减少劳动定额。生产人员应进行上岗培训。

表 6 种兔场劳动定额

项目名称	种母兔存栏量，只			
	1 000～2 000	2 000～3 000	3 000～4000	4 000～5 000
劳动定员，人	7～13	13～16	16～18	18～20
劳动生产率，只/人	140～150	150～190	190～220	220～250

12.4 种兔场经济技术指标以存栏种母兔数量估算，指标平均至每只种母兔，各项指标应参考表 7 的规定。

表 7 种兔场经济技术指标

项目名称	消耗指标
占地面积，m^2/只	8～12
建筑面积，m^2/只	1.8～2.2
投资额，万元/只	0.25～0.35
年用水量，m^3/只	1.5～2.0
年用电量，kWh/只	80～100
年颗粒饲料用量，kg/只	450～500

ICS 65.020.01
B 30

中华人民共和国农业行业标准

NY/T 2775—2015

农作物生产基地建设标准　糖料甘蔗

Construction criterion of crop production base—sugarcane

2015-05-21 发布　　2015-08-01 实施

中华人民共和国农业部 发布

目　　次

前　言

本建设标准根据农业部《关于下达2011年农业行业标准制定和修订项目资金的通知》(农财发[2011]53号)下达的任务,按照《农业工程项目建设标准编制规范》(NY/T 2081—2011)的要求,结合农业行业工程建设发展的需要而编制。

本建设标准共分11章:总则、规范性引用文件、术语和定义、建设规模与项目构成、选址与建设条件、工艺(农艺)与设备、建筑用地与规划布局、建筑工程与附属设施、农业田间工程、节能节水与环境保护和主要技术及经济指标。

本建设标准由农业部发展计划司负责管理,全国农业技术推广服务中心负责具体技术内容的解释。在标准执行过程中如发现有需要修改和补充之处,请将意见和有关资料寄送农业部工程建设服务中心(地址:北京市海淀区学院南路59号,邮政编码:100081),以供修订时参考。

本标准管理部门:中华人民共和国农业部发展计划司。

本标准主持单位:农业部工程建设服务中心。

本标准编制单位:全国农业技术推广服务中心。

本标准参编单位:广西农业厅糖料处、农业部甘蔗及制品质量监督检验测试中心、中国农业科学院基建局。

本标准主要起草人:梁桂梅、钟健、林影、张华、夏文省、夏耀西、冷杨、王娟娟。

农作物生产基地建设标准　糖料甘蔗

1　总则

1.1　为加强对糖料甘蔗生产基地建设项目的科学决策和管理，推进技术进步，全面提高项目建设质量和投资效益，特制定本建设标准。

1.2　本建设标准是编制、评估和审批国家糖料甘蔗生产基地建设项目可行性研究报告的重要依据，也是审查建设项目初步设计和监督、检查项目整个建设过程的参考尺度。

1.3　本建设标准适用于糖料甘蔗生产基地新建工程，改(扩)建工程可参照执行。

1.4　糖料甘蔗生产基地建设基本原则包括：

a)　遵守国家有关法律、法令；

b)　贯彻执行有关节能、节水、节约用地和环境保护等政策法规；

c)　符合国家和地区糖料甘蔗发展规划。

1.5　糖料甘蔗生产基地建设除执行本建设标准外，尚应符合国家现行的有关强制性标准、定额或指标的规定。

2　规范性引用文件

下列文件对于本文件的应用是必不可少的。凡是注日期的引用文件，仅注日期的版本适用于本文件。凡是不注日期的引用文件，其最新版本(包括所有的修改单)适用于本文件。

GBJ 39　村镇建筑设计防火规范

GB 5084　农田灌溉水质标准

GB 10498　糖料甘蔗

GB 15618　土壤环境质量标准

GB 50011　建筑抗震设计规范

GB 50265　泵站设计规范

GB/SJ 50288　灌溉与排水工程设计规范

NY/T 1789　糖料甘蔗生产技术规程

SL 371　农田水利示范园区建设标准

3　术语和定义

下列术语和定义适用于本文件。

3.1

糖料甘蔗生产基地　sugarcane planting base

在全国或地区农产品中占有重要地位并能长期稳定地向市场提供大量糖料甘蔗产品的集中生产地区。

3.2

糖料甘蔗　sugarcane

应符合 GB 10498 对糖料甘蔗的定义。

4　建设规模与项目构成

4.1　糖料甘蔗生产基地建设规模应按照“市场需求、生产实际”的原则合理确定。

4.2 糖料甘蔗生产基地建设规模按种植面积划分为小、中、大三类。各类别基地的种植面积应符合表1的规定。

表1 各类别生产基地种植面积(S)

单位为公顷

类 别	种植基地面积
小型基地	30～100
中型基地	100～400
大型基地	400～700

4.3 糖料甘蔗生产基地的项目构成包括种植基地、辅助生产设施、管理及生活设施。

a) 种植基地：土地平整改良、农田灌排渠沟、泵站、田间道路等；

b) 辅助生产设施：种茎库和农机库等；

c) 管理及生活设施：办公用房、生活用房、围墙、大门及值班室等。

5 选址与建设条件

5.1 基地选址应符合当地土地利用总体规划、城乡建设规划和甘蔗优势区域布局规划的要求。

5.2 基地宜选择交通便利，基础设施和农技服务体系比较完善的地区。

5.3 基地应选择年日照大于1 700 h，气温大于10℃的年积温在6 000℃以上，年降水量超过800 mm，地势坡度小于15°，土壤有机质含量大于等于1.5%，排灌条件好，县(市、区)范围常年糖料甘蔗集中连片种植面积超过6 667 hm^2 的区域。其中，土壤应符合GB 15618的规定。

5.4 基地附近应有糖厂，具备相应的加工能力。

5.5 基地建设应远离污染和自然灾害多发区。

6 工艺(农艺)与设备

6.1 糖料甘蔗生产基地的生产能力

应以不同区域高产糖料甘蔗田达到的产量标准为依据。不同区域糖料甘蔗生产能力见附录A。

6.2 生产流程

应符合图1的规定。

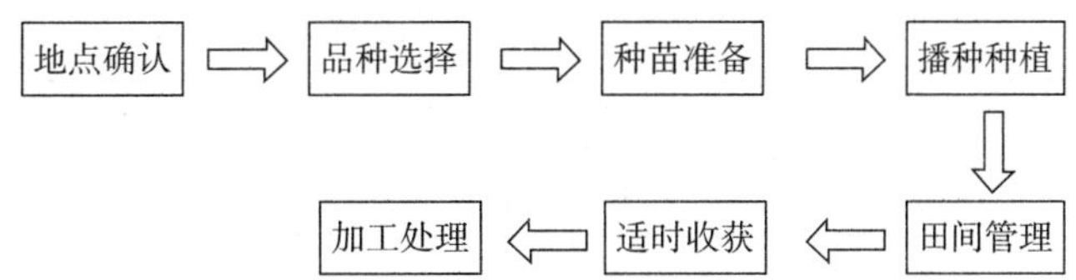

图1 糖料甘蔗生产流程图

6.3 糖料甘蔗生产基地的生产

应符合NY/T 1789的规定。

6.4 农机配备

糖料甘蔗生产基地按生产工艺要求主要配置耕整、种植和收割等农业机械。各类别生产基地农机配备应符合表2的规定。

表 2　各类别生产基地农机配备表

类 别	配 备 农 机
小型基地 (30 hm^2～100 hm^2)	以 20 马力 * ～50 马力级小型收割机为中心，包括小型甘蔗联合收割机、割铺机、小型耕整地机械、种植用开沟机、小型中耕施肥机具等
中型基地 (100 hm^2～400 hm^2)	以 60 马力～160 马力级中型收割机为中心，包括中型切段式或整秆式甘蔗联合收割机、耕整地机械、联合种植机和高地隙中耕施肥机具等
大型基地 (400 hm^2～700 hm^2)	以 250 马力～350 马力级大型甘蔗联合收割机为中心，辅以大型耕整地机械、联合种植机和高地隙中耕施肥机具等

7　建设用地与规划布局

7.1　糖料甘蔗生产基地的建设用地应符合国家有关规定，坚持科学合理、节约用地的原则。基地内建筑用地应集中布置，尽量利用非耕地，不占或少占良田。

7.2　基地按使用功能要求，划分为种植基地和管理区。应分区布置，各功能区之间联系方便。

7.2.1　生产区应按生产工艺流程排列布局，田块划分应根据基地规模和耕作方式合理划分，可以 20 hm^2～40 hm^2 为单位布置机耕路，其间每 2 hm^2～4 hm^2 以田间路分隔。

7.2.2　管理区建设规模、建筑要求和建设用地，应根据基地规模合理配置。主要分为生活管理区和仓储区。

7.3　各类别生产基地用地规模应符合表 3 的规定。

表 3　各类别生产基地用地规模表

单位为公顷

类 别	总占地面积	种植基地面积	管理区面积
小型基地	30～100	29.8～99.8	0.2
中型基地	100～400	99.6～399.6	0.4
大型基地	400～700	399.4～699.4	0.6

8　建筑工程及附属设施

8.1　管理区主要建筑物包括办公用房、生活用房、围墙、大门及值班室、种茎库、农机库等，其建设标准应根据建筑物用途和建设地区条件等合理确定。各类别糖料甘蔗生产基地管理区主要建筑物应符合表 4 的规定。

表 4　糖料甘蔗生产基地管理区建筑一览表

序号	建设内容	单位	建设规模			建设标准	备　　注
			小型基地	中型基地	大型基地		
1	办公用房	m^2	100	150～300	300	砖混结构	
2	生活用房	m^2	230	230～420	700	砖混结构	
3	机井房	座	1	1	1	砖混结构	可设箱式变电站
4	配电室	座	1	1	1	砖混结构	
5	大门及值班室	m^2	20	20	20	砖混结构	
6	种茎库	m^2	800	800～1 200	1 200～1 800	轻钢结构	
7	农机库	m^2	500	700～1 500	1 500～3 000	轻钢结构	

8.2　管理区建筑的耐火等级应符合 GBJ 39 的规定。

8.3　管理区建筑的抗震标准应符合 GB 50011 的规定。

---

* 马力为非法定计量单位。1 马力≈735.50 W。

9 田间工程

9.1 土地平整

将大小或形状不符合标准要求的田块进行合并或调整。田面平整度指标应符合高标准农田对旱作农田田面平整度的规定。

9.2 灌排渠沟

9.2.1 灌排渠沟布置应与基地内道路布置相结合。

9.2.2 灌排工程应符合 SL 371 及 GB/SJ 50288 的要求。灌溉用水应符合 GB 5084 的要求。

9.2.3 泵站各项标准的设定应符合 GB 50265 的要求。

9.3 田间道路

9.3.1 田间道路应根据糖料甘蔗种植生产特点划分机耕路(主路)和作业路(田埂)。

9.3.2 机耕路(主路)应包括边沟、灌排渠沟、边坡。

9.3.3 机耕路(主路)应保持稳定、密实、路面排水性能良好。

9.3.4 田间道路应符合农机具操作宽度要求。

9.4 田间工程

应符合糖料甘蔗生产特点,生产基地田间工程主要构筑物应符合表 5 的规定。

表 5 田间工程构筑物一览表

序号	建设内容	单位	建设规模			建设标准	备注
			小型基地	中型基地	大型基地		
1	土地平整改良	m^3	134.65～448.82	448.82～1 795.29	1 795.29		
2	田埂	m	3 000～6 000	8 000～20 000	20 000～30 000	混凝土或沙石路,高 0.6 m	适用于水面
3	灌水渠	m	2 000～3 000	3 000～10 000	10 000～15 000	明渠,砖砌或混凝土衬砌	渠断面根据当地灌溉定额确认
4	排水沟	m	2 000～3 000	3 000～10 000	10 000～15 000	明沟,砖砌或混凝土衬砌	沟断面根据当地降水强度确认
5	泵站	座	2～3	3～5	5～6	采用砖混结构	
6	高压线路	m	100～200	200～300	300～600	地埋	根据当地实际情况确定
7	低压线路	m	1 000～2 000	2 000～10 000	10 000～15 000	地埋	
8	机耕路	m	3 000～5 000	5 000～12 000	12 000～17 000	混凝土或碎石路面,150 mm～180 mm 厚	

10 节能节水与环境保护

10.1 建筑设计应严格执行国家规定的有关节能设计标准。

10.2 按项目环评报告的要求,落实防止水、土壤污染的各项措施。

11 主要技术及经济指标

为取得较好的综合投资效益,糖料甘蔗生产基地应尽可能降低工程建设投资。其投资估算指标应符合表 6 的规定。

表 6　糖料甘蔗生产基地投资估算指标

建设规模 （基地面积）	小型基地 （30 hm^2～100 hm^2）	中型基地 （100 hm^2～400 hm^2）	大型基地 （400 hm^2～700 hm^2）
总投资，万元	90～300	300～1 200	1 200～2 100
土建工程，%	9	6	5
田间工程，%	58	59	60
农机设备，%	25	27	27
其他费用，%	5	5	5
基本预备费，%	3	3	3

附　录　A
（规范性附录）
糖料甘蔗生产基地生产能力

糖料甘蔗生产基地生产能力见表A.1。

表A.1　糖料甘蔗生产基地生产能力

<table>
<tr><th colspan="2">区域</th><th>所在省(自治区)</th><th>产量标准
t/亩</th><th>平均蔗糖分
%</th></tr>
<tr><td colspan="2">桂中南蔗区</td><td>广西</td><td>5.45</td><td>15</td></tr>
<tr><td colspan="2">滇西南蔗区</td><td>云南</td><td>5</td><td>15</td></tr>
<tr><td rowspan="2">粤西琼北蔗区</td><td>其中:粤西蔗区</td><td>广东</td><td>6</td><td>14.5</td></tr>
<tr><td>琼北蔗区</td><td>海南</td><td>4.8</td><td>14.5</td></tr>
<tr><td colspan="5">注:资料来源于《甘蔗优势区域布局规划(2008—2015年)》。</td></tr>
</table>

ICS 65.020.01
B 05

中华人民共和国农业行业标准

NY/T 2776—2015

蔬菜产地批发市场建设标准

Construction standards for vegetable wholesale market in production regions

2015-05-21 发布　　　　2015-08-01 实施

中华人民共和国农业部 发布

前　言

本标准按照 GB/T 1.1—2009 给出的规则起草。

本标准由农业部发展计划司提出。

本标准由农业部农业工程建设服务中心归口。

本标准起草单位:农业部规划设计研究院。

本标准主要起草人:程勤阳、聂宇燕、孙静、陈全、郭爱东、李健、周丹丹、李艳、安玉发、胡定寰。

蔬菜产地批发市场建设标准

1 范围

本标准规定了蔬菜产地批发市场的术语与定义、一般规定、建设规模与项目构成、选址与建设条件、工艺与设备、建设用地与规划布局、建筑工程及配套工程、节能节水与环境保护和主要技术经济指标等内容。

本标准适用于以经营蔬菜为主的农产品产地批发市场的新建项目和改、扩建项目，是编制、评估蔬菜产地批发市场工程项目可行性研究报告的依据，是有关部门评审、批复、监督检查和竣工验收的依据，是开展此类项目初步设计的参考依据。

蔬菜产地批发市场的建设，除执行本标准外，还应符合现行国家和行业有关标准和规定。

2 规范性引用文件

下列文件对于本文件的应用是必不可少的。凡是注日期的引用文件，仅注日期的版本适用于本文件。凡是不注日期的引用文件，其最新版本(包括所有的修改单)适用于本文件。

GB 5749 生活饮用水卫生标准

GB 50011 建筑抗震设计规范

GB 50016 建筑设计防火规范

GB 50072 冷库设计规范

GB 50084 自动喷水灭火系统设计规范

GB 50140 建筑灭火器配置设计规范

GB 50189 公共建筑节能设计标准

GB 50222 建筑内部装修设计防火规范

3 术语和定义

下列术语和定义适用于本文件。

3.1

农产品产地批发市场 agricultural products wholesale markets in production regions

在具有较高商品率的农产品主产地，具备将农户和农场自己生产的、经纪人和批发商收购的农产品及时汇集起来，形成批量交易功能的农产品批发市场。

3.2

蔬菜产地批发市场 vegetable wholesale markets in production regions

在具有较高商品率的蔬菜主产地，具备将菜农和农场自己生产的、经纪人和批发商收购的蔬菜及时汇集起来，形成批量交易功能的产地批发市场。

3.3

蔬菜商品化处理 commercializing processing

为了保持蔬菜质量和便于储藏、运输，并适应各种交易形式，所采取的一系列措施的总称。

3.4

预冷 precooling

新鲜采收的蔬菜，运输储藏之前，迅速去除田间热，使其温度降低到规定范围的操作过程。

4 一般规定

4.1 市场建设应当遵循因地制宜、经济合理、安全适用、节约土地、节能减排的原则。

4.2 市场建设宜采用一次规划,分期建设的方式进行。

4.3 市场建设方案应进行技术经济比较,合理确定。市场的规模、选址应根据当地蔬菜产业发展现状、市场需求、地形特点和环境条件确定。

4.4 市场应采用成熟可靠、经济适用的工艺技术,因地制宜选择建筑材料和建筑结构型式,优先使用国产设备,市场布局应当均衡、流程顺畅、安全有序、节约用地。

4.5 市场建设应提前落实工程建设资金的来源及构成,以及土地、交通、供电、给排水和通信条件。

5 建设规模与项目构成

5.1 建设规模以市场的日均交易量表示。蔬菜产地批发市场建设规模的大小应根据当地蔬菜资源、投资环境和市场需求,结合建设单位的经济、技术等因素合理确定。蔬菜产地批发市场建设规模见表 1。

表 1　蔬菜产地批发市场建设规模

建设规模	日均交易量 A t
大	$500<A\leqslant 2\ 000$
中	$100<A\leqslant 500$
小	$50\leqslant A\leqslant 100$

5.2 项目构成

5.2.1 市场构成包括交易设施、商品化处理设施、仓储物流配送设施、行政管理设施、公用与辅助工程以及相应的仪器设备等。

5.2.2 交易设施包括交易场地、交易棚(厅)、结算中心等。

5.2.3 商品化处理设施包括蔬菜预冷、清洗、分选、分级、包装等环节所需的构筑物和建筑物。

5.2.4 仓储物流配送设施包括冷库、储藏库、制冰间、储冰库、配货场等。

5.2.5 行政管理设施包括办公用房、检测室、监控室、信息中心等。

5.2.6 公用与辅助工程包括场区给排水系统、供电系统、供热系统、道路系统、停车场、垃圾处理系统、污水处理系统、消防系统和绿化等。

5.2.7 市场的仪器设备包括地中衡、电子秤、电子结算设备等交易设备,清洗、分选分级、包装设备等商品化处理设备,传送带、输送机、叉车等仓储物流设备,信息采集、分析、发布系统和安全监控系统等信息化设备,农产品质量检测设备等。

5.3 预冷间和储藏库可根据产品特性、建设目标和工艺要求等实际情况进行联合或合并建设。

6 选址与建设条件

6.1 项目选址应符合当地城乡建设规划和土地利用规划。

6.2 场址应靠近蔬菜集中产区,与同类市场的距离不宜过近,避免重复建设。

6.3 市场建设应考虑道路交通条件,场址宜靠近公路主干网络或铁路货运节点。市场场址宜与集中居住区、厂矿、企事业单位保持一定的距离,避免互相干扰。

6.4 场址应满足建设工程需要的水文地质和工程地质条件。

6.5 场址应具备供水、供电等市政公用设施。

6.6 场址应远离有害气体、粉尘等污染源以及易燃易爆有毒危险品。

6.7 场址有一定的发展空间。

7 工艺与设备

7.1 蔬菜在产地批发市场内流通的流程包括进场、质量安全检测、交易、结算、商品化处理、入库或运输,具体流程参见图1。

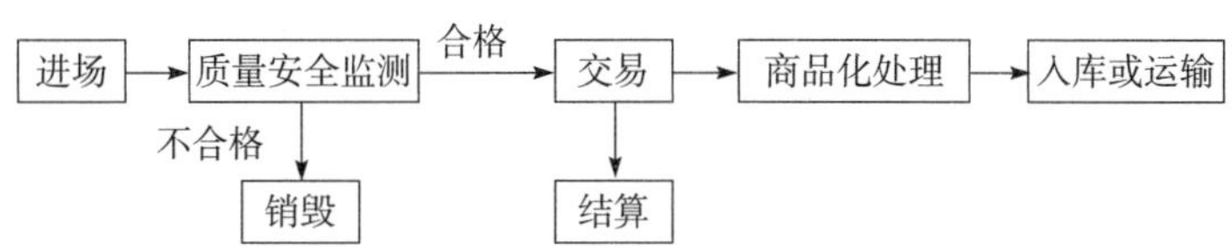

图1 蔬菜在产地批发市场内流程

7.2 蔬菜质量安全检测

7.2.1 市场应建立蔬菜质量安全检测制度和检测实验室。检验方法和检测标准应参照国家相关标准执行。

7.2.2 农药残留检测室应配备农药残留快检分析仪,大型市场应配备通风橱、固相萃取仪、色谱仪等设备。

7.2.3 配备流动检测设备,保证随时进行抽检。

7.3 商品化处理

7.3.1 蔬菜预冷、清洗、分选、分级、包装等商品化处理工艺应根据蔬菜种类合理选择。

7.3.2 分选处理可选择人工或机械分选方式,配套人工分拣台或分选机。产生的废弃物应集中处理,配套垃圾回收设备。

7.3.3 预冷方式可选择冰冷、水冷、普通冷库预冷、差压预冷库预冷等方法。采用普通冷库预冷和差压预冷库预冷时,应根据蔬菜种类、预冷方式、码放方式、预冷后用途等因素合理选择预冷终止温度和预冷时间,保证在24 h内将蔬菜温度降至预冷终止温度。市场应根据需要配置冷库、预冷库、制冰间、制冰设备等。

7.3.4 清洗应以清水清洗表面泥污为主。市场应配置必要的清洗台(池)、清洗设备、加工设备、垃圾和污水收集、过滤、处理设施等。

7.3.5 分级应根据蔬菜外形、重量、色泽等指标进行,市场宜配备卡尺、称重器具等,有条件的市场宜配备分级生产线。

7.3.6 蔬菜应进行必要的包装处理。包装材料应符合国家相关卫生标准。包装应具有一定抗挤压和保鲜能力,便于蔬菜运输。有条件的市场,可根据客户或品牌要求,提供加装原产地和蔬菜品牌标识服务。

7.4 场内搬运装卸

市场应配备搬运装卸设备,主要包括人力搬运车、场内运输车、叉车、装卸台、装卸架、传送带、托盘等。

7.5 交易

7.5.1 市场宜配置与对手交易、电子结算、电子交易、拍卖等方式相匹配的设备。

7.5.2 市场应配备地中衡、电子秤等称重设备,规格和数量应根据市场日交易量、车流量等数据综合确定。

7.5.3 结算宜采用电子结算方式,流程如图2所示。电子结算系统设备包括交易个体智能卡(IC卡)、交易终端、系统服务器等,有条件的应配套银行自动柜员机(ATM机)、销售时点结算系统(POS机)等。

7.5.4　有条件的市场宜建设电子交易(商务)平台。电子交易(商务)平台应考虑开放农产品行情数据接口。

7.5.5　有条件的市场宜开展蔬菜拍卖交易,配备竞拍终端、电子屏、拍卖系统等设备。

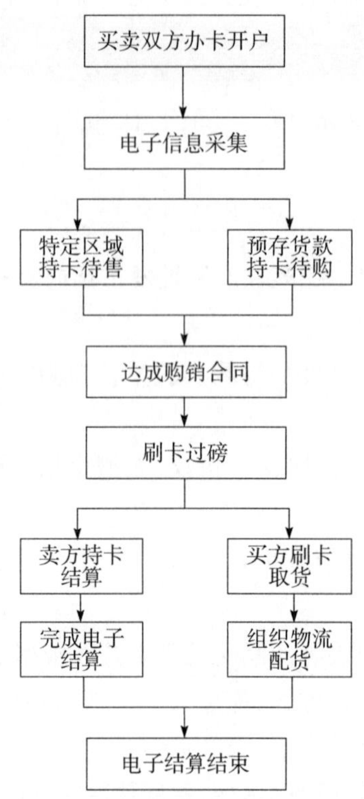

图 2　批发市场电子结算流程图

7.6　市场信息系统

市场应具备及时采集、分析、发布蔬菜品种、价格、交易量、交易额等信息的功能,配备计算机、电子屏、网络设备、服务器等设备。

7.7　安全监控系统

市场安全监控系统应对市场的出入口、交易区、商品化处理区、称重区、物流区等重点区域进行实时视频监控和录像。监控数据保存时间不宜小于 90 d。监控设备主要包括服务器、分屏器、控制台、电视墙、不间断电源、报警探测器、报警控制主机等。

8　建设用地与规划布局

8.1　建设用地

8.1.1　市场应统一规划,做到功能齐备、分区合理、容量匹配、布局均衡、流程顺畅、环境优良、生态环保、节约用地。

8.1.2　市场用地规模参见表 2。

表 2　蔬菜产地批发市场用地规模

建设规模	占地面积 S hm^2
大	$10<S\leqslant 40$
中	$2<S\leqslant 10$
小	$0.5\leqslant S\leqslant 2$

8.2 功能区布局

8.2.1 综合考虑环境和资源等技术条件，按照规模适度、用地合理、设计科学、节约用地、少占耕地的原则，确定市场各功能区的占地规模和数量。

8.2.2 市场按功能分为交易区、商品化处理区、仓储物流配送区、行政管理区和公用与辅助工程等。各功能区内主要设施建筑面积指标见表3。

表3 蔬菜产地批发市场主要设施建筑面积

单位为平方米

设施类型	大	中	小
交易设施	9 150～33 000	2 850～9 150	1 000～2 850
商品化处理设施	500～3 400	200～500	100～200
仓储物流设施	2 700～10 200	400～2 700	200～400
行政管理设施	480～2 700	220～480	40～220

8.2.3 交易棚(厅)一般布局在批发市场的中心位置，交易棚(厅)间距不宜过小，周边宜设停车场。

8.2.4 结算大厅宜临近交易棚(厅)。

8.2.5 在不干扰交易活动和影响交通秩序的条件下，小型市场可在预冷设施周边的空地上进行简易的商品化处理。大、中型市场宜设置相对独立的商品化处理区和物流仓储配送区。

8.3 道路与出口

8.3.1 市场路网应结合各功能区进行设置，做到人车分流、客货分流、供货购货分流。路网宜采用循环道路模式，呈网格化布置，同时满足消防要求。

8.3.2 大型市场主要车行道宽度宜大于35 m，中型市场主要车行道宽度宜大于25 m。

8.3.3 交易区、仓储物流配送区、行政管理区均宜设置相应规模的停车场。

8.3.4 市场应设2个以上出入口，出入口与场外主干道之间应该设置一定缓冲路段。

8.4 市场的疏散、消防通道、应急处理等设施，应本着技术先进、经济合理、预防为主、就近疏散、安全能达的原则。

9 建筑工程及配套工程

9.1 交易棚(厅)

9.1.1 宜采用大跨度钢结构，包括开敞式、半开敞式和封闭式建筑形式。

9.1.2 市场交易棚(厅)单跨跨度宜为15.0 m～36.0 m，大、中型市场可采用连跨结构。交易棚(厅)净高应不低于6.0 m，地面标高应高于室外地坪0.3 m以上。

9.1.3 大跨度交易棚(厅)屋面应设采光带。

9.1.4 地面荷载应考虑大型车荷载，地面应平整、清洁、防滑，宜设排水沟。

9.2 商品化处理间

9.2.1 预冷库

9.2.1.1 预冷库库体建设应符合GB 50072的要求。

9.2.1.2 预冷库出入口前应设月台，月台高0.9 m～1.2 m，月台宽4.5 m～10.5 m，月台及停车位置上方应设置遮阳挡雨设施。

9.2.2 清洗、分选、分级、包装间宜采用钢结构，建筑设计应满足相应工艺要求。

9.3 冷库

9.3.1 冷库设计应符合GB 50072中的相关规定。

9.3.2 冷库出入口前应设月台,月台高 0.9 m～1.2 m,月台宽 4.5 m～10.5 m,月台及停车位置上方应设置遮阳挡雨设施。

9.4 防火设计

9.4.1 交易棚(厅)、预冷库、商品化处理间及储藏库火灾危险性分类属丁类。

9.4.2 市场内建筑耐火等级及防火间距应符合 GB 50016 的规定,设计人员应根据市场实际情况确定耐火等级。

9.5 防灾设计

9.5.1 市场内建筑抗震要求应符合 GB 50011 中的规定,应根据项目所在地区经济发展水平、抗震设防烈度、建筑物性质和结构类型等实际情况进行抗震设计。

9.5.2 市场内建筑物设计应满足各类建筑对雪灾、风灾、洪水等自然灾害的防御要求。

9.6 市场内的建筑设计应符合 GB 50189 节能要求。

9.7 给排水

9.7.1 供水水质应符合 GB 5749 的有关规定。

9.7.2 污水宜采用暗管排入污水处理设施或市政排水管网。

9.7.3 消防系统设计应符合 GB 50016、GB 50084、GB 50140 和 GB 50222 的有关规定。

9.8 供电

9.8.1 小型市场的用电负荷等级为三级,中型、大型市场的信息系统、电子结算系统、冷库等重要的用电负荷等级为二级,其他用电负荷为三级。

9.8.2 市场应由当地供电网络引入电源,并建设变配电室或箱式变电站。二级负荷的另一路电源可引自自备电源或另一路当地供电电源。

9.9 通信与广播

9.9.1 市场应有电话与互联网接入,无限网络通讯系统覆盖。

9.9.2 市场应设公共广播系统。

10 节能节水与环境保护

10.1 节能节水

10.1.1 蔬菜商品化处理和储藏等耗能较多的环节,应选用能耗指标较低的工艺和设备,淘汰能耗高的工艺和设备。

10.1.2 采用合理的配电方式,电气设备选用节能型产品,照明设备应使用绿色照明工程产品。

10.1.3 市场内应使用节水设备。

10.1.4 蔬菜清洗用水应进行收集处理和循环再利用,应配置污水收集池和过滤设施,对生产和生活污水进行处理。

10.2 环境保护

10.2.1 市场应对固体废弃物、有机废弃物进行分类、收集和处理。

10.2.2 市场应配置固体垃圾压缩中转站、垃圾处理压缩设备、垃圾外运车、垃圾桶、垃圾收集车等设施设备,对固体废弃物进行收集和统一处理。

11 主要技术经济指标

11.1 市场工程投资估算指标应符合表 4 的规定。

表 4　工程投资估算指标

单位为万元

序号	项目	大	中	小
1	建安工程	2 320～9 420	610～2 320	270～610
1.1	交易设施	390～1 260	130～390	60～130
1.2	商品化处理设施	220～1 360	100～220	60～100
1.3	仓储物流配送设施	280～950	50～280	30～50
1.4	行政管理设施	130～650	70～130	20～70
1.5	公用与辅助工程	1 300～5 200	260～1 300	100～260
2	设备购置费	335～1 570	140～335	30～140
2.1	交易设备	80～225	40～80	5～40
2.2	商品化处理设备	55～125	20～55	5～20
2.3	仓储物流配送设备	55～150	30～55	5～30
2.4	信息化设备	40～320	20～40	5～20
2.5	质量检测设备	105～750	30～105	10～30

11.2　市场的劳动定员应满足表 5 的规定。

表 5　劳动定员指标

单位为人

建设规模	大	中	小
劳动定员	900～1 200	60～90	5～60

11.3　市场每月用水用电指标应参考表 6 的规定。

表 6　用水用电指标

能　耗	建设规模		
	大	中	小
水,t	450～60 000	300～450	250～300
电,kW·h	84 800～319 000	50 900～84 800	17 800～50 900

ICS 65.020.01
B 20

中华人民共和国农业行业标准

NY/T 2777—2015

玉米良种繁育基地建设标准

The standard for corn seed producting bases

2015-05-21 发布

2015-08-01 实施

中华人民共和国农业部 发布

目　次

前　言

根据建设部、国家发展和改革委员会《关于印发〈工程项目建设标准编制程序规定〉和〈工程项目建设标准编写规定〉的通知》(建标[2007]144 号)和农业部《农业工程项目建设标准编制规范》(NY/T 2081—2011)的要求，结合农业行业工程建设发展和现代玉米种业发展的需要，按照 GB/T 1.1—2009 给出的规则制定本标准。

本标准共 13 章，主要内容包括范围、规范性引用文件、术语和定义、一般规定、基地规模与项目构成、选址与建设条件、制种田农艺与农机、田间工程、种子加工工艺与设备、种子加工建设用地指标与规划布局、建筑工程及配套设施、环境保护与节能节水以及主要技术经济指标。

本标准由农业部发展计划司负责管理，农业部规划设计研究院负责具体技术内容的解释。在标准执行过程中如发现有需要修改和补充之处，请将意见和有关资料寄送农业部规划设计研究院(地址:北京市朝阳区麦子店街 41 号，邮政编码:100125)。

主编单位:农业部规划设计研究院。

参编单位:吉林省农业科学院、黑龙江农垦勘测设计院、河北省种子管理总站、农业部农业机械化技术开发推广总站、张掖市多成农业集团有限公司、黑龙江省农业科学院、云南省农业科学院。

主要起草人:赵跃龙、李欣、李树君、陈海军、才卓、何艳秋、李志勇、徐振兴、曹靖生、王多成、肖占文、李向岭、范正华。

玉米良种繁育基地建设标准

1 范围

1.1 本标准规定了玉米良种繁育基地的一般规定、基地规模与项目构成、选址与建设条件、农艺与农机、田间工程等内容。

1.2 本标准适用于玉米良种繁育基地建设工程项目规划、可行性研究、初步设计等前期工作，也适用于项目建设管理、实施监督检查和竣工验收。

2 规范性引用文件

下列文件对于本文件的应用是必不可少的。凡是注日期的引用文件，仅注日期的版本适用于本文件。凡是不注日期的引用文件，其最新版本(包括所有的修改单)适用于本文件。

GB/T 3543 农作物种子检验规程
GB 4404.1 粮食作物种子—禾谷类
GB 5084 农田灌溉水质标准
GB/T 12994 种子加工机械 术语
GB/T 14095 农产品干燥技术 术语
GB/T 21158 种子加工成套设备
GB/T 17315 玉米杂交种繁育制种技术操作规程
GB 50016 建筑设计防火规范
GB/SJ 50288 灌溉与排水工程设计规范
NYJ/T 08 种子贮藏库建设标准
NY/T 499 旋耕机 作业质量
NY/T 1142 种子加工成套设备质量评价管理规范
NY/T 1355 玉米收获机 作业质量
NY/T 1716 农业建设项目投资估算内容与方法
NY/T 2148 高标准农田建设标准
SL 207 节水灌溉技术规范
SL 482 灌溉与排水渠系建筑物设计规范

3 术语和定义

下列术语和定义适用于本文件。

3.1

玉米良种繁育基地 corn seed production area

具备完善的标准化生产体系、质量控制体系，能够确保生产合格的杂交玉米种子的基地。

4 一般规定

4.1 符合国家有关土地利用、规划、环境保护及资源节约的相关法律和规定。

4.2 适应当地的资源条件及投资水平。

4.3 满足建设场地所需的自然条件及技术要求。

4.4 统筹规划，节约用地。

5 基地规模与项目构成

5.1 基地建设规模

玉米良种繁育基地的建设规模由杂交玉米制种田规模和加工规模共同确定，共分三大类。划分如下：Ⅰ类 1 001 hm^2～2 000 hm^2 和 1 500 t/批次～3 000 t/批次；Ⅱ类 667～1 000 hm^2 和1 000 t/批次～1 500 t/批次；Ⅲ类 333 hm^2～666 hm^2 和 500 t/批次～1 000 t/批次。详见表 1。

表 1 玉米良种繁育基地建设规模

类　别	Ⅰ类	Ⅱ类	Ⅲ类
杂交玉米制种田规模，hm^2	1 001～2 000	667～1 000	333～666
加工规模，t/批次	1 500～3 000	1 000～1 500	500～1 000

5.2 建设项目构成

5.2.1 玉米良种繁育基地建设项目由生产设施、辅助生产设施、配套设施和管理及生活设施构成。

5.2.2 生产设施包括田间生产设施和加工生产设施。其中，田间生产设施包括杂交玉米制种田、田间道路、灌溉设施、防护林及农业机械等；加工生产设施包括种子加工所需各类生产用房及设备。

5.2.3 辅助生产设施包括种晒场、计量室、检验检测室、种子仓库、农机库以及储藏和检验检测所需设备。

5.2.4 配套设施包括供配电设施、给排水设施（不包括田间灌溉）、消防设施、供热设施、通信设施、场区道路及绿化等。

5.2.5 管理及生活设施包括办公管理用房、食堂、宿舍及门卫等。

6 选址与建设条件

6.1 基本条件

6.1.1 地势平缓，积温充足，秋季干爽等生态条件优越。

6.1.2 土层深厚，土壤肥力中上，田块集中连片且自然隔离条件良好。

6.1.3 交通便利，水电供应可靠，灌溉水质符合 GB 5084 的有关规定。

6.1.4 基层政府重视，劳力相对充足，农技服务体系健全。

6.2 应规避的地区

6.2.1 自然灾害频繁的地区。

6.2.2 病虫害频繁发生的地区以及检疫性病虫害严重的地区。

6.2.3 土壤和灌溉水源污染严重的地区。

7 制种田农艺与农机

7.1 农艺技术

7.1.1 制种田农艺作业严格执行 GB/T 17315 的规定，确保隔离条件、花期调节、去杂去雄、肥水管理、安全收获及全程质量控制等各环节达到相应技术要求。

7.1.2 隔离包括空间隔离、屏障隔离和时间隔离。

7.1.3 田间作业农艺措施主要包括以下内容：播前整地、隔离带设计、种子预处理、适期（措期）播种、调节花期、（化学）除草、施肥、（节水）灌溉、病虫防治、去杂去劣、母本去雄、割除父本、果穗收获。

7.2 农机配套

7.2.1 玉米制种田应配套完备、齐全的农机设备，满足各阶段需求。

7.2.2 田间生产全过程所用农机包括耕整地、种植、施肥、去雄、收获及秸秆粉碎六大类型。

7.2.3 农业机械作业水平由机耕率、机播(栽植)率和机收率3项指标决定。其中,东北、西北和华北3个地区的机耕率、机播(栽植)率和机收率皆为100%;西南地区的机耕率、机播(栽植)率和机收率宜不低于90%。

7.2.4 农机作业指标应满足以下要求:

a) 耕作深度≥25 cm;

b) 平整度≤5 cm;

c) 机械收获率≥96%;

d) 收获破碎率≤1%;

e) 机械剥皮率≥85%。

7.2.5 提倡逐步实现机械化去雄。

7.2.6 在条件适宜的地方提倡使用机械化秸秆还田,秸秆粉碎合格率应不低于80%。

8 田间工程

8.1 一般要求

8.1.1 田间工程主要包括土地平整、土壤培肥、灌溉与排水、农田输配电、田间道路和防护林网六大方面。

8.1.2 田块布局应根据地形、降雨、作物、灌水方式,并综合考虑土地权属等情况。

8.1.3 农田灌溉与排水、田间道路、农田输配电、田间防护等田间基础设施占地率应不高于8%。

8.1.4 农田灌溉与排水、田间道路、农田输配电、田间防护等工程设施的使用年限应不少于15年。

8.2 土地平整工程

8.2.1 耕作田块应相对集中,便于机械化管理。

8.2.2 田块形状选择依次为长方形、正方形、梯形和其他形状,长宽比以不小于4∶1为宜。田块长度和宽度应根据地形地貌、作物种类、机械作业效率、灌排效率、防止风害等因素确定。

8.2.3 田块平整、田坎修筑、土体及耕作层各项指标应符合NY/T 2148的有关规定。

8.3 土壤培肥工程

8.3.1 根据目标产量确定施肥量,实施测土配方施肥覆盖率应达到100%,并保持土壤养分平衡,适量补足锌、硫等中微量元素,并应做到精确调整排肥量及均匀度。

8.3.2 灌溉区应结合灌溉追施拔节肥,垄侧追肥时随中耕深埋8 cm以上。

8.4 灌溉与排水工程

8.4.1 灌溉与排水工程指包括水源工程、输水工程、喷微灌工程、排水工程、渠系建筑物工程等。

8.4.2 水源配套应考虑地形条件、水源特点等因素,宜采用蓄、引、提相结合的配套方式。

8.4.3 灌溉设计保证率应符合表2的规定,灌溉水利用系数应不低于0.6,并应符合GB/T 50363的有关规定。灌溉要求保证用水率为85%。

表2 灌溉设计保证率

灌水方法	地　区	灌溉设计保证率,%
地面灌溉	干旱地区或水资源紧缺地区	50~75
	半干旱、半湿润地区或水资源不稳定地区	80
	湿润地区或水资源丰富地区	85
喷灌、微灌	各类地区	90

8.4.4 发展节水灌溉,提高水资源利用效率,因地制宜采取渠道防渗、管道输水、喷微灌等节水灌溉措施。

8.4.5 田间斗、农渠等固定渠道宜进行防渗处理,防渗率不低于70%。井灌区固定渠道应全部进行防渗处理。

8.4.6 喷灌、微喷灌区的固定输水管道埋深应在冻土层以下,且不小于0.6 m。

8.4.7 排水设计暴雨重现期宜采用10年一遇,1 d~3 d暴雨从作物受淹起1 d~3 d排至田面无积水。

8.4.8 排涝农沟采用排灌结合的末级固定排灌沟、截流沟和防洪沟,宜采用砖、石、混凝土衬砌。

8.4.9 渠系建筑物应配套完整,满足灌溉与排水系统要求,其使用年限应与灌排系统总体工程相一致。

8.4.10 玉米制种田灌溉与排水工程除应符合本标准规定,还应执行GB 50288、SL 207、GB/T 50085、GB/T 50485、SL 482以及NY/T 2148等相关规定。

8.5 农田输配电工程

8.5.1 农田输配电主要为满足抽水站、机井等供电。农用供电建设包括高压线路、低压线路和变配电设备。

8.5.2 **输电线路** 宜采用10 kV高压和380 V/220 V低压线路输电。低压线路宜采用低压电缆,应有标志。地埋线应敷设在冻土层以下,且深度不小于0.7 m。

8.5.3 变配电设备宜采用地上变台或杆上变台。变压器外壳距地面建筑物的净距离不应小于0.8 m;变压器装设在柱上时,无遮拦导电部分距地面应不小于3.5 m,变压器的绝缘子最低瓷裙距地面高度小于2.5 m时,应设置固定围栏,其高度宜大于1.5 m。

8.6 田间道路工程

8.6.1 田间道路包括机耕路和生产路,机耕路建设应能满足当地机械化作业的通行要求。

8.6.2 机耕路通达度为0.5~1,生产路通达度为0.1~0.2。

8.6.3 机耕路和生产路建设应符合NY/T 2148的规定。

8.7 防护林网工程

8.7.1 在风沙区和干热风等危害严重的地区应设置农田防护林网。

8.7.2 防护林网建设应符合NY/T 2148的规定。

9 种子加工工艺与设备

9.1 加工工艺流程

见图1。

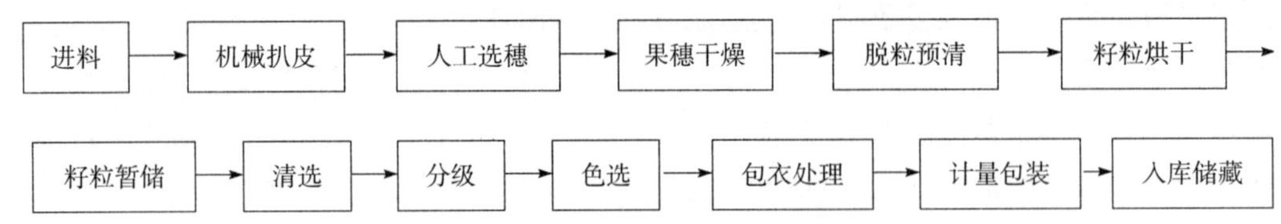

图1 种子加工工艺流程图

9.2 设备要求

9.2.1 应采用全程机械化和重点工序自动化、智能化作业的种子加工成套设备。

9.2.2 在有效的加工期限内,设备的加工能力应与基地种子生产规模相匹配。

9.2.3 选定的种子加工设备技术指标应符合GB/T 21158的相关要求。

9.2.4 加工后的种子质量应符合GB 4404.1的相关要求。

9.3 主要设备配置

玉米种子加工成套设备配置见附录A和附录B。

9.4 种子储藏

9.4.1 储藏量应与基地生产规模及加工能力相匹配。

9.4.2 储藏库主要以常温库为主，在南方地区为防止种子霉变，应考虑低温和除湿要求。

9.4.3 储藏库内应配置移动式或固定式输送、电子控温、控湿、机械通风、熏蒸等设备及防虫、防鼠设施。

9.5 种子的包装

根据不同品种种植要求而有所不同，宜为每袋 1 kg～3 kg 或每袋满足 40 kg～50 kg。

9.6 种子检验

9.6.1 种子检验可分为扦样、室内检验和田间检验。室内检验包括净度分析、发芽试验、水分测定、真实性测定、品种纯度测定、转基因种子测定及种子健康测定。田间检验包括品种真实性和品种纯度的田间和小区种植鉴定。

9.6.2 检验应执行 GB/T 3543 中的有关规定。

9.6.3 扦样仪器包括扦样器。室内检验仪器设备包括显微镜、电子自动数粒仪、分样器、净度工作台、电动筛选器、电子天平、人工气候箱、种子低温储藏箱、干燥箱、高压灭菌器、冷冻离心机、分光光度计、PCR 仪、高压电泳仪、数显电导仪等。主要仪器设备功能见附录 C。

10 种子加工建设用地指标与规划布局

10.1 分区与布局

10.1.1 种子加工用地分为种子加工区和管理服务区两大部分。

10.1.2 种子加工区与制种田的运输距离宜控制在 50 km 以内，最远不要超过 150 km。

10.1.3 管理服务区包括办公管理与生活服务两方面，管理服务区可与种子加工区相毗邻。

10.2 用地指标

种子加工用地指标应符合表 3 的规定。

表 3 种子加工用地指标

类别	加工区总占地面积 hm^2	管理服务占地面积 hm^2
Ⅰ类	3.0～7.0	0.5～1.5
Ⅱ类	2.0～5.0	0.5～1.0
Ⅲ类	1.5～3.0	0.3～0.5

11 建筑工程及配套设施

11.1 建筑工程建设要求

11.1.1 基地各类建筑应满足生产、加工、储藏、检测、管理等要求，做到利于生产、方便生活、经济合理、安全适用。建设标准应根据建筑物用途和建设地区条件合理确定。

11.1.2 建筑工程包括种子加工基地内加工用房及设备基础、晒场、种子仓库、种子检验检测室、办公管理用房、生活类用房及水、电、热等配套设施用房以及制种田内作业管理用房等。

11.1.3 晒场建设应满足生产规模以及运输机械荷载要求，并应做好场地的排水。

11.1.4 各类建筑均应执行 GB 50016 的有关规定。种子生产和储藏的火灾危险性属丙类，生产性用房及辅助生产性用房（除农机具库）的耐火等级应不低于二级。

11.1.5 农机具库的耐火等级宜不低于三级。

11.1.6 主要建筑物的结构使用年限应达到 25 年及以上。

11.1.7 主要建筑物的抗震设防类别应为丙类及以上。

11.2 配套设施建设要求

11.2.1 应与主体工程相配套,力求达到高效、节能、低噪声、少污染。

11.2.2 配套设施包括道路、给水、排水、消防、供热、供配电、通信等。

11.2.3 道路建设应满足以下要求:

a) 应与外界保持便利通畅的联系,与场内各建筑连接通顺;
b) 路面结构宜采用混凝土或沥青路面;
c) 路面宽度单车道应为 3 m,双车道应为 6 m。

11.2.4 场区给水应满足以下要求:

a) 加工区应具有可靠的供水水源和完善的供水设施;
b) 在有市政供水管网的地区应利用市政供水系统供水;
c) 无市政供水管网时可自备水源。

11.2.5 场区排水应满足以下要求:

a) 加工区内排水系统应采用雨污分流制,并应以管道或暗沟方式进行排放;
b) 加工区内的生活污水应排入市政排水管网或经处理后循环使用;
c) 经包衣剂处理后的废水都应进行集中收集,妥善处理。

11.2.6 场区消防应满足以下要求:

a) 加工区的加工车间及种子仓库应设消防给水系统,并保证消防水源的安全供给;
b) 消防设施的配置应根据种子加工规模、建筑类型按国家现行标准确定。

11.2.7 场区供热应满足以下要求:

a) 寒冷地区除根据种子加工工艺要求配备供热设施外,还要考虑办公管理及生活类建筑冬季的采暖,供热系统的设置应执行所在地区相关规范;
b) 在非寒冷地区,根据种子加工工艺要求确定是否配备供热系统。

11.2.8 场区供电应满足以下要求:

加工区应采用当地电网供电,电力负荷等级应不低于三级。

11.2.9 场区通讯应满足以下要求:

加工区通讯设施应与当地电信网的要求相适应。

11.3 工程建设指标

基地内主要工程的建设规模见附录 D。

12 环境保护与节能节水

12.1 环境保护

基地建设应严格执行国家环境保护方面的相关规定。

12.2 节能节水

基地建设应严格执行国家节能节水方面的相关规定。

13 主要技术经济指标

13.1 投资估算原则

13.1.1 投资估算应与当地的建设水平相一致。

13.1.2 投资估算依据建设地点现行造价定额及造价文件。

13.1.3 基地辅助生产建筑的建设内容和规模,应与种植规模相匹配。其建设投资参照相关标准确定,纳入总投资中。

13.2 项目投资内容

玉米良种繁育基地的建设总投资包括田间工程费、种子加工区土建费、生产管理及生活区土建费、种子加工、种子检测检验设备购置及安装费、农机具购置费、工程建设其他费和基本预备费七大部分。

13.3 投资估算指标

不同规模基地的投资估算指标及分项目投资比例可按表4的指标控制。

表4 建设投资估算指标

投资内容	规模，hm^2			备　注
	Ⅰ类	Ⅱ类	Ⅲ类	
	1 001～2 000	667～1 000	333～666	
总投资，万元	12 000～22 000	8 000～12 000	5 000～8 000	
田间工程费，%	28.2～33.9	30.8～31.9	25.3～31.0	田间工程单项投资指标详见附录E
种子加工区土建工程费，%	19.8～21.1	21.2～22.4	20.5～21.3	指种子加工生产区
生产管理及生活区土建工程费，%	1.4～2.3	2.2～3.1	1.9～3.1	
种子加工、检测检验设备购置及安装费，%	22.5～30.5	21.1～24.9	23.8～32.8	含种子检验检测设备
农机具费，%	9.1～9.2	10.0～10.4	8.2～10.0	
工程建设其他费，%	5.0～7.0	5.0～7.0	5.0～7.0	
基本预备费，%	5.0	5.0	5.0	

13.4 劳动定员规定

13.4.1 田间生产管理人员为2人/66 hm^2，工作一个生产周期150 d～200 d。

13.4.2 田间生产机械作业人员为1人/3.3 hm^2，工作一个生产周期150 d～200 d。

13.4.3 加工技术管理人员：基地规模666.66 hm^2 需加工能力10 t的生产线一条。基地规模2 000 hm^2 需加工能力10 t的生产线二条。按每条生产线每小时实际加工8 t种子，每天8 h，加工周期100 d，需技术操作、机械维护、安全管理、取样检验人员4人计算。

13.4.4 加工作业人员：加工能力10 t的一条生产线，按每小时实际加工8 t种子，每天8 h，加工周期100 d，需加工作业人员6人计算。

13.4.5 服务区后勤管理人员、行政管理人员按基地规模大小，完成一个生产、加工周期确定。

13.5 劳动定员指标

13.5.1 各类型基地劳动定员控制应执行表5的规定。

表5 劳动定员指标

生产基地		规模，hm^2		
		1 001～2 000	667～1 000	333～666
总定员，人		360～720	240～360	120～240
生产区	田间管理人员	30～60	20～30	10～20
	田间生产机械作业人员	303～606	202～303	101－202
加工区	加工技术管理人员	6～12	4～6	2～4
	加工作业人员	9～18	6～9	3～6
管理服务区	行政管理人员	6～12	4～6	2～4
	后勤管理人员	6～12	4～6	2～4

附 录 A
(规范性附录)
玉米果穗一次干燥成套设备各工序生产能力

玉米果穗一次干燥成套设备各工序生产能力见表 A.1。

表 A.1 玉米果穗一次干燥成套设备各工序生产能力

建设内容	建设规模		
	Ⅰ类	Ⅱ类	Ⅲ类
进料,t/h	50～100	30～50	15～30
机械扒皮,t/h	50～100	30～50	15～30
人工选穗,t/h	50～100	30～50	15～30
果穗干燥,t/批	1 500～3 000	1 000～1 500	500～1 000
脱粒预清,t/h	50～100	40～50	20～40
籽粒烘干,t/h	20～40	15～20	7.5～15
籽粒暂储,t	3 600～7 200	2 400～3 600	1 200～2 400
清选,t/h	13～24	8～13	5～8
分级,t/h	13～24	8～13	5～8
色选,t/h	13～24	8～13	5～8
包衣,t/h	15.6～31.2	9.6～15.6	6～9.6
包装,t/h	15.6～31.2	9.6～15.6	6～9.6
注 1:表中数值与内容可以根据种子生产能力和品种数量等进行调整或核减。 注 2:在相同规模条件下,西南地区建设规模按本表 60%～70%。			

附 录 B
（规范性附录）
玉米穗、粒两次干燥成套设备各工序生产能力

玉米穗、粒两次干燥成套设备各工序生产能力见表B.1。

表B.1 玉米穗、粒两次干燥成套设备各工序生产能力

建设内容	建设规模，hm^2			备 注
	Ⅰ类	Ⅱ类	Ⅲ类	
	1 001～2 000	667～1 000	333～666	
机械进料，t/h	50(2套)	50	30	每天工作时间不超过15 h
人工选穗，t/h	50(2套)	50	30	根据品种情况进行核减或取舍
果穗干燥，t/批	800～1 500(2座)	800～1 500	500～800	果穗干燥至16%～18%水分；每批次干燥时间按2.5 d
脱粒预清，t/h	50(2套)	50	30	每天工作时间不超过15 h
湿储仓，t/座	200～300 (4～8座)	200～300 (2～4座)	150～200 (2座)	根据品种情况进行核减
籽粒干燥，t/d	300(2套)	300	200	每天24 h连续工作
籽粒暂储，t	14 000～8 000	2 400～4 000	1 200～2 400	西北、东北地区及华北北部地区按成品种子量的60%
	2 400～4 800	1 400～2 400	700～1 400	西南地区按成品种子量的35%
清选分级，t/h	8(2套)	8	5	每年工作时间不超过75 d
包衣包装Q，t/h	8<Q<12(2套)	8<Q<12	5<Q<7.5	按清选分级能力的1倍～1.5倍
注：本表中数值可以根据品种数量与种子产量进行调整。				

附　录　C
（规范性附录）
检验检测主要仪器设备及功能

检验检测主要仪器设备及功能见表 C. 1。

表 C. 1　检验检测主要仪器设备及功能

序号	仪器名称	单位	功　　能
1	显微镜	台	种子净度分析
2	电子数粒仪	台	数种
3	电子天平	台	样品称重
4	人工气候箱	台	发芽试验
5	低温储藏箱	台	样品储藏
6	干燥箱	台	水分测定
7	高压灭菌器	台	高压灭菌
8	冷冻离心机	台	DNA 提取
9	分光光度计	台	DNA 质量检测
10	PCR 仪	台	基因扩增
11	电泳仪	台	凝胶电泳
12	数显电导仪	台	活力测定
13	分样器	台	分样
14	净度工作台	台	净度检验
15	电动筛选器	台	净度检验

附 录 D
(规范性附录)
主要工程建设规模一览表

主要工程建设规模一览表见表 D.1。

表 D.1 主要工程建设规模一览表

序号	建设内容	单位	建设规模, hm^2			备 注
			Ⅰ类	Ⅱ类	Ⅲ类	
			1 001～2 000	667～1 000	333～666	
1	**种子加工生产设施**	**m^2**	**4 000～7 500**	**2 000～4 000**	**1 500～3 000**	**1.1～1.4 之和**
1.1	选穗车间	m^2	960	480	400	
1.2	果穗烘干室	m^2	4 240	2 120	1 640	
1.3	脱粒车间	m^2	270	180	144	
1.4	清选加工车间	m^2	1 800	1 080	810	
1.5	进料装置基础	m^2	300	150	120	占地面积
1.6	籽粒烘干基础	m^2	600	300	240	占地面积
1.7	各类仓群基础	m^2	1 500～2 400	750～1 200	550～800	占地面积
2	**辅助生产设施**					
2.1	种子检验室	m^2	300	200	150	
2.2	种子仓库	m^2	4 000～6 000	3 000	1 500	常温
2.3	晒场	m^2	6 000～12 000	3 000～6 000	2 000～4 000	
2.4	农机库	m^2	2 000	1 200	800	
3	**管理及生活设施**					
3.1	办公用房	m^2	600	400	300	
3.2	职工宿舍	m^2	300	200	60～100	
3.3	食堂	m^2	500	400	300	
3.4	门卫	m^2	8～20	8～20	8～10	
4	**配套设施**					
4.1	锅炉房	m^2	200	180	50～100	
4.2	加工区水泵房	座	1	1	1	
4.3	配电(箱)室	座	1	1	1	
4.4	场区道路	m^2	3 000～7 000	2 000～6 000	1 500～4 000	

附　录　E
（规范性附录）
田间工程项目投资指标一览表

田间工程项目投资指标一览表见表 E.1。

表 E.1　田间工程项目投资指标一览表

序号	工程名称	计量单位	估算指标，元
1	土地平整		
1.1	土地平整	hm^2	2 000～4 000
1.2	耕作层改造	hm^2	3 000～5 000
1.3	田坎（埂）	m	30～150
2	土壤培肥	hm^2	2 000～3 000
3	灌溉工程		
3.1	蓄水池	m^3	250～450
3.2	机井	眼	30 000～100 000
3.3	泵站	kw	15 000～20 000
3.4	灌溉水渠	m	60～250
3.5	管道灌溉	hm^2	9 000～12 000
3.6	喷灌	hm^2	25 000～33 000
3.7	微灌	hm^2	30 000～45 000
4	排水工程		
4.1	防洪沟	m	180～300
4.2	田间排水沟	m	100～250
4.3	暗管排水	m	200～350
5	农用输配电		
5.1	高压线	m	150～250
5.2	低压线	m	70～120
5.3	变配电	座（台）	20 000～60 000
6	道路		
6.1	沙石路	m^2	30～50
6.2	混凝土（沥青混凝土）道路	m^2	100～180
7	防护林网		
7.1	防护林	株	4～6

ICS 65.020.30
B 40

中华人民共和国农业行业标准

NY/T 2967—2016
代替 NYJ/T 01—2005

种牛场建设标准

Construction criterion for seedstock farm of cattle

2016-10-26 发布　　　　2017-04-01 实施

中华人民共和国农业部　发布

目　次

前　言

本建设标准根据农业部《关于下达2013年农业行业标准制定和修订(农产品质量安全和监管)项目资金的通知》(农财发〔2013〕91号)下达的任务,按照《农业工程项目建设标准编制规范》(NY/T 2081—2011)的要求,结合农业行业工程建设发展的需要而编制。

本建设标准是对NYJ/T 01—2005《种牛场建设标准》的修订。

本建设标准共分12章:总则、规范性引用文件、术语和定义、建设规模与项目构成、选址与建设条件、工艺与设备、场区规划布局、建筑与结构、配套工程、粪污无害化处理、防疫设施和主要技术经济指标。

本建设标准与NYJ/T 01—2005相比,主要技术变化如下:

——修改了标准的编写格式(见2005年和2014年版本格式);

——修改了范围、规范性引用文件、术语和定义、建设规模与项目构成、场址与建设条件、工艺与设备、建筑与结构、配套工程、防疫设施、环境保护、主要技术经济指标的内容(见2005年版的1、2、3、4、5、6、7、8、9、10、11、12);

——增加了场区规划布局(见2014年版的7);

——删去了附录A和条文说明(见2005年版的附录A和条文说明)。

本建设标准由农业部发展计划司负责管理,中国农业科学院北京畜牧兽医研究所负责具体技术内容的解释。在标准执行过程中如发现有需要修改和补充之处,请将意见和有关资料寄送农业部工程建设服务中心(地址:北京市海淀区学院南路59号,邮政编码:100081),以供修订时参考。

本标准管理部门:农业部发展计划司。

本标准主持单位:农业部工程建设服务中心。

本标准编制单位:中国农业科学院北京畜牧兽医研究所。

本标准主要起草人:高雪、李俊雅、高会江、张路培、陈燕。

本标准的历次版本发布情况为:

——NYJ/T 01—2005。

种牛场建设标准

1 总则

1.1 制定本标准的目的

为加强种牛场工程项目决策和建设的科学管理，正确掌握建设规范，合理确定建设水平，推动技术进步，全面提高投资效益，特制定本标准。

1.2 本标准所适用的范围

本标准规定了种牛场建设的建设规模与项目构成、选址与建设条件、工艺与设备、场区规划布局、建筑与结构、配套工程、粪污无害化处理、防疫设施和主要技术经济指标。

本标准适用于农区、半农半牧区舍饲、半舍饲模式下，种牛场(站)的建设。

1.3 本标准的共性要求

种牛场建设应遵守国家有关法律、法规，并符合国家和地区畜牧业发展规划；应贯彻执行有关节能、节水、节约用地和环境保护等政策法规；应因地制宜，做到技术先进、经济合理、安全实用。

1.4 执行相关标准的要求

种牛场建设除执行本标准外，应符合国家现行的有关强制性标准、定额或指标的规定。

2 规范性引用文件

下列文件对于本文件的应用是必不可少的。凡是注日期的引用文件，仅注日期的版本适用于本文件。凡是不注日期的引用文件，其最新版本(包括所有的修改单)适用于本文件。

GB 16548 病害动物和病害动物产品生物安全处理规程

GB 18596 畜禽养殖业污染物排放标准

GB 50016 建筑设计防火规范

GB 50039 农村防火规范

GB 50052 供配电系统设计规范

GB 50068 建筑结构可靠度设计统一标准

GB 50223 建筑工程抗震设防分类标准

HJ/T 81 畜禽养殖业污染防治技术规范

NY/T 1168 畜禽粪便无害化处理技术规范

NY 5027 无公害食品 畜禽饮用水水质标准

中华人民共和国农业部令 2010 年第 7 号 动物防疫条件审查办法

3 术语和定义

下列术语和定义适用于本文件。

3.1

种牛场 seedstock farm of cattle

保存、培育或扩繁种牛的场所。

3.2

基础母牛 basic cow

符合品种标准，且已经配种繁育后代的母牛。

3.3

采精种公牛　bull for breeding

符合品种标准,具有种用价值并开始正常采集精液的公牛。

3.4

后备公牛　replacement bull

符合品种标准,被留种后尚未开始配种或采集精液的公牛。

3.5

后备母牛　replacement cow

符合品种标准,被留种后尚未参加配种繁育后代的母牛。

3.6

净道　non-pollution road

牛群周转、饲养员行走、场内运送饲料的专用道路。

3.7

污道　pollution road

粪污等废弃物运送的道路。

4　建设规模与项目构成

4.1　种牛场建设规模

种公牛站建设规模以存栏采精种公牛头数表示,肉牛、奶牛(兼用牛)种牛场建设规模以存栏基础母牛头数表示,种牛场建设规模及种群结构可参考表1执行。

表1　种牛场建设规模及牛群结构

单位为头

名称	类型	规　模			
种公牛站	采精种公牛	30～50	50～100	100～150	>150
	后备公牛	6～10	10～20	20～30	>30
肉牛种牛场	基础母牛	100～200	200～400	400～800	>800
	后备母牛	29～58	58～116	116～233	>233
	育成牛	30～62	62～124	124～247	>247
	犊牛	21～44	44～87	87～175	>175
奶牛(兼用牛)种牛场	基础母牛	200～400	400～800	800～1 200	>1 200
	后备母牛	43～87	87～173	173～260	>260
	育成牛	50～100	100～200	200～300	>300
	犊牛	40～80	80～160	160～240	>240

4.2　种牛场建设项目构成

种牛场建设项目包括主要生产设施、辅助生产设施、公用配套设施、管理及生活设施以及无害化处理设施,建设内容见表2。具体工程可根据工艺设计、饲养规模及实际需要建设。

表 2　种牛场建设项目构成

建设项目	主要生产设施	辅助生产设施	公用配套设施	管理及生活设施	无害化处理设施
种公牛站	种公牛舍、后备公牛舍、采精厅、冻精制作间、冻精储存库、液氮生产(或储存)车间、种牛强制运动场	车辆消毒池、更衣消毒室、兽医室、质检与化验室、档案资料室、种牛隔离舍、病牛舍、装(卸)牛台、地中衡、荫棚、青贮池(窖、塔)、饲料库、干草棚以及饲料加工间	场区道路、给水、排水、供电、供热、通信工程设施	办公用房、生活用房、围墙、大门、值班室、场区洗手间、储水设施	病死牛无害化处理设施及粪便污水处理场等
肉牛、奶牛(兼用牛)种牛场	种母牛舍、后备母牛舍、分娩牛舍、犊牛舍、种牛运动场、人工授精室、胚胎移植室、挤奶厅及奶品处理间*				
* 为奶牛(兼用牛)种牛场特有。					

5　选址与建设条件

5.1　场址选择应符合国家相关法律、法规、当地土地利用规划和村镇建设规划。

5.2　场址选择应满足建设工程需要的水文地质和工程地质条件。

5.3　场址应选择在地势高燥、背风、向阳、交通便利、供电方便的地区，附近应有充足的青、粗饲料供应地。

5.4　场址选择应符合动物防疫条件，距离居民区和主要交通要道 1 000 m 以上；距离偶蹄动物养殖场、动物隔离场所、无害化处理场所、动物屠宰加工场所、动物和动物产品集贸市场、动物诊疗场所 3 000 m 以上；距离其他畜牧场 1 000 m 以上。

5.5　场址应根据当地常年主导风向，位于居民区及公共建筑群的下风向处或侧风向处。

5.6　场址应有满足生产条件的水源，水质应符合 NY 5027 的要求。

6　工艺与设备

6.1　饲养工艺

6.1.1　种牛场宜采用人工授精技术、全混日粮饲喂技术、阶段饲养和分群饲养工艺。

6.1.2　种公牛宜采用单栏舍饲；种母牛宜采用分阶段、分群饲养。

6.1.3　种牛场宜采用饲料搅拌设备，制作全混日粮。

6.1.4　种牛场宜采用集中式给水，应优先采用自动饮水器。

6.1.5　种牛场宜采用干清粪工艺。

6.2　主要设备

6.2.1　饲养设备

颈枷、食槽、饮水槽(器)、卧床等饲养设施。

6.2.2　饲料加工设备

包括铡草机、饲草揉切机、青贮切碎机、粉碎机、饲料混合机、饲料膨化机、制粒机、饲料计量搅拌机和计量秤、TMR 饲料运输搅拌车等设备。

6.2.3　输精及胚胎移植设备

人工授精器械、采胚及输胚设备、胚胎冷冻设备、显微镜及显微操作系统等。

6.2.4　采精及冷冻精液生产设备

采精架、牛假阴道外套及内胆、细管冷冻精液自动灌装密封打印设备、冷冻精液储存器、液氮机、液氮生物容器等。

6.2.5 挤奶与运输设备

挤奶设施、储奶罐、鲜奶冷藏运输车等。

6.2.6 实验室分析设备

包括饲料分析检测、牛冷冻精液质量检验理化分析、牛乳成分分析仪以及牛乳中体细胞、细菌、残留物质检测设备、超声波活体测膘仪、牛肉嫩度测定仪等设备。

6.2.7 疫病防治设备

包括高压灭菌器、显微镜、离心机、解剖器具、超净工作台、疫苗冷藏等卫生检验设备。

6.2.8 无害化处理设备

清粪车及手推车、污粪处理系统及焚尸炉等。

7 场区规划布局

7.1 种牛场分区

7.1.1 生活管理区

应位于场区全年主导风向的上风向或侧风向和地势较高地段,并与生产区保持至少 100 m 的距离。

7.1.2 辅助生产区

应与生活管理区并列或在生活管理区与生产区之间。

7.1.3 生产区

7.1.3.1 应用围墙或隔离绿化带与其他区分开。

7.1.3.2 生产建筑与其他建筑间距应大于 50 m;生产区入口应设置消毒设施。

7.1.3.3 牛舍朝向应兼顾通风和采光。一般应以其长轴南向,或南偏东或偏西 40°角为宜。每相邻两栋长轴平行的牛舍间距,无舍外运动场时,两平行侧墙的间距控制在 12.0 m~15.0 m;有舍外运动场时,相邻运动场栏杆的间距控制在 5.0 m~8.0 m。左右相邻两栋牛舍的端墙距离以不小于 15 m 为宜。

7.1.3.4 由上风向到下风向各类牛舍的排列顺序为种母牛舍、分娩牛舍、犊牛舍、后备牛舍、育成牛舍和隔离舍。

7.1.3.5 运动场应设在牛舍两侧或南侧,且四周设有排水沟。

7.1.4 粪污处理及隔离区

7.1.4.1 应设在场区全年主导风向的下风向处和场区地势最低处,且用围墙或绿化带与其他区分开,与生产区至少保持 300 m 的卫生间距。

7.1.4.2 粪污处理及隔离区与生产区应通过污道连接。

7.1.5 道路与绿化

7.1.5.1 场区绿化覆盖率应不低于 30%,选择的花草树木应适合当地生产,且对人畜无害。

7.1.5.2 种牛场与外界应有专用道路相连,场内道路应分为净道和污道,两者应避免交叉与混用。

7.1.5.3 与场外连接的主干道宽度宜为 4.5 m~6 m;通往畜舍、饲料库、草棚等运输支干道宽度宜为 3 m~4 m。

8 建筑与结构

8.1 种牛舍为单层建筑,根据牛场所在区域气候特点,牛舍可采用开敞式、半开敞式或有窗式建筑。

8.2 牛舍结构可采用砖混结构、轻钢结构或砖木结构;草棚和荫棚宜采用轻钢结构。

8.3 牛舍檐口高度宜大于 3.0 m;舍内地面标高应高于舍外运动场地坪 0.2 m~0.5 m,并与场区标高相协调。

8.4 牛舍墙体应保温隔热,内墙面应平整光滑,便于清洗消毒。

8.5 牛舍地面可采用实体地面或漏缝地板；实体地面应坚实、防滑、耐腐蚀、便于清扫，坡度控制在2%～5%。

8.6 牛舍抗震设防类别宜为适度设防类(简称丁类)，其他建筑的抗震设防类别应按 GB 50223 的规定执行。

8.7 牛舍结构设计使用年限 25 年，结构安全等级为二级，其他建筑应按 GB 50068 的规定执行。

8.8 种牛场建筑执行以下耐火等级及防火间距：

a) 变电所和发电机房的耐火等级不低于二级，其余建筑物的耐火等级不低于三级；

b) 生产建筑与周边建筑的防火间距可按 GB 50016 戊类厂房的相关规定执行。

8.9 各类牛舍所需建筑面积可参考表 3 的规定执行；根据工艺设计，确需运动场的牛场，可按照每类牛舍面积的 1.5 倍～2 倍执行。

表 3 各类牛舍所需建筑面积

单位为平方米每头

类 别	建筑面积
种公牛	15.0～20.0
后备公牛	8.0～10.0
种母牛	10.0～12.0
后备母牛	7.0～8.0
育成母牛	5.0～7.0
犊牛	2.5～3.0

9 配套工程

9.1 给水和排水

9.1.1 种牛场用水水质应符合 NY 5027 的规定。

9.1.2 管理及生活建筑的给水、排水按工业与民用建筑的有关规定执行。

9.1.3 场区排水应雨污分流；雨水应采用明沟排放，污水应采用暗沟管道排入污水处理设施。

9.2 环境控制

9.2.1 牛舍应因地制宜设置夏季降温和冬季供暖或保温措施。种牛舍夏季高温时，舍内温度应不高于35℃；冬季应保持在5℃以上，分娩牛舍、断奶犊牛舍内最低温度应不低于10℃。种牛舍空气相对湿度应控制在40%～80%。

9.2.2 牛舍可采用自然通风或机械通风。

9.3 供电

9.3.1 种牛场电力负荷等级为二级。种牛场应设变电室，并根据当地供电情况设置自备发电机组。

9.3.2 牛舍应以自然采光为主、人工照明为辅，光源应采用节能灯，供电系统设计应符合 GB 50052 的规定。

9.4 消防

9.4.1 种牛场应采用经济合理、安全可靠的消防设施，应符合 GB 50039 的规定。

9.4.2 各牛舍的防火间距应大于 12 m，草垛与牛舍及其他建筑物的间距应大于 30 m，且设在下风向；草棚及饲料加工间 20 m 以内应分别设置消火栓、专用消防泵与消防水池及相应的消防设施。

10 粪污无害化处理

10.1 种牛场的粪污处理设施应与生产设施同步设计、同时施工、同时投产使用，其处理能力和处理效率应与生产规模相匹配。

10.2 种牛场粪污处理宜采用固液分离。固态粪便宜采用堆肥发酵方式进行无害化处理,处理结果应符合 NY/T 1168 的要求。

10.3 经无害化处理后,排放的污水应符合 GB 18596 的要求。

11 防疫设施

11.1 种牛场建设应符合《中华人民共和国动物防疫法》和中华人民共和国农业部令 2010 年第 7 号的规定。

11.2 种牛场四周应建围墙,并有绿化隔离带;场区大门及各区域入口处应设置消毒设施。

11.3 种牛场隔离区应设有隔离舍、兽医检验设备、病死牛无害化处理设施;非传染性病死牛尸体、胎盘、死胎等处理与处置应符合 HJ/T 81 的要求;传染性病死牛尸体及器官组织等处理应符合 GB 16548 的规定。

12 主要技术经济指标

12.1 种牛场建设总投资及分项工程建设投资可参考表 4 的规定执行。

表 4 种牛场工程投资估算及分项目投资比例

规模 头		总投资 万元	建筑工程 %	设备及安装 %	其他 %	基本预备费 %
种公牛站	存栏采精种公牛 30 头	380~460	49.6~51.7	38.1~36.0	7.5	4.8
	存栏采精种公牛 50 头	575~680	53.7~56.3	34.0~31.4	7.5	4.8
	存栏采精种公牛 100 头	1 045~1 230	55.4~58.7	32.3~29.0	7.5	4.8
	存栏采精种公牛 150 头	1 500~1 750	56.5~60.9	31.2~26.8	7.5	4.8
肉牛种牛场	存栏基础母牛 100 头	310~400	69.0~70.8	18.7~16.9	7.5	4.8
	存栏基础母牛 200 头	615~770	73.8~75.6	13.9~12.1	7.5	4.8
	存栏基础母牛 400 头	1 060~1 310	74.6~76.0	13.1~11.7	7.5	4.8
	存栏基础母牛 800 头	1 900~2 340	74.6~76.5	13.1~11.2	7.5	4.8
奶牛(兼用牛)种牛场	存栏基础母牛 200 头	745~915	66.4~67.5	21.3~20.2	7.5	4.8
	存栏基础母牛 400 头	1 190~1 465	68.6~71.0	19.1~16.7	7.5	4.8
	存栏基础母牛 800 头	2 120~2 615	69.2~72.1	18.5~15.6	7.5	4.8
	存栏基础母牛 1 200 头	3 085~3 740	70.7~72.9	17.0~14.8	7.5	4.8
注:表中总投资下限为开敞式牛舍,上限为有窗式牛舍。						

12.2 种牛场占地面积及建筑面积指标可参考表 5 的规定执行。

表 5 种牛场各类设施建筑面积表

名称	规模 头	占地面积 hm^2	总建筑面积 m^2	生产建筑面积 m^2	其他建筑面积 m^2
种公牛站	30~50	0.75~1.25	2 480~4 030	1 880~3 030	600~1 000
	50~100	1.25~2.50	4 030~7 790	3 030~5 790	1 000~2 000
	100~150	2.50~3.75	7 790~11 550	5 790~8 550	2 000~3 000
肉牛种牛场	100~200	1.50~3.00	3 580~6 410	2 780~5 210	800~1 200
	200~400	3.00~6.00	6 410~11 810	5 210~10 210	1 200~1 600
	400~800	6.00~22.00	11 810~22 380	10 210~19 980	1 600~2 400
奶牛(兼用牛)种牛场	200~400	3.60~7.20	6 600~12 070	5 400~10 470	1 200~1 600
	400~800	7.20~14.00	12 070~22 860	10 470~20 460	1 600~2 400
	800~1 200	14.00~21.00	22 860~34 120	20 460~30 520	2 400~3 600

12.3 种牛场主要生产消耗定额平均至每头种公(母)牛,每年消耗指标可参考表 6 的规定执行。

表6 种牛场主要生产消耗指标

种类	用水量 m³	用电量 kW·h	精饲料用量 kg	青贮饲料用量 kg	干草用量 kg
种公牛	50～100	90～100	1 100～2 300	2 000～5 000	1 500～2 500
种母牛	60～150	80～110	1 000～1 800	3 000～5 000	1 800～3 000

12.4 种牛场劳动定员可参考表7的规定执行。具体可根据牛场工艺设计、饲养规模、机械化程度和管理水平适度调整劳动定额。

表7 种牛场劳动定员指标

类别及规模 头	种公牛站			肉用种牛场			奶牛(兼用牛)种牛场		
	30～50	50～100	100～150	100～200	200～400	400～800	200～400	400～800	800～1 200
劳动定员 人	15～20	20～30	30～40	10～15	15～25	25～35	15～25	25～40	40～50

ICS 65.020.30
B 40

中华人民共和国农业行业标准

NY/T 2968—2016
代替 NYJ/T 03—2005

种猪场建设标准

Construction criterion for breeding pig farm

2016-10-26 发布　　2017-04-01 实施

中华人民共和国农业部　发布

目　次

前　言

本建设标准根据农业部《关于下达2013年农业行业标准制定和修订(农产品质量安全和监管)项目资金的通知》(农财发〔2013〕91号)下达的任务,按照《农业工程项目建设标准编制规范》(NY/T 2081—2011)的要求,结合农业行业工程建设发展的需要而编制。

本建设标准是对NYJ/T 03—2005《种猪场建设标准》的修订。

本建设标准共分12章:总则、规范性引用文件、术语和定义、建设规模与项目构成、场址与建设条件、工艺与设备、建设用地与规划布局、建筑工程及附属设施、防疫隔离设施、无害化处理、节能节水与环境保护和主要技术及经济指标。

本建设标准与NYJ/T 03—2005相比,主要技术变化如下:

——修改了规范性引用文件章节,将已废除的引用标准修改为现行标准;
——修改了术语和定义章节,新增1个术语;
——修改了建设规模与项目构成章节,重新划分建设规模,新增建设内容表;
——修改了选址与建设条件章节中关于选址防疫距离的相关内容;
——修改了工艺与设备章节,调整饲养工艺内容,新增设备选用范围表;
——新增了原建筑与建设用地章节中占地及建筑面积表;
——新增了无害化处理章节;
——将原标准中建筑与建设用地章节中建构与结构内容和配套工程章节合并;
——修改了饲养密度指标表,修改了饲料加工配套生产能力表;
——修改了环境保护章节中日污水量估算指标表;
——合并了劳动定员和主要技术经济指标2章节;
——修改了劳动定员表、投资估算指标表,删除了建设工期表和建筑材料消耗控制表,修改了生产消耗指标表。

本建设标准由农业部发展计划司负责管理,农业部规划设计研究院负责具体技术内容的解释。在标准执行过程中如发现有需要修改和补充之处,请将意见和有关资料寄送农业部工程建设服务中心(地址:北京市海淀区学院南路59号,邮政编码:100081),以供修订时参考。

本标准管理部门:农业部发展计划司。

本标准主持单位:农业部工程建设服务中心。

本标准起草单位:农业部规划设计研究院。

本标准主要起草人:耿如林、穆钰、张庆东、曹楠、陈林、邹永杰、张秋生。

本标准的历次版本发布情况为:

——NYJ/T 03—2005。

种猪场建设标准

1 总则

1.1 为加强对种猪场工程项目决策和建设的科学管理，规范种猪场建设，合理确定建设水平，特制定本标准。

1.2 本标准是编制、评估和审批种猪场工程项目可行性研究报告的重要依据，也是有关部门审查工程项目初步设计和监督、检查项目建设过程的尺度。

1.3 本标准适用于种猪场新建工程，改(扩)建工程可参照执行。本建设标准不适用于无特定病原体(SPF)猪场。

1.4 种猪场建设应遵循下列基本原则：

a) 遵守国家相关法律、法令；

b) 贯彻执行节能、节水、节约用地和环境保护等相关政策法规；

c) 符合国家和地区畜牧业的发展规划；

d) 增加动物福利，提高设备自动化程度。

1.5 种猪场建设除执行本标准外，尚应符合国家现行的有关强制性标准、定额或指标的规定。

2 规范性引用文件

下列文件对于本文件的应用是必不可少的。凡是注日期的引用文件，仅注日期的版本适用于本文件。凡是不注日期的引用文件，其最新版本(包括所有的修改单)适用于本文件。

GB/T 17824.1 规模猪场建设

GB/T 17824.3 规模猪场环境参数及环境管理

GB 18596 畜禽养殖业污染物排放标准

GB 50016 建筑设计防火规范

GB 50068 建筑结构可靠度设计统一标准

GB 50223 建筑工程抗震设防分类标准

NY/T 1168 畜禽粪便无害化处理技术规范

NY/T 2077 种公猪站建设技术规范

NY 5027 无公害食品 畜禽饮用水水质

3 术语和定义

下列术语和定义适用于本文件。

3.1

种猪场 breeding pig farm

从事猪的品种培育、选育、资源保护和生产经营种猪及其遗传材料，并取得畜牧行政主管部门颁发的种畜禽生产经营许可证的养猪场。

3.2

测定猪舍 performance testing house

专门用于测定猪的品种特性和生产性能的猪舍。

3.3

种猪待售舍　house for breeding pig selling

专门用于饲养待出售种猪的场所，除具备猪舍正常饲养管理功能外，还有供猪群进出的专用通道和方便购猪者直观选猪的防疫隔离设施。

3.4

舍饲散养　loose housing breeding

种猪采用分阶段分群饲养，定点自动饲喂、饮水，舍内自由活动，自动发情鉴定的饲养工艺。

3.5

多点布局　multi-site layout of pig farm

从工程措施入手提高猪群防疫水平的一种猪场布局生产系统，即将种猪繁育舍(配种、妊娠、分娩猪舍)与断奶仔猪舍、后备种猪培育舍分别安排在 2 个或 3 个场点饲养，各场点之间应保持足够的卫生防疫间距，由这 2 个或 3 个场点共同完成种猪生产的全过程。

3.6

连栋猪舍　multi-span piggery

两跨及两跨以上，通过分隔墙连接，每栋相互独立的单元式猪舍。

4　建设规模与项目构成

4.1　种猪场的建设规模，以饲养基础母猪数量表示。种猪场的猪群结构应参考表 1 的规定。规模较大种猪场宜建设种公猪站，建设标准应符合 NY/T 2077 的规定。

表 1　种猪场建设规模

单位为头

猪群类别	300 头规模	600 头规模	1 200 头规模	2 400 头规模	4 800 头规模
种公猪	12～15	24～30	48～60	100～120	200～240
后备公猪	3～4	6～8	12～15	25～30	50～60
后备母猪	36～45	72～90	145～180	288～360	575～720
空怀妊娠母猪	248～252	498～504	996～1 008	1 992～2 016	3 984～4 032
哺乳母猪	48～52	96～102	192～204	384～408	768～816
哺乳仔猪	480～540	960～1 060	1 920～2 120	3 840～4 230	7 680～8 470
保育猪	670～690	1 300～1 400	2 650～2 750	5 400～5 500	10 800～10 900
生长育成猪	700～750	1 450～1 500	2 900～3 000	5 900～6 000	11 800～12 000
生长育肥猪	800～850	1 650～1 700	3 350～3 400	6 700～6 800	13 400～13 500
合计	3 000～3 200	6 050～6 400	12 200～12 700	24 650～25 400	49 300～57 700

4.2　种猪场建设项目包括生产设施、辅助生产设施、公用配套设施及生活管理设施，建设内容可参考表 2。具体工程应根据工艺设计、饲养规模及实际需要建设。

表 2　种猪场建设内容

	生产设施	辅助生产设施	公用配套设施	生活管理设施
建设内容	种公猪舍(含采精间、精液处理间)、配种舍、妊娠舍、分娩哺乳舍(含母猪洗淋间)、保育舍、测定舍、生长育成舍、种猪待售舍或销售展示间、隔离猪舍和装猪台等	饲料(加工)间、淋浴消毒室、兽医化验室、车辆消毒池、病死猪处理设施及粪便污水处理场等	水泵房、锅炉房、变配电室及发电机房、地磅房、车库、机修车间、蓄水构筑物、场区厕所、场区工程等	办公室、档案资料室、监控参观室、宿舍、食堂、门卫等

5　场址与建设条件

5.1　场址选择必须符合国家和地方畜牧主管部门制定的生猪产业规划布局要求；符合当地土地利用发

展规划和城乡建设发展规划的要求。

5.2 场址应选择在交通便利、水源充足、电源可靠的地区，并具备就地处理或消纳排出粪污的条件。水质应符合 NY 5027 的规定。

5.3 场址应选择在地势高燥、平坦处。在丘陵山地建场时，应尽量选择阳坡，坡度不宜超过 20°。

5.4 场址应具备满足工程建设需求的水文地质和工程地质条件。

5.5 根据当地常年主导风向，场址应设于居民区及公共建筑群的下风向处。

5.6 场址距离水源地、养殖场(小区)、主要交通干线 1 000 m 以上；距离动物隔离场、无害化处理场、屠宰加工场、集贸市场、动物诊疗场所 3 000 m 以上。

5.7 以下地段或地区不得建场：

a) 生活饮用水的水源保护区、风景名胜区，以及自然保护区的核心区和缓冲区；
b) 城镇居民区、文化教育科学研究区等人口集中区域；
c) 受洪水或山洪威胁及泥石流、滑坡等自然灾害多发地带；
d) 法律、法规规定的其他禁养区域。

6 工艺与设备

6.1 种猪场应采用四阶段饲养工艺或五阶段饲养工艺。各饲养阶段宜实行全进全出制，分群饲养，全年均衡生产。猪舍外设储料塔，机械上料，自动下料，环境自动控制，自动饮水，自动清粪。有条件的种猪场宜采用机械刮粪工艺。

6.1.1 种公猪应单独建舍、单栏饲养，可设室外运动场。后备公猪可单栏或小群饲养。

6.1.2 空怀、妊娠后期、后备母猪宜小群舍饲或大群舍饲散养，有条件宜采用智能化母猪管理系统，精确喂料，发情监测，自动分群，智能管理。妊娠前期母猪宜小群或限位栏饲养。

6.1.3 分娩母猪宜高床网上单体限位饲养。断奶仔猪、育成猪宜小群饲养或大群舍饲散养。

6.2 有条件的大型种猪场可采取多点布局，基础母猪、断奶仔猪、生长育成猪分别布点饲养。各饲养点之间宜保持 500 m 以上的防疫间距。

6.3 种猪场设备应与饲养规模和工艺配套，主要包括饲养、环境控制、实验室、性能测定等设备。设备选用范围参照表 3 的规定。

表 3 设备选用范围

分类	设备选用
饲养设备	猪栏、食槽、饮水器和漏粪地板等(规格型号、参数等应符合 GB/T 17824.1 的规定)；如采用智能化母猪管理系统，还包括自动饲喂站、自动分隔器、发情诊断器和分隔栏等
机械供料设备	舍外储料塔、饲料输送系统、下料系统等
环境控制设备	哺乳仔猪用的保育箱、电热板、红外线灯、集中供暖锅炉、散热器、热风采暖系统等供暖设备；轴流风机、风扇等通风设备；湿帘风机系统、滴水降温系统、喷雾降温系统等降温设备
实验室设备	人工授精、兽医化验、营养分析、环境监测等
育种设备	超声波诊断仪、测膘仪、电子体重秤、全自动种猪生产性能测定系统等
其他设备	饲料加工设备、供水设备、清粪设备、清洗消毒设备、粪污处理设备、病死猪处理设备等

7 建设用地与规划布局

7.1 种猪场场区总体布局应按使用功能要求，划分为生活管理区、生产区、辅助生产区和隔离区。应分区布置，各功能区之间应严格防疫。

a) 生活管理区和辅助生产区应选择在生产区常年主导风向的上风向或侧风向及地势较高处，保持 30 m～50 m 距离；隔离区应布置在生产区常年主导风向的下风或侧风方向及全场地势最低处，间距宜为 50 m～100 m。

b） 隔离区包括兽医室、隔离猪舍、病死猪处理设施及粪便污水处理场等。隔离区内的粪污处理场应布置在距生产区最远处，并与兽医室、隔离猪舍保持防疫间距。

7.2 场内道路宜为混凝土路面，净道与污道应严格分开，不得交叉。净道路面：主干道宽 4 m～5 m，支干道宽 3 m～3.5 m。场区内道路纵坡一般控制在 2.5%以内。

7.3 猪舍朝向和间距应满足日照、通风、防火和排污的要求。一般猪舍长轴的朝向以南向或南偏东(西)30°以内为宜；相邻两猪舍纵墙间距应在 9 m～12 m，端墙间距应在 6 m～10 m，端墙距围墙间距应大于 10 m。

7.4 种猪场绿化覆盖率应不低于 30%。场区绿化应与种猪场建设同步进行。

7.5 种猪场的占地面积、建筑面积指标应参考表 4 的规定。

表 4 种猪场占地及建筑面积

基础母猪存栏量，头	生产建筑面积 m^2	辅助生产建筑面积 m^2	公用配套建筑面积 m^2	生活管理建筑面积 m^2	总建筑面积 m^2	占地指标面积 m^2
300	3 800～4 000	800～900	100～150	200～250	4 900～5 300	25 000～28 000
600	7 500～7 800	1 300～1 500	150～200	300～350	9 300～9 800	46 000～50 000
1 200	14 500～15 000	1 800～2 100	200～300	500～600	17 000～18 000	86 000～90 000
2 400	28 000～30 000	3 200～3 600	300～400	800～1 000	32 300～35 000	180 000～190 000
4 800	55 000～58 000	5000～6 000	500～600	1 000～1 500	61 500～66 000	350 000～370 000

8 建筑工程及附属设施

8.1 猪舍宜采用半开敞式或有窗式建筑；屋顶宜采用单坡式或双坡式；舍内猪栏配置宜采用单列式、双列式或多列式，分娩哺乳猪舍和保育猪舍应采用单元式猪舍。

8.2 规模较大、建设用地较紧张的地区，相同饲养阶段种猪建筑宜采用连栋猪舍。

8.3 猪舍内净高宜为 2.4 m～2.7 m。自然通风的猪舍跨度宜小于 9 m，机械通风的猪舍跨度宜为 12 m～15 m，不宜大于 18 m。

8.4 各类猪群的饲养密度，应参考表 5 的规定。

表 5 各类猪群的饲养密度指标

猪群类别	每栏饲养头数，头	每头猪占栏面积，m^2
种公猪	1	7.5～9.0
后备公猪	1～2	4.0～5.0
空怀母猪、妊娠母猪	1	1.3～1.5
	3～5	2.0～2.5
后备母猪	4～6	1.5～2.0
大群饲养/舍饲散养母猪	50～300	2.5～3.0
哺乳母猪	1 窝	3.8～5.0
断奶仔猪	8～20	0.3～0.4
生长育成猪	8～20	0.5～0.7
测定后备猪	12～15	1.8～2.2

8.5 种猪场建筑的耐火等级按照 GB 50016 的规定设计：

a） 生产、辅助生产、公用配套、管理及生活建筑耐火等级为三级；

b） 变电所和发电机房耐火等级为二级；

c） 生产建筑与周边建筑的防火间距应按 GB 50016 的相关规定执行。

8.6 种猪场各类建筑的结构选型可采用轻钢结构或砖混结构。

8.7 种猪场生产建筑的抗震设防类别应为适度设防类(简称丁类),其他建筑的抗震设防类别应按 GB 50223 的规定设计。

8.8 种猪生产建筑的结构设计使用年限为 25 年,结构的安全等级为二级。其他建筑应按 GB 50068 的规定设计。

8.9 种猪场宜采用无塔恒压给水装置供水,或选用水塔、蓄水池、压力罐供水。

8.10 猪舍应因地制宜设置夏季降温、冬季集中供暖或局部供暖设施。

8.11 基础母猪存栏量 1 200 头以上的种猪场电力负荷等级应为二级。当地不能保证二级供电要求时,应设置自备发电机组。其他类型的种猪场电力负荷等级应为三级。

8.12 种猪场内运输道路应硬化路面,分设净道和污道。场内运输车辆专车专用,不应交叉,不应驶出场外作业。场外车辆一般禁止进入生产区,饲料运输车进入生产区应严格消毒。

8.13 种猪场应配置信息交流、通信联络设备。

8.14 自行加工配合饲料的种猪场其生产能力应参考表 6 的指标,并应配备主料库、副料库、成品库等建筑设施。

表 6 饲料加工生产能力

基础母猪存栏量,头	300	600	1 200	1 800	2 400
生产能力,t/h	1.5~4.5	2.5~4.5	4.0~6.0	5.0~7.0	5.5~7.5

9 防疫隔离设施

9.1 种猪场四周应建围墙,并设绿化隔离带。大门入口处应设车辆强制消毒设施。

9.2 生活管理区、生产区、隔离区之间的防疫距离宜大于 30 m,并设围墙或绿化带隔离。在生产区入口处应设人员更衣淋浴消毒室,在猪舍入口处应设鞋靴消毒池或消毒盆。

9.3 在生产区边缘地带设种猪待售舍或展示间及装猪台。种猪待售舍或销售展示间的入口端与猪舍相通,出口端与装猪台的入口端相通。装猪台的出口与生产区外界相通,种猪只能经过待售舍或展示间,从装猪台装车外运。

9.4 饲料库应设在生产区与辅助生产区相邻处。饲料库应分别设置通向生产区外的卸料门和通向生产区内的取料门。取料门与净道相连,场外饲料运输车不可直接进入生产区。当采用散装饲料车供料时,必须经车辆消毒系统严格消毒后方可进入。

9.5 应在猪场外围、猪舍周边设置病媒生物防阻设施,如防鸟网、防鼠沟和纱窗等。猪场内有预防鼠害、鸟害等设施。

10 无害化处理

10.1 粪污处理设施应与生产设施同步设计、同时施工、同时投产使用,其处理能力和处理效率应与生产规模相匹配。

10.2 种猪场应建设病死猪无害化处理设施,其处理能力和处理效率应与生产规模相匹配。无害化处理方式可采用掩埋、焚烧、化制和发酵工艺。建设规模较大的种猪场宜采用焚烧工艺。

11 节能、节水与环境保护

11.1 猪舍外墙、屋顶、外窗宜选用节能、保温性能好的材料,以减小猪舍外围护结构的传热系数。新建种猪场应充分利用太阳能和地热能,降低猪场建筑物能耗,减少二氧化碳排放量。

11.2 新建种猪场宜采用机械清粪技术。猪场雨污分离、中水循环利用、使用防漏水设备等措施有利于节约用水。

11.3 新建种猪场应按照国家有关规定进行环境评估，并应获得环保部门批准，确保猪场与周围环境相互无污染。

11.4 种猪场污水应采用生物降解法处理为主的工艺技术，处理后应尽量资源化利用；也可采用分级沉淀等其他方式处理。排放污水达到当地环保要求的水质标准后，方可排出场外。

11.5 固体粪便宜采用堆肥处理，粪便处理应符合 NY/T 1168 的要求。

11.6 种猪场各类猪只日排粪、尿量按表 7 进行估算。

表 7　种猪场粪尿排污量估算指标

群别	每头日排泄量，kg		
	粪	尿	合计
种公猪及后备公猪	2.0～3.0	4.0～7.0	6.0～10.0
空怀及妊娠母猪	2.0～2.5	4.0～7.0	6.0～9.5
哺乳母猪	2.5～4.5	4.0～7.0	6.5～11.5
后备母猪	2.1～2.8	3.0～6.0	5.1～8.8
断奶仔猪	0.5～1.0	1.0～2.0	1.5～2.5
生长育成猪	1.0～2.0	2.0～3.0	2.5～3.5

11.7 采用干清粪工艺的种猪场日污水排放量指标可参考表 8 的规定。

表 8　种猪场日污水量估算指标

基础母猪存栏量，头	300	600	1 200	2 400	4 800
污水排放量，t/d	30～45	60～90	120～190	250～380	500～750

11.8 猪场各功能区均应做好绿化。场区绿化应根据需要布置防风林、行道树和隔离带，较大面积的地块宜种植牧草、饲料等。

12 主要技术及经济指标

12.1 种猪场建设总投资和分项工程建设投资应参考表 9 的规定。

表 9　种猪场建设投资控制额度表

项目名称	基础母猪存栏量，头				
	300	600	1 200	2 400	4 800
总投资指标，万元	680～740	1 250～1 360	2 230～2 400	4 150～4 400	7 700～8 000
生产设施，万元	490～520	950～1 000	1 750～1 850	3 300～3 480	6 200～6 400
辅助生产设施，万元	80～90	120～150	160～180	250～280	450～500
公用配套设施，万元	70～80	110～130	220～250	400～420	750～800
生活管理设施，万元	40～50	70～80	100～120	200～220	300～350

12.2 种猪场劳动定员应参考表 10 的规定。生产人员应进行上岗培训。

表 10　种猪场劳动定员

基础母猪存栏量，头	劳动定员，人		劳动生产率，头/人
	合计	其中，管理、技术人员	
300	10～12	3～5	25～30
600	18～20	5～7	30～33
1 200	33～35	7～8	34～36
2 400	60～64	8～10	40～42
4 800	110～115	8～10	42～45

12.3 种猪场建设工期根据建筑工程的工期、进口或国产物资设备的购置安装工期确定。在保证施工质量的前提下,应力求缩短工期,一次建成投产。不同规模种猪场建设工期应参考表11的规定。

表11 种猪场建设工期表

项目名称	基础母猪存栏量,头				
	300	600	1 200	2 400	4 800
工期,月	4～6	6～8	8～12	12～18	18～24

12.4 种猪场生产消耗定额平均至每头基础母猪,每年消耗指标应参考表12的规定。

表12 种猪场生产消耗指标

项目名称	消耗指标
占地面积,m^2/头基础母猪	70～90
建筑面积,m^2/头基础母猪	13～17
投资额,万元/头基础母猪	1.6～2.4
年用水量,m^3/头基础母猪	55～65
年用电量,kW·h/头基础母猪	120～250
年用饲料量,t/头基础母猪	5.0～6.0

ICS 65.040.01
P 35

中华人民共和国农业行业标准

NY/T 2969—2016
代替 NYJ/T 05—2005

集约化养鸡场建设标准

Construction criterion for intensive chicken farm

2016-10-26 发布　　2017-04-01 实施

中华人民共和国农业部　发布

目　次

前　　言

本建设标准根据农业部《关于下达2013年农业行业标准制定和修订(农产品质量安全和监管)项目资金的通知》(农财发〔2013〕91号)下达的任务,按照《农业工程项目建设标准编制规范》(NY/T 2081—2011)的要求,结合农业行业工程建设发展的需要而编制。

本建设标准是对NYJ/T 05—2005《集约化养鸡场建设标准》的修订。

本建设标准共分12章:总则、规范性引用文件、术语和定义、建设规模与项目构成、场址与建设条件、工艺与设备、建设用地与规划布局、建筑工程及附属设施、防疫隔离设施、无害化处理、节能节水与环境保护和主要技术经济指标。

本标准与NYJ/T 05—2005相比,除编辑性修改外,主要技术变化如下:

——修改了规范性引用文件章节,将已废除的引用标准修改为现行标准;

——修改了术语与定义章节,删除原章节中10个术语,新增2个术语;

——修改了建设规模与项目构成章节,重新划分建设规模,新增项目构成表;

——修改了选址与建设条件章节中关于选址防疫距离的相关内容;

——修改了工艺与设备章节,调整饲养工艺内容,修改设备选用范围表;

——修改了原建筑与建设用地章节中占地及建筑面积表;

——将原标准中建筑与建设用地章节中建构与结构内容和配套工程章节合并;

——新增了鸡舍建筑高度表,修改了饲料加工配套生产能力表;

——新增无害化处理章节;

——删除了环境保护章节中每日鸡日排泄量表;

——合并了劳动定员和主要技术经济指标2章节;

——修改了劳动定员表、投资估算指标表,删除了建筑材料消耗控制表,新增了生产消耗指标表。

本建设标准由农业部发展计划司负责管理,农业部规划设计研究院负责具体技术内容的解释。在标准执行过程中如发现有需要修改和补充之处,请将意见和有关资料寄送农业部工程建设服务中心(地址:北京市海淀区学院南路59号,邮政编码:100081),以供修订时参考。

本标准管理部门:中华人民共和国农业部发展计划司。

本标准主持单位:农业部工程建设服务中心。

本标准起草单位:农业部规划设计研究院。

本标准主要起草人:耿如林、穆钰、曹楠、张庆东、陈林、邹永杰、张秋生。

本标准的历次版本发布情况为:

——NYJ/T 05—2005。

集约化养鸡场建设标准

1 总则

1.1 为加强对集约化养鸡场工程项目决策和建设的科学管理，规范集约化养鸡场建设，合理确定建设水平，推动技术进步，全面提高投资效益，特制定本标准。

1.2 本标准是编制、评估和审批集约化养鸡场工程项目可行性研究报告的重要依据，也是有关部门审查工程项目初步设计和监督、检查项目整个建设过程的尺度。

1.3 本标准适用于集约化商品代肉鸡场和蛋鸡场新建工程，改(扩)建的工程可参照执行。

1.4 集约化养鸡场的建设应贯彻执行国家以经济建设为中心的各项方针，因地制宜，选用科学的生产工艺，做到技术先进、经济合理、安全适用。

1.5 鸡场建设应根据市场预测和良种繁育体系的要求确定其规模和工艺水平。

1.6 贯彻节能、节水、用地和环境保护等有关政策法规。

1.7 鸡场一般应一次建成，如需分期建设，先期工程应形成独立的生产能力，后续工程应不妨碍已建项目的正常生产和防疫。

1.8 集约化养鸡场建设除执行本建设标准外，尚应符合国家现行的有关强制性标准、定额或指标的规定。

2 规范性引用文件

下列文件对本文件的应用是必不可少的。凡是注日期的引用文件，仅注日期的版本适用于本文件。凡是不注日期的引用文件，其最新版本(包括所有的修改单)适用于本文件。

GB 18596 畜禽养殖业污染物排放标准

GB 50016 建筑设计防火规范

GB 50068 建筑结构可靠度设计统一标准

GB 50223 建筑工程抗震设防分类标准

NY/T 388 畜禽环境质量标准

NY 5027 无公害食品 畜禽饮用水水质

3 术语和定义

下列术语和定义适用于本文件。

3.1

集约化养鸡场 intensive chicken farm

在一定规模的场地内，投入较多的生产资料和劳动，采用先进的工艺、技术、设备，进行精细管理的养鸡场所。

3.2

阶段饲养 phase feeding

按照家禽的生长发育特点，将饲养周期按照日龄或生理时期划分为不同的生产阶段，提供相应的营养供给、环境条件的饲养方式。

3.3

全进全出制 all-in and all-out system

相同批次的鸡同时进场同时出同一鸡舍、小区或全场的管理制度。

3.4

阶梯式笼养　step-cage feeding

上下层鸡笼底网在垂直方向无重叠或部分重叠，鸡粪可以直接或经过承粪板落到粪沟里的笼养方式。阶梯式笼养根据上下层鸡笼网底交叉面积分为全阶梯和半阶梯2种。

3.5

叠层笼养　multi-tiers cage feeding

将家禽置于上下层完全重叠的笼中以提高单位面积养殖量的养殖方式。

4　建设规模与项目构成

4.1　集约化养鸡场的建设规模可按表1划分，其中蛋鸡场以产蛋鸡存栏数计算，肉鸡场以年商品肉鸡出栏数表示。

表1　集约化养鸡场建设规模

单位为万只

类　别	饲养规模			
	小型	中型	大型	超大型
集约化蛋鸡场	5～20	20～50	50～100	100～300
集约化肉鸡场	30～60	60～120	120～240	240～420

4.2　集约化养鸡场建设内容项目构成，按功能要求，由生产设施、辅助生产设施、公用配套设施、生活管理设施等组成，建设内容可参考表2。工程可根据工艺设计、饲养规模及实际需要建设。

表2　养鸡场项目构成

项目类别	生产设施	辅助生产设施	公用配套设施	生活管理设施
集约化蛋鸡场	育雏育成鸡舍、蛋鸡舍	饲料(加工)间、淋浴消毒室、兽医化验室、死鸡处理设施、暂存蛋库*、垫料库*、粪污处理设施等	水泵房、锅炉房、热风炉机房、变配电室及发电机房、地磅房、车库、机修车间、蓄水构筑物、场区厕所、场区工程等	办公用房、宿舍、食堂、门卫等
集约化肉鸡场	肉鸡舍			
* 为非必要性建筑设施，应根据工艺要求选择建设。				

5　场址与建设条件

5.1　场址应符合当地土地利用发展规划和城乡建设发展规划的要求。

5.2　场址应选择在交通方便的地区，充分利用当地已有的交通条件。

5.3　场址必须有满足生产需求的水源和电源，并便于产品销售及粪污就地消纳。

5.4　场址应在地势高燥、平坦处，不占或少占耕地。在丘陵山地建场时，应尽量选择阳坡，坡度不宜超过20°。

5.5　场址应具备工程建设要求的水文地质和工程地质条件。

5.6　集约化养鸡场距离水源地、养殖场(小区)、屠宰加工场、集贸市场、主要交通干线500 m以上；距离种畜禽场1 000 m以上；距离动物隔离场、无害化处理场3 000 m以上。

5.7　以下地段或地区不得建场：

a)　生活饮用水的水源保护区、风景名胜区，以及自然保护区的核心区和缓冲区；

b)　城镇居民区、文化教育科学研究区等人口集中区域；

c) 受洪水或山洪威胁及泥石流、滑坡等自然灾害多发地带；

d) 法律、法规规定的其他禁养区域。

6 工艺与设备

6.1 集约化养鸡场的工艺设计应遵守单栋舍、小区或全场的全进全出制。

6.2 集约化养鸡场目前宜采用的饲养工艺：

a) 蛋鸡场：宜采用二阶段或三阶段饲养方式。阶梯笼养或叠层笼养，机械供料，乳头式饮水器供水，人工或机械集蛋，刮板或传送带清粪。

b) 肉鸡场：

1) 白羽肉鸡场宜采用一阶段饲养工艺。地面垫料、网上平养或叠层笼养，机械供料，乳头式饮水器供水，地面垫料或网上平养每个生产周期清粪一次，笼养每日清粪。

2) 黄羽肉鸡场宜采用二阶段饲养工艺，地面平养、网上平养或阶梯笼养，人工上料或机械供料，饮水槽饮水或乳头式饮水器供水，地面或网上饲养每个生产周期清粪一次、笼养每日清粪。

6.3 集约化养鸡场的饲养设备，应根据所在地区的不同条件和饲养工艺的要求选用性能可靠的定型专用设备。选用范围可按表3的规定确定。

表3 设备选用范围

项目	种类	饲养形式	设备选用范围
集约化蛋鸡场	育雏育成鸡舍	阶梯式笼养或叠层笼养	阶梯笼架、叠层笼架、饮水、喂料、保温、通风、降温、光照及光控、清粪、清洗消毒、通信及控制等设备
	蛋鸡舍	阶梯式笼养或叠层笼养	阶梯笼架、叠层笼架、饮水、喂料、集蛋、通风、降温、光照及光控、清粪、清洗消毒、通信及控制等设备
集约化肉鸡场	肉鸡舍	地面平养或网上平养	床面、喂料、饮水、供热、通风、降温、光照及光控、清洗消毒、通信及控制等设备
		叠层笼养	叠层笼架、喂料、饮水、清粪、供热、通风、降温、光照及光控、清洗消毒、通信及控制等设备

7 建设用地与规划布局

7.1 集约化养鸡场总体布局应严格按功能分区，即生活管理区、辅助生产区、生产区和隔离区。在进行总体布局时，应从人畜安全的角度出发，根据生产工艺流程，建立最佳生产联系和卫生防疫条件，合理安排各区位置。

a) 生活管理区应布置在全场上风向和地势较高地段，生产区应布置在生活管理区的下风向和较低处，保持30 m～50 m距离。鸡舍距场区围墙距离宜为15 m～20 m，隔离区应布置在场区的下风向或侧风向，并位于低地势区，与生产区的间距宜大于50 m。

b) 生产区内鸡舍的布局根据生产工艺流程布置。三阶段饲养的蛋鸡场宜按育雏舍、育成舍、产蛋鸡舍的顺序布置鸡舍。

7.2 集约化养鸡场鸡舍的朝向宜采取南北向方位，以南北向偏东或偏西10°～30°为宜。

7.3 在各类建筑物之间应保持一定的间距，以满足防火、防疫、排污和日照要求。各类鸡舍间距应符合表4的规定。

表4 鸡舍间距

单位为米

种类	同类鸡舍		不同类鸡舍	
	有窗式	密闭式	有窗式	密闭式
育雏、育成鸡舍	15～20	10～15	30～40	20～30
蛋鸡舍	12～15	9～12	20～25	12～15
肉鸡舍	12～15	9～12	20～25	12～15
注:连栋鸡舍应以同类鸡群为连舍,无论几连体,按连体为一单位,鸡舍间距取表中上限。				

7.4 集约化养鸡场道路宜采用混凝土地面。主要干道宽 4 m～6 m,一般道路宽宜为 3 m。

7.5 场区净道与污道必须严格分开,避免交叉混用;通往各鸡舍的辅路与净道或污道呈梳状布置。

7.6 集约化养鸡场绿化应与养鸡场建设同步进行,绿化率不宜低于 30%。养鸡场不宜种植乔木类高大植物。

7.7 各类集约化养鸡场的占地面积、建筑面积指标应符合表 5 的规定。其中,蛋鸡场和肉鸡场均以存栏鸡位数量计算。

表5 养鸡场占地及建筑面积

单位为万只每平方米

类别	饲养工艺	占地面积	总建筑面积	生产建筑面积	辅助生产建筑面积	公用配套建筑面积	生活管理建筑面积
集约化蛋鸡场	三层阶梯式笼养	4 000～4 200	1 000～1 100	800～850	150～200	20～30	45～50
	四层阶梯式笼养	2 500～3 000	900～1 050	750～800	100～150	8～15	20～30
	六层叠层养笼	2 000～2 800	350～400	220～280	80～130	8～15	18～25
	八层叠层养笼	1 400～2 500	250～350	200～250	20～30	5～10	10～20
集约化肉鸡场	地面/网上平养	2 500～3 000	900～1 000	850～900	55～75	10～25	15～30
	四层叠层养笼	750～1 000	300～400	250～300	55～75	10～25	10～15

8 建筑工程及附属设施

8.1 集约化养鸡场鸡舍建筑宜为有窗式或密闭式的单层建筑。

8.2 不同饲养工艺鸡舍内净高应符合表 6 的规定。

表6 鸡舍内净高限值表

单位为米

种类	饲养工艺	舍内净高
蛋鸡舍	三层阶梯式笼养	2.7～3.0
	四层阶梯式笼养	3.3～3.6
	六层叠层笼养	4.0～4.5
	八层叠层笼养	6.5～7.0
肉鸡舍	地面平养	2.4～2.7
	网上平养	2.7～3.0
	四层叠层笼养	3.3～3.6

8.3 养鸡场的耐火等级可按 GB 50016 的规定执行。

8.3.1 生产、辅助生产、公用配套、管理及生活建筑耐火等级为三级。

8.3.2 变配电室和发电机房耐火等级为二级。

8.4 集约化养鸡场各类建筑的结构可根据建场条件选用轻钢结构或砖混结构。

8.5 集约化养鸡场各类鸡舍建筑的抗震设防类别应为适度设防类(简称丁类),其他建筑的抗震设防类别按 GB 50223 的规定设计。

8.6 集约化养鸡生产设施的结构设计使用年限为 25 年,建筑结构的安全等级为二级。其他建筑应按 GB 50068 的规定设计。地基基础设计安全等级为丙级。

8.7 鸡舍环境应符合 NY/T 388 的要求。

8.8 集约化养鸡场应有可靠的供水水源和完善的供水设施,可采用无塔恒压供水或采用水塔、蓄水池和压力罐等设施供水。水质应符合 NY 5027 的规定。

8.9 场区生产及生活污水应采用暗管排放,雨水可采用明沟排放,两者不得混排。

8.10 集约化养鸡场应根据生产、辅助生产和生活管理建筑负荷统一考虑设置锅炉房,可不设备用锅炉。

8.11 育雏舍应有采暖设施,育成舍除工艺有特殊要求外,可不设采暖。

8.12 密闭鸡舍应设应急窗、机械通风设备及湿帘降温装置。

8.13 有窗式鸡舍应以自然通风方式为主,必要时辅以机械通风。

8.14 集约化养鸡场的电力负荷等级应为二级。若当地满足不了二级供电要求,应设置自备电源。

8.15 集约化养鸡场建设项目如配置饲料加工厂,饲料加工能力应与建设规模相适应,并配以主、副料库、成品库等必要的储存设施。不同类型和规模的集约化养鸡场配套饲料加工能力可按表 7 的规定确定。

表 7 饲料加工配套生产能力

类别	集约化蛋鸡场				
饲养规模,万只	5	20	50	100	300
饲料加工能力,t/h	2.5~5.0	6.5~10.0	12.0~18.0	18.5~27.0	46.5~65.0
类别	集约化肉鸡场				
饲养规模,万只	30	60	120	240	420
饲料加工能力,t/h	2.0~4.5	2.5~5.0	4.0~6.0	6.5~9.0	9.0~12.5
注:蛋鸡场的规模系存栏产蛋鸡鸡位数,肉鸡场的规模系年出栏商品肉鸡数。					

9 防疫隔离设施

9.1 集约化养鸡场四周应建围墙,并设绿化隔离带,生产区入口处应有车辆消毒设施和人员淋浴消毒间。进入生产区的人员、车辆应严格消毒,并定期对净道与污道进行消毒。

9.2 饲料库的卸料门应位于生产区外,取料门应位于生产区内,严禁场外饲料车进入生产区内卸料。

9.3 污水粪便处理区,病、死鸡无害化处理设施应按夏季主导风向设在生产区下风向或侧风向处,并以围墙或林带与生产区隔离。

9.4 集约化养鸡场如需分期建设时,先期工程应形成独立的生产区域。后续施工区应形成独立的工区,并设置隔离沟、障等有效的防疫措施,以保证生产区的安全生产。

9.5 应在场外围、栋舍设置病媒生物防阻设施,如防鸟网、防鼠沟、纱窗等。鸡场内有预防鼠害、鸟害等设施。

10 无害化处理

10.1 粪污处理设施应与生产设施同步设计、同时施工、同时投产使用,其处理能力和处理效率应与生产规模相匹配。

10.2 集约化养鸡场应建设病死鸡无害化处理设施,其处理能力和处理效率应与生产规模相匹配。无害化处理方式可采用掩埋、焚烧、化制和发酵工艺。

11 节能、节水与环境保护

11.1 鸡舍外墙、屋顶、外窗宜选用节能、保温性能好的材料,减小鸡舍外围护结构的传热系数。新建种鸡场应充分利用太阳能、地热能,降低鸡场建筑物能耗,减少二氧化碳排放量。

11.2 适宜的清粪工艺对节水至关重要。在人力成本越来越高的情况下,集约化养鸡场宜采用机械清粪技术。鸡场雨污分离,中水循环利用,使用防漏水设备等措施有利于节约用水。

11.3 新建养鸡场必须进行环境评估,确保鸡场与周围环境互不污染。鸡场各功能区均应做好绿化。

11.4 新建鸡场的粪污处理设施建设应与生产设施同步设计、同时施工、同时投产使用,其处理能力和处理效率应与生产规模相匹配。

11.5 鸡场粪便和污水应及时进行无害化处理和综合利用,处理后的排放应符合 GB 18596 的要求。

11.6 鸡场的空气环境和水质参数应定期进行检测,根据检测结果提出环境改善措施。

11.7 育雏和育成鸡舍的噪声不应超过 60 dB,产蛋鸡舍的噪声不应超过 80 dB。生产中应选用低噪声设备或采取减噪控制措施。

11.8 应选用高效、低阻、节能的采暖锅炉,其烟气排放必须符合国家和地方的排放标准。

11.9 电气设备及其传动部分,必须设置防护罩、接地装置和避雷装置,防止意外事故发生。

12 主要技术经济指标

12.1 集约化蛋鸡场以产蛋鸡存栏数、肉鸡场以商品肉鸡出栏数分别计算建设投资和分项工程建设投资,估算指标可参考表 8、表 9 的规定。

表 8 集约化蛋鸡场工程建设投资估算指标

单位为万元

项目名称	产蛋鸡存栏量,万只/年					
	5	20	30	50	100	300
饲养方式	三层全阶梯	四层半阶梯	六叠层	八叠层	八叠层	八叠层
生产设施	750~830	3 200~3 500	3 400~3 800	5 300~5 900	8 600~9 500	23 500~26 000
辅助生产设施	50~60	160~190	170~190	180~200	300~330	800~900
公用配套设施	90~110	200~230	330~360	420~470	480~540	2 900~3 200
生活管理设施	40~50	90~110	100~120	170~190	180~210	200~250
总投资指标	930~1 050	3 650~4 030	4 000~4 470	6 070~6 760	9 560~10 580	27 400~30 350
平均投资额指标: 三层全阶梯:185 万元/万只~210 万元/万只; 四层半阶梯:180 万元/万只~200 万元/万只; 六叠层:130 万元/万只~150 万元/万只; 八叠层:100 万元/万只~120 万元/万只。						

表 9 集约化肉鸡场工程建设投资估算指标

单位为万元

项目名称	肉鸡出栏量,万只						
	30	60	120	240	120	240	420
饲养方式	平养	平养	平养	平养	四叠层	四叠层	四叠层
总投资指标	670~760	1 140~1 280	2 200~2 450	4 100~4 580	2 420~2 680	3 860~4 280	4 600~5 100
生产设施	430~480	830~920	1 650~1 850	3 300~3 700	1 870~2 070	3 050~3 370	3 340~3 700
辅助生产设施	50~60	65~80	130~150	260~290	170~190	260~290	460~500

表 9（续）

单位为万元

项目名称	肉鸡出栏量，万只						
	30	60	120	240	120	240	420
公用配套设施	150～170	190～220	330～360	430～470	310～340	450～500	650～700
生活管理设施	40～50	55～60	80～90	110～120	70～80	100～120	150～200
平均投资额指标： 平养：18 万元/万只～25 万元/万只； 四叠层：12 万元/万只～20 万元/万只。							

12.2 集约化养鸡场劳动定员应参考表 10 的规定。条件较好，管理水平较高的地区，应尽量减少劳动定额。生产人员应进行上岗培训。

表 10 养鸡场劳动定员

类别	规模，万只	饲养工艺	劳动定员，人		劳动生产率，只/人
			合计	其中，管理、技术人员	
集约化蛋鸡场	5	三层阶梯式笼养	5～10	1～2	5 000～10 000
	20	四层阶梯式笼养	20～25	3～5	8 000～10 000
		六层叠层养笼	15～20	3～5	10 000～12 000
	50	八层叠层养笼	30～40	5～8	11 000～16 000
	100	八层叠层养笼	40～50	8～12	20 000～25 000
	300	八层叠层养笼	85～100	10～15	30 000～35 000
集约化肉鸡场	30	地面/网上平养	18～22	5～8	13 000～16 000
	60	地面/网上平养	25～30	6～9	20 500～25 000
	120	地面/网上平养	35～40	10～12	29 000～36 000
		四层叠层养笼	15～20	4～5	60 000～80 000
	240	地面/网上平养	55～65	12～15	32 000～38 000
		四层叠层养笼	20～25	5～6	84 000～100 000
	420	四层叠层养笼	40～45	6～8	94 000～105 000
注：蛋鸡场的规模系存栏产蛋鸡鸡位数，肉鸡场的规模系年出栏商品肉鸡数。					

12.3 集约化养鸡场生产消耗定额参考表 11 的规定。其中，蛋鸡场以存栏产蛋鸡鸡位数计算，肉鸡场以年出栏量计算。

表 11 集约化养鸡场生产消耗指标

类别	项目名称	消耗指标
集约化蛋鸡场	年用水量，L/只	120～150
	年用电量，kW·h/只	10～12
	饲料用量，kg/只	40～45
集约化肉鸡场	年用水量，L/只	100～150
	年用电量，kW·h/只	0.5～0.6
	饲料用量，kg/只	25～30

ICS 65.040.01
P 35

中华人民共和国农业行业标准

NY/T 2970—2016
代替 NYJ/T 06—2005

连栋温室建设标准

Construction criterion for gutter connected greenhouse

2016-10-26 发布　　　　2017-04-01 实施

中华人民共和国农业部 发布

目　次

前　　言

本建设标准根据农业部《关于下达2013年农业行业标准制定和修订(农产品质量安全和监管)项目资金的通知》(农财发〔2013〕91号)下达的任务,按照《农业工程项目建设标准编制规范》(NY/T 2081—2011)的要求,结合农业行业工程建设发展的需要而编制。

本建设标准是对NYJ/T 06—2005《连栋温室建设标准》的修订。

本建设标准共分10章:总则、规范性引用文件、术语与定义、建设规模与项目构成、选址与建设条件、工艺与设备、建筑与建设用地、配套工程、节能、节水、节肥与环境保护和主要技术经济指标。

本标准与NYJ/T 06—2005相比,除编辑性修改外,主要技术变化如下:

——更新了部分术语的定义,增加了一些新的术语,删除了其他标准中已定义的术语;

——更新了引用标准;

——更新了部分技术经济指标;

——增加了节能、节水、节肥与环境保护。

本建设标准由农业部发展计划司负责管理,农业部规划设计研究院负责具体技术内容的解释。在标准执行过程中如发现有需要修改和补充之处,请将意见和有关资料寄送农业部工程建设服务中心(地址:北京市海淀区学院南路59号,邮政编码:100081),以供修订时参考。

本标准管理部门:中华人民共和国农业部发展计划司。

本标准主持单位:农业部工程建设服务中心。

本标准编制单位:农业部规划设计研究院。

本标准主要起草人:周长吉、蔡峰、张秋生、张月红、周磊、杜孝明、盛宝永、富建鲁、丁小明、魏晓明、闫俊月。

本标准的历次版本发布情况为:

——NYJ/T 06—2005。

连栋温室建设标准

1 总则

1.1 为加强对温室项目决策和建设的科学管理,准确掌握建设标准,合理确定建设水平,推动技术进步,全面提高投资效益,促进温室行业的健康发展,特制定本标准。

1.2 本标准是编制、评估、审批连栋温室工程项目可行性研究报告的重要依据,也是有关部门审查连栋温室工程项目初步设计和监督检查项目建设的尺度。

1.3 本标准适用于以生产果蔬、苗木和花卉为主的连栋玻璃温室、连栋塑料温室的新建工程项目,改(扩)建工程、展销温室、科研教学温室、植物检疫隔离温室、光伏温室和单栋温室可参照执行。本标准不适用于日光温室和塑料大棚工程项目。

1.4 连栋温室建设应遵循下列基本原则:

a) 实行专业化生产;

b) 充分考虑温室建设地区的气候、市场等资源条件确定温室规模,因地制宜地科学选择温室型式和配套设施;

c) 与生产工艺紧密结合;

d) 节能、节水与环境保护。

1.5 连栋温室建设除应符合本建设标准外,还应符合国家现行的有关强制性标准、定额或指标的规定。

2 规范性引用文件

下列文件对于本文件的应用是必不可少的。凡是注日期的引用文件,仅注日期的版本适用于本文件。凡是不注日期的引用文件,其最新版本(包括所有的修改单)适用于本文件。

GB/T 23393—2009 设施园艺工程术语

GB/T 50485 微灌工程技术规范

NY/T 1145 温室地基基础设计、施工与验收技术规范

3 术语和定义

GB/T 23393—2009 界定的以及下列术语和定义适用于本文件。为了便于使用,以下重复列出了GB/T 23393—2009 中的某些术语和定义。

3.1

塑料薄膜温室 plastic film greenhouse

以塑料薄膜为主要透光覆盖材料的温室。

3.2

硬质板塑料温室 rigid plastic greenhouse

以透光硬质板塑料为主要透光覆盖材料的温室。常用透光硬质板塑料为聚碳酸酯板,有浪板和中空板之分。

3.3

展销温室 exhibition greenhouse

室内种植作物主要以展销或兼有销售为目的的温室。

3.4

光伏温室　photovoltaic greenhouse

以光伏组件作为温室部分屋面覆盖材料，具有将太阳能转化为电能功能的温室。按光伏组件材料分为晶硅电池光伏温室和薄膜电池光伏温室。

3.5

单栋温室　free standing greenhouse

完全脱离其他建筑物的单跨温室。

3.6

连栋温室　gutter connected greenhouse

两跨及两跨以上，通过天沟连接起来的温室。

[GB/T 23393—2009，定义 3.11]

3.7

自然通风　natural ventilation

在室内外空气密度差和风压＜差＞作用下，实现室内换气的通风方式。

注：改写 GB/T 23393—2009，定义 6.2。

3.8

风机通风　fan ventilation

利用通风机械实现＜室内＞换气的通风方式。

注：改写 GB/T 23393—2009，定义 6.3。

3.9

室内采暖设计温度　inside temperature for heat load

根据温室内作物正常生育的要求来计算温室冬季采暖设计热负荷而＜确定＞的室内计算温度。

注：改写 GB/T 23393—2009，定义 7.1。

3.10

室外采暖设计温度　outside temperature for heat load

用于计算温室冬季额定加热负荷的室外计算温度。

[GB/T 23393—2009，定义 7.2]

3.11

湿帘风机降温系统　fan-pad cooling system

由湿帘、风机和供＜回＞水装置等组成的用于降温的系统。

注：改写 GB/T 23393—2009，定义 8.2。

3.12

遮阳系统　shading system

由遮阳材料、支撑装置和启闭装置等组成的用于减少＜到达室内＞太阳辐射的系统。＜按遮阳材料安装的位置可分为室外遮阳系统和室内遮阳系统。＞

注：改写 GB/T 23393—2009，定义 12.1。

3.13

条形基质栽培　line substrate cultivation

一垄栽培作物栽培基质相同且不间断的栽培方式。

3.14

岩棉栽培　rockwool cultivation

以农用岩棉为栽培基质的作物栽培方式。

3.15

基质槽栽培　trough cultivation

将基质铺设在地面栽培槽(盆、袋等容器)内种植作物的栽培方式。

3.16

栽培床栽培　bed cultivation

用栽培床将基质架离地面进行作物种植的栽培方式。

3.17

环流风机　air circulation fan

使室内空气在水平方向进行低速循环的风机。

4　建设规模与项目构成

4.1　连栋温室建设可以是单体温室,也可以是多个彼此分离或通过连廊连接的单体温室组成的温室群。规模大小宜按以下方式划分:

a)　小型工程:温室面积不大于 10 000 m²;
b)　中型工程:温室面积介于 10 000 m²～100 000 m² 之间;
c)　大型工程:温室面积不小于 100 000 m²。

4.2　连栋温室建设项目除生产用温室设施外,还可包括辅助生产设施、公共配套设施和管理与生活设施。具体如下:

a)　生产用温室设施除主体结构外,还可包括通风降温系统、加温系统、制冷系统、遮阳系统、保温系统、灌溉系统、施肥系统、人工补光系统、栽培系统、苗床和控制系统等。
b)　辅助生产设施可包括监控室、播种车间、催芽室、组培车间、基质处理车间、产后加工包装车间、预冷及冷藏设施、化学药品库、实验室、肥药残液无害化处理设施、固体废弃物处理设施和农机具库、仓库等。
c)　公共配套设施可包括锅炉房(含堆煤场、堆渣场或地下油库等)、供配电设施、给排水设施、汽车库、道路、通信设施、消防设施等。
d)　管理与生活设施可包括管理用房、食堂、浴室、员工休息室和活动室等。

4.3　对新建连栋温室应充分利用建设地区提供的社会专业化协作条件进行建设;对已有建设基础的单位,新建连栋温室或改、扩建连栋温室应充分利用现有设施和社会公共配套设施;温室辅助生产设施和公共配套设施可根据建设目标和生产性质以及工艺要求取舍或合并。

5　选址与建设条件

5.1　连栋温室建设应考虑当地的中、长期土地利用规划。

5.2　连栋温室建设场地应有满足生产和生活条件的水源、电源,优先选择有地热、工业余热等资源的场地。

5.3　连栋温室建设应选择在交通方便的地区,充分利用当地已有的交通条件。

5.4　连栋温室建设宜选择在朝阳、背风、地势平缓、工程地质条件较好、地下水位较低的区域,避开洪、涝、泥石流、风口等地段和冰雹频发地区。

5.5　连栋温室建设应离开高大建筑物、树木等遮挡物,保证冬至日地面日照时间不少于 6 h。

5.6　连栋温室建设应距离有粉尘等污染物的工厂或设施 3 km 以上。

5.7　连栋温室不得建设在基本农田中。

5.8　高寒地区不宜规模化建设连栋温室。

6　工艺与设备

6.1　连栋温室生产工艺与配套设备应满足专业化生产的要求,同时具备一定的应变能力,符合高产、低耗、节能、环保、安全、节约投资、提高劳动生产率的要求。

6.2 连栋温室配套设备应根据生产工艺要求、生产管理水平和建设地区气候条件合理配置，应满足周年生产需要。

6.3 监控室、播种车间等辅助生产建筑宜布置在连栋温室的北侧或根据场区工艺流程合理布局。

6.4 根据种植品种的不同，冬季加温连栋温室室内采暖设计温度宜为 12℃～18℃。当地室外采暖设计温度低于 5℃时，温室应配备加温设备。室外采暖设计温度低于－10℃时，温室宜采用热水采暖；室外采暖设计温度高于－5℃时，可采用热风采暖。

6.5 无特殊要求时，连栋温室宜设自动控制的天窗和侧窗进行自然通风。

6.6 连栋温室可按照建设地区气候条件配套遮阳系统、通风系统、湿帘风机降温系统、喷雾降温系统等通风降温设备，使温室内最高温度可控制在 35℃以下。

6.7 连栋温室可采用滴灌、微喷灌、潮汐灌等微灌方式。施肥系统宜结合到灌溉系统中。按照温室内作物的种类和栽培方式，连栋温室灌溉系统宜按下列方式选择配套：

a） 基质育苗温室宜采用自走式喷灌车微喷灌系统或潮汐灌溉系统；

b） 土壤或条形基质生产果菜或切花的温室，宜采用滴灌管（带）或滴灌管（带）膜下滴灌系统；

c） 袋培、岩棉培或基质槽栽培等方式生产果菜的温室，宜采用滴箭滴灌系统；

d） 盆花生产温室，视种植作物种类可采用微喷灌、滴箭滴灌或潮汐灌溉系统。

6.8 连栋温室作物栽培方式按根区条件可分为土壤栽培、基质栽培、水培和雾培等；按作物空间位置可分为地面栽培、栽培床栽培和悬挂栽培等。根据栽培作物的需要和综合技术经济水平，选择作物栽培方式宜遵循下列规定：

a） 育苗宜采用活动栽培床栽培；

b） 果菜生产宜采用土壤或条形基质栽培；

c） 叶菜生产宜采用水培；

d） 盆花生产宜采用活动栽培床或悬挂栽培；

e） 果树生产宜采用土壤栽培；

f） 草莓生产宜采用栽培床或悬挂栽培。

6.9 工艺对环境及灌溉要求比较高的连栋温室，宜采用计算机自动化控制。

6.10 冬季一次降雪厚度大于 10 cm 的地区，连栋温室应设独立控制的融雪装置。

6.11 单体温室面积大于 1 000 m^2 的连栋温室，宜配套环流风机。

6.12 连栋温室所有进、出风口应配置与种植要求相适应的防虫网。

6.13 根据种植需要，连栋温室可配置人工补光系统，育苗温室补光强度不宜低于 200 $\mu mol/(m^2 \cdot s)$；果菜生产温室补光强度不宜低于 500 $\mu mol/(m^2 \cdot s)$。

6.14 根据种植需要，连栋温室可配置二氧化碳施肥系统，使室内二氧化碳浓度达到 800 mL/m^3～1 000 mL/m^3。

7 建筑与建设用地

7.1 连栋温室跨度和开间应遵从下列模数：

a） 跨度：6.00 m、6.40 m、7.00 m、8.00 m、9.00 m、9.60 m、10.80 m、12.00 m 和 12. 80 m。

b） 开间：3.00 m、4.00 m、4.50 m、5.00 m 和 8.00 m。

7.2 连栋温室檐高宜为 3.00 m～6.00 m，并采用 0.50 m 级差。

7.3 连栋温室主体结构承载能力应满足温室结构荷载规范和温室结构设计规范。

7.4 连栋温室周边基础埋深不宜小于 0.5 m，并应大于当地冻土深度。室内柱基础埋深宜在室内地坪以下 0.5 m～1.0 m 范围内，基础设计应符合 NY/T 1145 的要求。

7.5 寒冷地区连栋温室周边宜采用条形砖基础，气候温和地区连栋温室周边可采用与室内柱基础相同材料的独立基础；室内柱基础应采用钢筋混凝土独立基础。

7.6 连栋温室钢结构构件应采用热浸镀锌表面防腐处理。

7.7 连栋温室钢结构构件应工厂加工、现场组装。构件之间应用镀锌或不锈钢螺栓连接，不得采用现场焊接等破坏构件表面防腐层的连接方法。

7.8 连栋温室透光覆盖材料的选择应根据经济技术条件并充分考虑其使用寿命，材料的透光率宜在 85% 以上，不应低于 80%；使用寿命在 10 年以上的硬质聚碳酸酯等板材，透光率年衰减率不得大于 1%。

7.9 连栋温室覆盖材料的固定应使用专用材料，镶嵌玻璃和聚碳酸酯板等硬质板材宜用专用铝合金型材，耐老化橡胶条密封；固定塑料薄膜等柔性材料可用铝合金型材、镀锌钢板卡槽与包塑卡簧或耐老化塑料材料等。

7.10 单体连栋温室占地面积宜按温室建筑围护墙外边线扩大 2 m～3 m 计算。

7.11 群体连栋温室栋与栋之间的距离宜为 8 m～16 m。

7.12 连栋温室辅助生产设施的建设规模、建筑要求和建设用地，应根据连栋温室建设规模合理配置。

7.13 连栋温室公共配套设施和管理与生活设施占地面积应符合表 1 的要求。

表 1 连栋温室公共配套设施和管理与生活设施占地面积

A，m^2	(B+C)/A，%	C/A，%
≤10 000	≤12	≤5
10 000～100 000	≤9	≤4
≥100 000	≤7	≤3
注：A 指生产设施面积；B 指公共配套设施占地面积；C 指管理与生活设施占地面积。		

8 配套工程

8.1 连栋温室供热热源应结合当地资源，综合考虑投资成本、运行费用和当地环保政策等确定，南方地区宜采用燃油(气、煤)热风炉，北方地区宜采用集中热水锅炉。

8.2 连栋温室灌溉系统供水压力和流量应能满足微灌灌水器的工作要求，按 GB/T 50485 的规定执行。滴灌管(带)的工作压力宜在 100 kPa 左右，微喷头的工作压力宜为 200 kPa～300 kPa。供水水池(箱、罐)的容量应能满足 2 h 的高峰需水量。大面积连栋温室(群)应配备中央水处理系统。

8.3 连栋温室可根据生产工艺要求配套施肥系统。

8.4 连栋温室供电电力负荷等级应为三级。对特殊要求的连栋温室应配置双路供电或自备电源。自备电源的容量应能满足夏季风机通风降温(自然通风温室应能满足开窗和遮阳设备负荷)或冬季正常采暖以及灌溉的电力负荷需要。自备电源宜采用柴油发电机组。

8.5 专业化种子育苗生产企业建设连栋温室应配套播种车间、工厂化精量播种设备和催芽室。组培育苗生产企业连栋温室建设规模要与组培车间的生产能力相适应。种苗生产企业可选配与之生产能力相适应的保温运苗车。

8.6 蔬菜和切花生产企业建设连栋温室可配套产品分级、包装生产线和预冷及冷藏设施等。

8.7 花卉生产企业和育苗生产企业建设连栋温室可根据工艺要求配套冷藏设施。

8.8 计算机控制连栋温室宜配套有线电话、宽带通信。

8.9 连栋温室周边宜设排水沟及散水。单体连栋温室周围道路宽度宜为 2.0 m～4.0 m，道路与温室外墙的距离不宜小于 1.8 m；温室群场区道路应分主次，主干道宽度宜为 6.0 m，次干道宽度宜为 2.0 m～4.0 m，道路宜采用混凝土路面或沥青混凝土路面。

9　节能、节水、节肥与环境保护

9.1　节能

9.1.1　在同等条件下，优先选用节能设备。

9.1.2　连栋温室生产应最大限度地利用种植空间。

9.1.3　在可能的条件下，连栋温室加温应用局部加温代替整体加温。

9.1.4　寒冷地区连栋温室应采用室内双层或多层保温幕。温室内保温系统应严格密封，活动幕布之间、活动幕布与温室墙体之间应设置密封兜或将保温幕布直接垂落地面。

9.1.5　冬季采暖地区连栋温室周边围护墙在保证采光要求的前提下宜采用双层玻璃等高保温性能的材料，温室北墙可采用金属夹芯板等不透光的保温材料或与管理用房、辅助生产设施结合。连栋温室外围护基础及基础墙应进行保温处理。

9.2　节水、节肥

9.2.1　连栋温室应采用节水灌溉技术。

9.2.2　在年降雨量超过 600 mm 的地区，连栋温室应配置雨水收集利用系统。

9.2.3　营养液灌溉系统应配置营养液循环装置。

9.2.4　连栋温室灌溉、施肥宜采用自动控制。

9.3　环境保护

9.3.1　连栋温室生产应配备粘虫板(带)、光(性)诱杀虫灯等病虫害物理防治设施。

9.3.2　经济条件和能源供应许可时，连栋温室热源应优先采用天然气、柴油、地源热泵等清洁能源。燃煤(气、油)锅炉废气排放应达到当地环保要求，可配备余热回收、二氧化碳提取设备。

9.3.3　连栋温室面积大于 10 000 m^2 时，应配套建设废弃物处理设施，对废枝烂叶、烂果、拉秧茎秆等作物有机废弃物和废弃基质等进行处理和回收再利用。

9.3.4　采用水培和雾培栽培方式时，应配套肥药残液回收和处理设施。

10　主要技术经济指标

10.1　连栋温室建设应在满足种植要求和温室质量的前提下控制和降低建设投资，合理使用资金。

10.2　连栋温室辅助生产设施、公用配套设施、管理与生活设施的建设内容和规模，应与温室建设规模相匹配，其建设投资参照相关标准确定，并纳入连栋温室工程的总投资中。

10.3　连栋温室工程的建设投资包括连栋温室单体工程直接费、项目预备费和其他费用三部分。连栋温室单体工程直接费为温室建设材料与设备的直接费和安装调试费的总和。安装调试费按材料和设备原价的 10%～15%计算，建设规模在 20 000 m^2 以上者取下限，5 000 m^2 以下者取上限，中间内插。

10.4　连栋温室单体工程的投资取决于温室类型和配套的设施。连栋温室主体结构投资估算指标应按表 2 的规定确定，不同配套设施的投资估算指标应按表 3～表 8 的规定确定。

表 2　连栋温室主体结构投资估算指标

项目		文洛型 玻璃温室	文洛型 硬质板塑料温室	圆拱顶 塑料薄膜温室
基础土建工程	室内独立基础，元/m^2 建筑面积	16.0～20.0	16.0～20.0	15.0～18.0
	周边条形基础[a]，元/m	250		
	周边独立基础，元/m	125～150		
	散水，元/m	55		
	排水沟，元/m	150		

表 2（续）

<table>
<tr><td colspan="2">项目</td><td>文洛型
玻璃温室</td><td>文洛型
硬质板塑料温室</td><td>圆拱顶
塑料薄膜温室</td></tr>
<tr><td rowspan="2">钢结构[b]</td><td>温室钢结构,元/m^2 建筑面积</td><td>95～125</td><td>115～135</td><td>80～100</td></tr>
<tr><td>外遮阳钢结构,元/m^2 建筑面积</td><td>30～40</td><td>30～40</td><td>30～40</td></tr>
<tr><td rowspan="3">温室围护材料[c]</td><td>屋顶围护[d],元/m^2 建筑面积</td><td>100～120</td><td>130～160</td><td>5～9</td></tr>
<tr><td>侧墙围护,元/m^2 表面积</td><td>80～100</td><td>100～140</td><td>8～10</td></tr>
<tr><td>山墙围护,元/m^2 表面积</td><td>90～110</td><td>110～150</td><td>9～11</td></tr>
<tr><td colspan="5">注 1:基础土建工程定额按北京市 2013 年预算价格计算,各地可参照当地的预算价格执行,其中室内独立基础埋深按 0.80 m 计算;周边条形基础按 240 mm 厚、1.20 m 高(含垫层 100 mm 厚)计算;散水按 600 mm 宽混凝土散水计算;排水沟按宽 300 mm、深 300 mm、壁厚 100 mm 混凝土排水沟计算。
注 2:钢结构按温室檐高不大于 5.0 m、跨度不大于 12.8 m、开间为 4.0 m 计算。
注 3:围护材料中,玻璃温室按厚度 4 mm～5 mm 单层玻璃计算,硬质板塑料温室按 10 mm 厚中空聚碳酸酯板计算,塑料薄膜温室按单层塑料薄膜计算。</td></tr>
<tr><td colspan="5">[a] 条形基础高度每增减 100 mm,投资加减 18 元/m。
[b] 温室面积小于 2 000 m^2 时取低值,大于 5 000 m^2 时取高值,中间内插。
[c] 玻璃温室采用双层中空玻璃时投资为 70 元/m^2 表面积;晶硅电池光伏板时投资为 750 元/m^2 表面积,非晶硅薄膜电池光伏板时投资为 550 元/m^2 表面积;硬质板塑料温室采用浪板材料时,投资为 50 元/m^2～60 元/m^2 表面积;塑料薄膜温室采用双层充气膜时投资比单层膜增加 1 倍。
[d] 开窗温室取高值,不开窗温室取低值。</td></tr>
</table>

表 3　连栋温室降温系统投资估算指标

<table>
<tr><td colspan="3">项目</td><td>价格</td><td>备注</td></tr>
<tr><td rowspan="4">遮阳系统</td><td colspan="2">室内遮阳,元/m^2</td><td>25～40</td><td rowspan="2">进口配件和遮阳幕布价格上浮 5 元/m^2～15 元/m^2。钢缆驱动系统控制单元面积为 2 500 m^2～3 000 m^2,取下限;齿条驱动系统控制单元面积为 1 000 m^2～1 500 m^2,取上限,中间内插</td></tr>
<tr><td colspan="2">室外遮阳,元/m^2</td><td>30～35</td></tr>
<tr><td rowspan="2">侧墙卷膜遮阳元/套</td><td>管式电机</td><td>15 000</td><td>按卷膜长度 60 m 计算,长度每减少 1 m 降低 80 元～120 元</td></tr>
<tr><td>卷幕电机</td><td>20 000</td><td>按卷膜长度 100 m 计算,长度每减少 1 m 降低 80 元～120 元</td></tr>
<tr><td rowspan="2">通风风机</td><td colspan="2">国产风机,元/m^2</td><td>10～12</td><td rowspan="2">按 40 m 通风距离计算,单台风机风量 40 000 m^3/h 以上,功率 1.1 kW,国产风机单价 1 800 元/台,进口风机单价 4 100 元/台</td></tr>
<tr><td colspan="2">进口风机,元/m^2</td><td>20～25</td></tr>
<tr><td rowspan="2">环流风机</td><td colspan="2">国产风机,元/m^2</td><td>3～5</td><td rowspan="2">按 40 m 通风距离计算,单台风机风量 5 000 m^3/h 以上,国产风机 600 元/台,进口风机 2 000 元/台</td></tr>
<tr><td colspan="2">进口风机,元/m^2</td><td>5～8</td></tr>
<tr><td colspan="3">湿帘降温系统,元/m^2</td><td>12～15</td><td>按 40 m 通风距离计算(不含风机),铝合金框架 210 元/m,湿帘 1 550 元/m^3,供回水系统 2 000 元/套</td></tr>
<tr><td colspan="3">喷雾降温系统,元/m^2</td><td>25～40</td><td>固定式喷雾系统,不含首部</td></tr>
<tr><td colspan="5">注:表中单位面积均指温室建筑面积。</td></tr>
</table>

表 4　连栋温室开窗系统投资估算指标

<table>
<tr><td>项目</td><td>单位</td><td>价格</td><td>备注</td></tr>
<tr><td>手动卷膜开窗系统</td><td>元/套</td><td>750</td><td>按卷膜长度 60 m 计算,长度每减少 1 m 降低 9 元/m～12 元/m</td></tr>
<tr><td>电动卷膜开窗系统</td><td>元/套</td><td>1 800～2 400</td><td>按卷膜长度 60 m 计算,长度每减少 1 m 降低 20 元～30 元。电机分国产和进口</td></tr>
<tr><td>齿轮齿条连续开窗系统</td><td>元/套</td><td>8 000～14 000</td><td>按开窗长度 80 m 计算,长度每减少 1 m 降低 50 元～70 元。电机、齿轮齿条分国产和进口</td></tr>
<tr><td>齿轮齿条推杆式开窗系统</td><td>元/m^2</td><td>25～35</td><td>按轴线面积计算</td></tr>
<tr><td colspan="4">注 1:国产部件取低限,进口部件取高限,进口核心部件、其他国内配套,取中间值。
注 2:齿轮齿条推杆式开窗系统,单元面积 3 000 m^2 以上取低限,单元面积在 2 000 m^2 以下取高限,中间插值。</td></tr>
</table>

表 5　连栋温室常用供暖系统投资估算指标

单位为元每千瓦

<table>
<tr><th colspan="2">项目</th><th>价格</th><th>备注</th></tr>
<tr><td rowspan="8">室内散热部分</td><td>光管散热器系统</td><td>300～310</td><td>按管道内平均水温与室内温度温差 50℃～60℃计算</td></tr>
<tr><td>圆翼散热器系统</td><td>240～290</td><td>按管道内平均水温与室内温度温差 50℃～60℃计算</td></tr>
<tr><td>热水(蒸汽)暖风机系统</td><td>140～150</td><td>温室檐高低于 6.0 m</td></tr>
<tr><td>电热暖风机系统</td><td>110～120</td><td></td></tr>
<tr><td>燃煤热风炉系统</td><td>100～250</td><td>规格越小,单价越高</td></tr>
<tr><td>燃油热风炉系统</td><td>120～300</td><td>规格越小,单价越高</td></tr>
<tr><td>低温地板辐射采暖系统</td><td>1 200～1 500</td><td>含分集水器</td></tr>
<tr><td>毛细管网辐射采暖系统</td><td>900～1 000</td><td></td></tr>
<tr><td rowspan="5">采暖热源部分</td><td>燃煤锅炉</td><td>300～360</td><td>含锅炉及锅炉房设备,不含土建</td></tr>
<tr><td>燃油锅炉</td><td>250～320</td><td>不含土建、储油罐等供油系统</td></tr>
<tr><td>燃气锅炉</td><td>230～280</td><td>含锅炉及锅炉房设备,不含土建</td></tr>
<tr><td>地源热泵</td><td>1 700～2 150</td><td>含热泵机房设备、地埋管主材及安装费用,不含打孔费用。打孔费用随地质条件不同差别较大</td></tr>
<tr><td>水源热泵</td><td>1 550～1 700</td><td>含热泵机房设备,不含水井、供回水管线及抽灌井电缆等室外系统</td></tr>
</table>

表 6　连栋温室灌溉系统投资估算指标

<table>
<tr><th>项目</th><th>价格,元</th><th>备注</th></tr>
<tr><td>滴灌带滴灌,m^2 建筑面积</td><td>2～4</td><td>5 年使用寿命滴灌带取上限,1 年使用寿命滴灌带取下限</td></tr>
<tr><td>滴头滴灌,m^2 建筑面积</td><td>8～15</td><td>流量补偿式滴头取上限,普通滴头取下限</td></tr>
<tr><td>固定式喷灌,m^2 建筑面积</td><td>3～6</td><td>防滴漏喷头取上限,普通喷头取下限</td></tr>
<tr><td>潮汐灌,m^2 建筑面积</td><td>300～450</td><td>国产消毒设备取下限,进口消毒设备取上限;包括储水罐、施肥机、过滤消毒系统、水泵、供回水管道阀门等</td></tr>
<tr><td rowspan="2">自走式喷灌车,套</td><td>75 000～120 000</td><td>国产,含导轨和转换装置,最大控制面积 2 500 m^2</td></tr>
<tr><td>115 000～150 000</td><td>进口,含导轨和转换装置,最大控制面积 2 500 m^2</td></tr>
<tr><td rowspan="3">首部枢纽,套</td><td>7 000～7 500</td><td>系统包括水泵、网式过滤器、压差式施肥罐及其他控制测量设备,最大控制面积 2 500 m^2</td></tr>
<tr><td>30 000～40 000</td><td>系统包括水泵、稳压水罐、沙过滤器、网式过滤器、压差式施肥罐及其他控制测量设备,最大控制面积 2 500 m^2</td></tr>
<tr><td>60 000～80 000</td><td>系统包括水泵、变频恒压控制器、水沙分离器(沙过滤器)、网式过滤器、水动施肥器(进口)及其他控制测量设备,最大控制面积 2 500 m^2</td></tr>
<tr><td>微灌自动控制,套</td><td>10 000～15 000</td><td>含灌溉控制器、电磁阀及其他配件,可控制 12 个小区,最大控制面积 2 500 m^2</td></tr>
</table>

表 7　连栋温室环境控制系统投资估算指标

<table>
<tr><th>项目</th><th>价格,元</th><th>备注</th></tr>
<tr><td>电控柜,台</td><td>5 000～30 000</td><td>每个电控柜控制一个独立单元</td></tr>
<tr><td>强电控制系统,m^2 建筑面积</td><td>10～20</td><td>含线缆、线槽等</td></tr>
<tr><td>计算机控制系统,套</td><td>80 000～200 000</td><td>含室外气象站、传感器、控制器、计算机、打印机、软件等</td></tr>
<tr><td colspan="3">注:计算机控制系统,第一个独立控制单元之后,每增加一个独立控制单元,价格增加 1.5 万元～2.0 万元。表中国产控制系统取低限,进口控制系统取高限。</td></tr>
</table>

表 8 连栋温室其他配套设施投资估算指标

项目	价格,元/m^2 建筑面积	备注
二氧化碳施肥系统	1～2	燃煤送风
	4～8	液态二氧化碳钢瓶供气
人工补光系统	50～70	补光照度 1 000 lx
	60～80	补光照度 3 000 lx
	70～90	补光照度 5 000 lx
	180～240	补光照度 10 000 lx
	360～450	补光照度 20 000 lx
活动栽培床	120～180	
潮汐灌溉栽培床	140～180	不含塑料苗盘
固定栽培床	40～50	钢架栽培床
	60～70	聚苯板穴盘育苗栽培床,不含穴盘
	25～30	砖砌土建苗床

注:活动栽培床床框有镀锌钢板和铝合金之分,床面有钢丝网、钢板网和瓦楞板之分。铝合金床框与镀锌钢板网组合取上限,镀锌钢板床框与瓦楞板组合取低限,其他组合中间内插。

10.5 连栋温室建设项目预备费为连栋温室工程直接费的 5%～10%,大型工程取高值,中小型工程取低值。

10.6 连栋温室建设项目工程建设其他费用应包括:

a) 建设管理费(含建设单位管理费、工程监理费、招标代理服务费);
b) 可行性研究费;
c) 研究试验费;
d) 勘察设计费(含初步设计及施工图设计);
e) 环境影响评价费;
f) 场地准备及临时设施费;
g) 引进设备及引进技术其他费;
h) 工程保险费。

上述“其他”费用根据国家有关规定或实际发生额逐项计取。此外,引种费、建设用地费、联合试运转费、市政公用设施费等视各类项目具体情况单列。

10.7 连栋温室建设工期可分温室主体结构建设工期和温室配套设施安装工期。温室主体结构建设工期又可分为温室主体结构构件工厂加工工期和现场安装工期。温室基础工程可与温室钢结构构件加工同步进行,温室配套设施的生产、采购可与温室主体结构加工、安装同步进行,不再考虑附加工期。为缩短建设工期,可合理安排构件加工次序,使构件生产和安装同步进行。连栋温室工程建设工期可按表 9 的规定确定,多项配套设施可组织交叉作业或同步安装。

表 9 连栋温室主体结构建设工期定额

单位为天

温室类型	建设工期	其中		
		构件加工	主体结构安装	配套设施安装
玻璃温室	90～130	30～40	40～65	20～40
塑料薄膜温室	75～115	25～30	60～80	20～40

注 1:温室建设工期按 5 000 m^2 温室计算,不同温室建设规模可参考本表执行。

注 2:硬质板塑料温室主体结构建设工期可套用玻璃温室定额。

注 3:建设工期按 20 个技术工人,10 个普通安装工人计算。

10.8 劳动定员

连栋温室栽培管理人员按种植品种不同区别对待，各种栽培温室的劳动定员可按表 10 的规定确定。

表 10 连栋温室生产人员劳动定员指标

单位为人每 1 000 平方米

温室用途	果菜生产	叶菜水培	叶菜地栽生产
劳动定员	1.5	0.4～0.5	0.75～1.0
温室用途	切花生产	盆花生产	育苗生产
劳动定员	0.75～1.0	1.5～2.0	0.75～1.0
注：本表劳动定员仅指生产人员，不含管理部门人员和其他后勤人员。			

10.9 连栋温室主要材料消耗量应符合表 11 的规定。

表 11 连栋温室主要材料用量估算

项目	玻璃温室	硬质板塑料温室	塑料薄膜温室
钢材，kg/m² 建筑面积	8～14	10～16	7～10
屋面铝合金，kg/m² 建筑面积	1.2～1.6	1.0～1.8	0～0.2
侧墙铝合金，kg/m² 表面积	0.8～1.0	0.6～0.8	0.16
山墙铝合金，kg/m² 表面积	0.8～1.5	1.0～1.2	0.15
屋面橡胶条，kg/m² 建筑面积	0.8～1.0	0.3～0.5	—
侧墙橡胶条，kg/m² 表面积	0.4～0.8	0.1	—
山墙橡胶条，kg/m² 表面积	0.7～1.1	0.1	—
屋顶覆盖材料，m²/m² 建筑面积	1.20～1.27	1.20～1.27	1.1～1.2
侧墙覆盖材料，m²	$2 \times L \times h$		
山墙覆盖材料，m²	$2 \times W \times H$		
注 1：钢材用量，温室较高、面积较小者取上限，温室较低、面积较大者取中值，屋面无钢材由铝合金承重者取下限。 注 2：屋面和墙体铝合金和橡胶条用量，开窗者取上限，不开窗者取下限，屋面开单侧窗者取中值。 注 3：塑料薄膜温室屋顶覆盖材料用量根据屋面矢跨比确定。在 0.18～0.25 范围内，矢跨比越大，覆盖材料面积取值越大。 注 4：双层充气塑料薄膜温室覆盖材料用量加倍。 注 5：对塑料薄膜温室，铝合金用量指铝合金卡槽的用量。 注 6：表中 L 指温室侧墙长度(m)，h 指温室檐高(m)，W 指温室山墙长度(m)，H 指温室脊高(m)。			

10.10 连栋玻璃温室采暖热负荷应根据室内外温差按表 12 估算。单层塑料薄膜连栋温室比单层玻璃连栋温室高 5%～15%，中空聚碳酸酯板连栋温室、双层玻璃连栋温室、双层充气连栋温室是连栋玻璃温室的 45%～70%。各地采暖设计室内外温差应参照相关标准确定。

表 12 单层玻璃连栋温室冬季采暖面积热指标

室内外温差，℃	10	15	20	25	30	35	40	45
面积热指标，W/m²	90～130	130～190	180～250	220～310	260～370	310～430	360～490	405～550
注：总建筑面积大、脊高低，采用较小值；反之，采用较大值。建筑面积小于 1 000 m² 同时脊高高于 4.5 m 的温室，取上限值；建筑面积大于 5 000 m² 同时脊高低于 4.0 m 的温室，取下限值。								

10.11 连栋温室日最大用水量可根据种植作物与栽培方式按照表 13 的规定确定，设计最大供水负荷应为 2 h 内供给全天用水量。

表 13 连栋温室日最大用水量

单位为升每平方米

栽培作物	日最大用水量	栽培作物	日最大用水量
栽培床栽培作物	16	月季	30
土壤栽培作物	20	番茄	10
盆栽作物	20	菊花	60
幼苗	8～12		
注：日最大用水量栽培床栽培幼苗为 10 L/m²，栽培钵栽培幼苗 12 L/m²，地栽幼苗 8 L/m²。			

10.12 不考虑人工补光的条件下，自然通风连栋温室装机容量为 5 W/m²～8 W/m²，风机通风连栋温室装机容量为 10 W/m²～15 W/m²。

10.13 连栋温室主体结构和透光覆盖材料的正常使用寿命应满足表 14 的规定，遮阳保温幕布的正常使用寿命应满足表 15 的规定。

表 14 连栋温室主体结构及其透光覆盖材料正常使用寿命

单位为年

温室类型	玻璃温室	塑料薄膜温室	硬质板塑料温室
主体结构	≥20	≥15	≥20
透光覆盖材料	≥20	≥3	≥10

表 15 遮阳保温幕的正常使用寿命

单位为年

材料	缀铝箔遮阳保温幕布	条带编织遮阳幕布	丝线编织遮阳幕布
正常使用寿命	≥8	≥2	≥5

ICS 65.040.01
P 35

中华人民共和国农业行业标准

NY/T 2971—2016

家畜资源保护区建设标准

Construction criterion for conservation zone of domestic animal resources

2016-10-26 发布 2017-04-01 实施

中华人民共和国农业部 发布

目　次

前　言

本建设标准根据农业部《关于下达2012年农业行业标准制定和修订(农产品质量安全监管)项目资金的通知》(农财发〔2012〕56号)下达的任务,按照《农业工程项目建设标准编制规范》(NY/T 2081—2011)的要求,结合农业行业工程建设发展的需要而编制。

本建设标准共分11章:总则、规范性引用文件、术语和定义、建设规模与项目构成、选址与建设条件、工艺与设备、建设用地与规划布局、建筑工程及附属设施、防疫设施、无害化处理和主要技术经济指标。

本建设标准由农业部发展计划司负责管理,农业部工程建设服务中心负责具体技术内容的解释。在标准执行过程中如发现有需要修改和补充之处,请将意见和有关资料寄送农业部工程建设服务中心(地址:北京市海淀区学院南路59号,邮政编码:100081),以供修订时参考。

本标准管理部门:中华人民共和国农业部发展计划司。

本标准主持单位:农业部工程建设服务中心。

本标准起草单位:全国畜牧总站、农业部规划设计研究院。

本标准主要起草人:郑友民、耿如林、杨红杰、穆钰、薛明、于福清、张庆东。

家畜资源保护区建设标准

1 总则

1.1 为加强对家畜资源保护区项目决策和建设的科学管理，正确执行建设规范，合理确定建设水平，推动技术进步，全面提高投资效益，特制定本标准。

1.2 本标准是编制、评估和审批家畜资源保护区项目可行性研究报告的重要依据，也是有关部门审查工程项目初步设计和监督、检查项目整个建设过程的尺度。

1.3 本标准规定了家畜资源保护区建设的一般规定、建设规模与项目构成、场址选择与建设条件、工艺与设备、建设用地与规划布局、建筑工程及附属设施、防疫设施、无害化处理和主要技术经济指标。

1.4 本标准适用于已由国家级或省级畜牧兽医行政主管部门认定的猪、牛、羊、马、驴、驼等家畜资源保护区的新建、改建及扩建工程。

1.5 保护区应建在国家畜禽品种审定委员会认定的家畜资源原产地中心产区内，范围界限明确。

1.6 保护区建设应符合《畜禽遗传资源保种场保护区和基因库管理办法》相关规定，满足家畜资源保护的基本功能。

2 规范性引用文件

下列文件对本文件的应用是必不可少的。凡是注日期的引用文件，仅注日期的版本适用于本文件。凡是不注日期的引用文件，其最新版本(包括所有的修改单)适用于本文件。

GB 50015 建筑给排水设计规范

GB 50016 建筑设计防火规范

GB 50223 建筑工程抗震设防分类标准

GB 50736 民用建筑供暖通风与空气调节设计规范

NY 5027 无公害食品 畜禽饮用水水质

3 术语和定义

下列术语和定义适用于本文件。

3.1

家畜资源保护区 conservation zone of domestic animal resources

为保护特定家畜活体遗传资源，出于安全保种、多点保种考虑，在其原产地中心产区划定的、予以特殊保护和管理的特定区域。

3.2

管护中心 care-management center

家畜遗传资源保护区内，负责制订并组织实施保种方案，开展种畜鉴定、性能测定和个体登记，进行品种展示和宣传培训，建立并执行质量管理制度和饲养、繁育、免疫等技术规程的管理机构。

3.3

保种场 conservation farm

家畜资源保护区内，有固定场所、设施设备、相应技术人员等基本条件，承担活体保种任务，负责保护、饲养和繁育保护区内配种用的主要血统的种公畜和一定规模的基础母畜，以保护品种内遗传多样性为目的的养殖场。

3.4

监测点　monitoring station

家畜资源保护区内，负责所辖区域内家畜保种群的配种、个体和血统登记以及保种效果动态监测的单位。

4　建设规模与项目构成

保护区建设项目包括管护中心、标识工程、保种场、监测点4个部分，各项目建设内容、建设规模、具体工程可根据功能定位、工艺设计和工程实际需要进行设计。

4.1　管护中心

4.1.1　每个保护区应建设一个管护中心，管护中心建设应与专业技术人员数量、承担的保种任务及管护区域面积相适应。

4.1.2　管护中心应建设办公室、质量检测室、档案资料室、动态监测室、宣教培训室、品种展示间等功能用房。可根据实际用地情况调整，但功能不应减少。

4.2　标识工程

根据保护区的面积、道路与不同保种群的分布位置等实际需要设置保护区标识工程，包括标志碑、标志牌等标志物。标志碑正面应有保护区全称、面积、被保护的物种名称、责任单位，责任人等标志，标志碑背面应有保护区的管理细则等内容。

4.3　保种场

4.3.1　每个保护区至少建设一个保种场。保种场建设规模以存栏基础母畜和种公畜数量表示。建设规模应参考表1所示数量。

表1　保种场建设规模

项目名称	猪场	牛场	羊场	马(驴)场	驼场
基础母畜，头/只/匹/峰	200～300	50～100	200～300	50～100	50～100
种公畜，头/只/匹/峰	20～25	5～10	20～25	5～8	5～8

4.3.2　保种场建设内容包括生产及辅助生产设施、公用配套及管理设施、防疫和无害化处理设施等，建设内容可参考表2，具体工程可根据工艺设计、饲养规模及实际需要建设。

表2　保种场建设内容

建设内容	生产及辅助生产设施	公用配套及管理设施	防疫设施	无害化处理设施
建设项目	公畜舍、基础母畜舍、仔畜舍、后备舍、性能测定舍、饲草料储存加工间等	围墙、大门、门卫、宿舍、办公室、资料室、食堂餐厅、锅炉房、变配电室、蓄水构筑物、水泵房、卫生间、水井、地磅房、机修间、场区道路等	(淋浴)消毒间、消毒池、隔离舍、兽医室等	粪污处理设施、填埋井、焚烧间、化制间或发酵间等

4.4　监测点

4.4.1　监测点的数量应根据保护区大小及保种群数量确定，其服务半径宜小于20 km。

4.4.2　监测点的建设规模，以存栏种公畜数量表示，可根据所辖区域内保种群的配种数量和配种方式适当调整。不同畜种保护区内，监测点的建设规模见表3。

表3　监测点建设规模

项目名称	猪	牛	羊	马(驴)	驼
种公畜，头/只/匹/峰	2～4	2～5	5～10	1～3	2～5

4.4.3 承担配种保种任务的监测点，可存栏一定数量的种母畜。

4.4.4 监测点建设内容包括生产及辅助生产设施、管理设施、防疫设施及无害化处理设施等，建设内容可参考表4，具体工程可根据工艺设计、饲养规模及实际需要建设。

表4 监测点建设内容

建设内容	生产及辅助生产设施	管理设施	防疫设施	无害化处理设施
建设项目	种畜舍、采精间、精液检测制备间、精液储存间、饲料间等	围墙、大门、宿舍、资料室、卫生间等	消毒室、消毒池、兽医室等	粪污处理池等

5 选址与建设条件

5.1 管护中心

管护中心宜在原有管理机构基础上进行扩建。有条件的建设单位可在保护区内设立独立的管护中心办公场所，宜选址于保护区的中心位置，与保种场、各监测点交通便利的地方。在保护区规定范围的主要路口或交界处设置标志碑、标志牌等标识物。

5.2 保种场

保种场应建设在保护区内，每个保种场规模不宜过大，建议采用多点布局。各保种场场址选择应充分考虑动物防疫要求，距离居民点、公路、铁路等主要交通干线1 000 m以上，距离其他畜牧场、畜产品加工厂、无害化处理厂、隔离场、大型工厂等3 000 m以上。应选择在地势高燥、背风、向阳、交通便利、水源电源充足的地方，附近应有或有条件建立充足的青、粗饲料供应地。

5.3 监测点

监测点应建设在保护区内、饲养规模较大、交通较便利的养殖户或保种场。

6 工艺与设备

6.1 管护中心、保种场、监测点的职能划分及相互关系见图1。

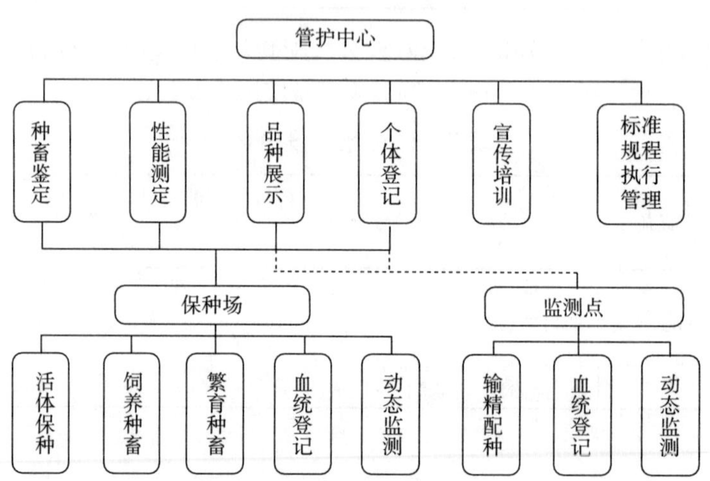

图1 功能分工图

6.2 管护中心应根据保种任务或管护区域面积，配套相应的办公、检测、培训、监控、运输、巡视车辆等设备。

6.3 保种场应根据饲养规模配套相应设备，主要设备包括办公管理、饲养、环境调控、粪污处理、性能测定及饲草料生产加工等设备。设备选型应技术先进、经济实用、性能可靠。

6.4 监测点的设备主要包括饲养、饮水、精液稀释、检测、保存、输精等设备、轻便型交通工具、办公设备、信息录入与储存系统等与服务功能相配套的设备。

7 建设用地与规划布局

7.1 管护中心建设应取得相关建设用地规划许可。

7.2 保种场、监测点应统一规划、合理分区。保种场场区按功能可划分为生活管理区、辅助生产区、生产区和隔离区。

8 建筑工程及附属设施

8.1 管护中心

8.1.1 新建管护中心的建筑可参照公共建筑标准执行。改建、扩建的管护中心建筑形式应与周边建筑物相协调。

8.1.2 建筑物的耐火等级应不低于二级。与周边建筑的防火间距应按 GB 50016 的相关规定执行。

8.1.3 新建管护中心结构类型宜采用砖混结构或框架结构。

8.1.4 建筑抗震设防类别按照 GB 50223 的规定应为标准设防类(简称丙类)。

8.1.5 新建管护中心建筑工程结构设计的使用年限 50 年,结构安全等级为二级。

8.1.6 管护中心及监测点给水、排水按 GB 50015 的有关规定执行。

8.1.7 管护中心供暖和通风按 GB 50836 的有关规定执行。

8.1.8 管护中心供电和通信按工业与民用建筑的相关规范与标准的有关规定执行。

8.2 保种场、监测点

8.2.1 根据当地自然气候条件,生产设施的建筑形式可采用开敞式、半开敞式或有窗式。结构类型可采用砖混结构、轻钢结构或砖木结构。

8.2.2 屋面应采取保温隔热和防水措施。舍内地面应硬化、防滑、耐腐蚀,便于清扫。

8.2.3 建筑外墙应保温隔热,内墙面应平整光滑、便于清洗消毒。

8.2.4 建筑物应执行下列耐火等级:

a) 生产建筑、公用配套及管理建筑:不低于三级耐火等级,变配电室不低于二级耐火等级;

b) 生产建筑与周边建筑的防火间距应按 GB 50016 戊类厂房的相关规定执行。

8.2.5 生产建筑抗震设防类别宜为适度设防类(简称丁类),其他建筑应按照 GB 50223 的规定执行。

8.2.6 生产建筑的结构设计使用年限 25 年,结构安全等级为二级。其他建筑应按 GB 50068 的规定执行。地基基础设计安全等级为丙级。

8.2.7 供水应采用生活、生产、消防合一的给水系统,由水源、水泵、水塔、供水管网和饮水设备组成。用水水质应符合 NY 5027 的规定。场区排水应采用雨污分流制,雨水宜采用明沟排放,污水应采用暗管排入污水处理设施。

8.2.8 保种场根据畜种饲养日龄、工艺需要及当地气候等确定是否供暖及供暖方式。生产设施供暖措施包括集中供热(锅炉供暖)、局部供热(火炉、红外线灯等)或单独供暖等。生产设施以自然通风方式为主,跨度较大时采用机械通风。夏季应设置降温设施。

8.2.9 监测点应配置冬季保温、夏季防暑降温生产设施。

8.2.10 保种场供电电源宜由当地供电网络引入,供电负荷等级应为Ⅲ级。当不能满足上述要求时,可采用自备电源。鼓励采用新能源作为供电电源。

8.2.11 监测点供电和通信按工业与民用建筑的相关规范与标准的有关规定执行。

9 防疫设施

9.1 保种场四周应设围墙,各功能区之间设绿化隔离带。场区大门口、生产区入口设车辆消毒池及人员消毒间。

9.2 监测点应配套必要的防疫设施设备,门口应设消毒池。

10 无害化处理

10.1 保种场粪污处理设施应与生产设施同步设计、同时施工、同时投产使用,其处理能力和处理效率应与生产规模相匹配。

10.2 监测点粪污处理宜采用堆肥发酵处理方式对固体粪污进行无害化处理,生产污水采用化粪池处理,定期清理。

10.3 动物尸体无害化处理可采用填埋、堆肥、焚烧、高温化制、生物发酵等方式,根据不同处理方式配套建设安全填埋井、堆肥间、焚烧间、化制间或发酵间等设施。

11 主要技术经济指标

11.1 管护中心建设投资包括土建工程费用、设备采购及安装费用和其他费用,管护中心建设投资应参考表5的规定。标识工程单项工程建设投资应参考表6的规定。

表5 管护中心建设投资控制额度表

单位为万元

项目名称	西部地区	中部、东部地区
土建工程费	20～30	20～30
设备及安装工程费	70～80	60～70
其他费	10～15	10～15
建设投资	100～115	90～115

表6 标识工程建设投资控制额度表

单位为万元每个

项目名称	建筑材料	投资指标
标志碑	天然石材	5.0～8.0
	混凝土	1.0～1.5
单悬臂式标志牌	钢材	1.5～2.0

11.2 保种场建设投资包括土建工程费用、设备采购及安装费用和其他费用,保种场建设投资和分项工程建设投资应参考表7的规定。

表7 保种场建设投资控制额度表

项目名称	猪场	牛场	羊场	马(驴、驼)场
基础母畜存栏量,头/只/匹/峰	200～300	50～100	200～300	50～100
生产设施,万元	180～250	80～145	85～120	70～130
公用配套及管理设施,万元	150～180	70～130	65～90	60～110
防疫及无害化处理设施,万元	20～30	5～10	5～10	5～10
其他投资,万元	30～40	15～25	15～25	15～25
建设投资,万元	380～500	170～310	170～250	150～270

11.3 监测点建设投资包括土建工程费用、设备采购及安装费用和其他费用,监测点建设投资应参考表8的规定。

表 8 监测点投资控制额度表

项目名称	猪	牛	羊	马	驴	驼
种公畜存栏量,头/只/匹/峰	2～4	2～5	5～10	1～3	1～3	2～5
土建工程费,万元	10～15	15～20	10～15	10～15	10～15	15～20
设备及安装工程费,万元	3～5	4～5	3～5	4～5	4～5	4～5
其他费,万元	3～5	4～5	3～5	4～5	4～5	4～5
建设投资,万元	16～25	23～30	16～25	18～25	18～25	18～30

11.4 劳动定员应参考以下规定,条件较好、管理水平较高的地区,应尽量减少劳动定额。生产人员应进行上岗培训。

11.4.1 管护中心专业技术人员数量配置应与该中心承担的保种任务或管护区域面积相适应,保护区内的每个乡(镇)至少有一名专业技术人员。

11.4.2 保种场应有与保种规模相适应的畜牧兽医技术人员,每个保种场至少有一名经过专业技术培训的畜牧兽医技术人员。各场劳动定员应参考表 9 的规定。

表 9 保种场劳动定额

项目名称	猪场	牛场	羊场	马(驴、驼)场
基础母畜存栏量,头/只/匹/峰	200～300	50～100	200～300	50～100
劳动定员,人	4～6	3～5	3～5	2～4
劳动生产率,单位母畜/人	40～50	15～20	50～60	20～25

11.5 保种场经济技术指标以存栏基础母畜数量估算,指标平均至每头/只/匹/峰基础母畜,各项指标应参考表 10 的规定。

表 10 保种场单位母畜经济技术指标

项目名称	猪	牛	羊	马/驴/驼
占地面积,m^2	70～90	100～130	20～25	80～100
建筑面积,m^2	15～20	12～15	3～5	10～13
投资额,万元	1.8～2.0	2.5～3.0	0.6～0.8	2.0～2.5
年用水量,m^3	20～25	15～20	1.5～2	10～15
年用电量,kW·h	1 000～1 300	1 000～1 200	300～350	800～1 000
年精饲料用量,kg	6 000～6 500	1 500～1 800	150～200	1 200～1 500
年粗饲料用量,kg		2 500～2 800	1 200～1 500	2 200～2 500

ICS 65.020
B 04

中华人民共和国农业行业标准

NY/T 2972—2016

县级农村土地承包经营纠纷仲裁基础设施建设标准

Construction criterion of arbitration infrastructure for the mediation and arbitration of disputes over contracted rural land at the country

2016-10-26 发布　　2017-04-01 实施

中华人民共和国农业部　发布

前　言

本建设标准根据农业部《关于下达2013年农业行业标准制定和修订(农产品质量安全和监管)项目资金的通知》(农财发〔2013〕91号)下达的任务,按照《农业工程项目建设标准编制规范》(NY/T 2081—2011)的要求,结合农业行业工程建设发展的需要而编制。

本建设标准共分9章:总则、规范性引用文件、术语和定义、建设规模与项目构成、选址与布局、工作流程与设备、建筑工程及附属设施要求、技术经济指标和附录。

本建设标准由农业部发展计划司负责管理,农业部工程建设服务中心负责具体技术内容的解释。在标准执行过程中如发现有需要修改和补充之处,请将意见和有关资料寄送农业部工程建设服务中心(地址:北京市海淀区学院南路59号,邮政编码:100081),以供修订时参考。

本标准管理部门:农业部发展计划司。

本标准主持单位:农业部工程建设服务中心。

本标准编制单位:农业部工程建设服务中心。

本标准起草单位:农业部农村合作经济经营管理总站、青海省农牧业项目管理中心。

本标准主要起草人:俞宏军、刘玉萍、段彦敏、郭红霞、呼倩、刘海棠、李硕、张晓亚。

县级农村土地承包经营纠纷仲裁基础设施建设标准

1 总则

1.1 本标准规定了县级农村土地承包经营纠纷调解仲裁基础设施(以下简称农村土地承包仲裁基础设施)建设水平。

1.2 本标准适用于农村土地承包仲裁基础设施的新建工程,改建、扩建工程参照执行。

1.3 本标准可作为编写农村土地承包仲裁基础设施可行性研究报告、初步设计和对项目监督检查和竣工验收的依据。

1.4 农村土地承包仲裁基础设施的建设规模,应按照贯彻实施法律政策、方便农民群众的要求,统一规划,统一标准建设。各县(市、区)依托本级农村土地承包经营管理机构设置,一县一处。

1.5 农村土地承包仲裁基础设施建设,应符合仲裁功能及程序要求,并应做到安全适用,经济合理。

1.6 农村土地承包仲裁基础设施建设,应优先利用既有条件及已有设施,并考虑投资能力和发展需要。

1.7 农村土地承包仲裁基础设施建设,除应符合本标准外,还应符合国家颁布的现行有关法律法规的要求。

2 规范性引用文件

下列文件对于本文件的应用是必不可少的。凡是注日期的引用文件,仅注日期的版本适用于本文件。凡是不注日期的引用文件,其最新版本(包括所有的修改单)适用于本文件。

GB 50016—2014 建筑设计防火规范

GB 50068—2001 建筑结构可靠度设计统一标准

GB 50189—2005 公共建筑节能设计标准

GB 50223—2008 建筑工程抗震设防分类标准

GB 50352—2005 民用建筑设计通则

建标 138—2010 人民法院法庭建设标准

发改投资〔2014〕2674 号 党政机关办公用房建设标准

3 术语和定义

下列术语和定义适用于本文件。

3.1

农村土地承包经营纠纷调解仲裁 the mediation and arbitration of disputes over contracted rural land

依照《中华人民共和国农村土地承包经营纠纷调解仲裁法》的规定,在县、不设区的市、市辖区或者设区的市设立仲裁委员会,聘任仲裁员。按照法律规定程序,受理纠纷案件,公开开庭审理案件并做出裁决。

4 建设规模与项目构成

4.1 农村土地承包仲裁基础设施规模按照每年调解、仲裁不少于 200 件案件,可同时调解、仲裁 3 起纠纷案件设计。

4.2 农村土地承包仲裁基础设施主要包括案件受理室、合议调解室、档案会商室、仲裁庭和配套专用仲裁设备。

4.3　农村土地承包仲裁设施建筑总面积应在 350 m^2～500 m^2。各功能用房面积见表 1。

表 1　农村土地承包仲裁设施参考面积表

序号	名称	使用面积，m^2	备　注
1	仲裁庭	100～150	
1.1	仲裁区	60～90	
1.2	旁听区	40～60	
2	案件受理室	50～60	
3	合议调解室	60～70	
4	档案会商室	60～70	
5	卫生间	10～15	
合计		280～365	建筑总面积需 350 m^2～500 m^2

5　选址与布局

5.1　仲裁场所单独建设时，选址应与管理部门的现有设施衔接，方便办公。鼓励与本级农业主管部门的业务用房合建。

5.2　新建仲裁场所应在自有土地上建设，取得当地建设管理部门及土地管理部门的批准。

5.3　改、扩建房屋应先开展房屋建筑可靠性鉴定，改造房屋的后续使用年限应不少于 30 年，并应符合建筑结构承载力和安全疏散要求。

6　工作流程与设备

6.1　农村土地承包仲裁工作流程包括仲裁受理、调解、仲裁和结案归档 4 部分，本着有关原则，在案件受理前、开庭前、庭审过程中、裁决前分别进行调解。

6.2　设备配置应满足仲裁法定程序和工作规范要求，与仲裁场所功能需要配套，形成完善的工作条件和工作环境。

6.3　农村土地承包仲裁基本设备包括庭审设备、仲裁业务设备和档案存储与管理设备。

6.3.1　庭审设备包括录音、录像等信息采集系统，投影仪、告示屏和监控系统。

6.3.2　仲裁业务设备包括 GPS 经纬仪、数码相机和业务用车等调查取证设备。

6.3.3　档案存储与管理设备包括档案密集架、文件柜等。

6.4　农村土地承包仲裁设备配置见表 2。

表 2　农村土地承包仲裁设备配置表

序号	设备名称	规格/要求	数量，台套	备　注
一、庭审设备				
1	录音笔	满足仲裁音频采集要求	1～3	
2	录像机	满足仲裁视频采集和录播要求	1～2	
3	投影仪	满足文档、图片、视频播放要求	1	
4	告示屏	满足公告显示要求	2	
5	监控系统	满足录像监控、应急安全报警联动、手机信号屏蔽、信息存储调用等要求	1	
二、仲裁业务设备				
1	GPS 经纬仪		2	
2	数码相机		3	
3	数码摄像机		1	
4	仲裁业务用车	调查取证用车，适合农村当地实际情况	1	

表 2（续）

序号	设备名称	规格/要求	数量,台套	备　注
三、档案存储与管理设备				
1	档案密集架	每个密集架存放档案不少于 218 卷,10 个/组	8 组～10 组	
2	文件柜		4	

7 建筑工程及附属设施要求

7.1 建筑结构

7.1.1 农村土地承包仲裁用房建筑结构安全等级为 GB 50068—2001 规定的二级,结构设计使用年限为 50 年。

7.1.2 抗震设防类别应为 GB 50223—2008 规定的标准设防类(简称丙类)。

7.1.3 建筑物耐火等级不应低于二级。建筑防火设计应符合 GB 50016—2014 的规定。

7.1.4 建筑节能设计应符合 GB 50189—2005 的规定或当地公共建筑节能设计标准的规定。

7.1.5 农村土地承包仲裁用房建筑应符合 GB 50352—2005 的规定,仲裁庭净高 3.0 m～3.6 m,其他业务用房净高 2.7 m～3.3 m。

7.2 装修及标识要求

7.2.1 建筑内部装修应严肃、简洁、庄重,经济适用,可参考发改投资〔2014〕2674 号、建标 138—2010 规定的中级装修标准。

7.2.2 建筑外观形象基本颜色,应同农村土地承包仲裁标识中的绿、蓝两种颜色,绿色在上,蓝色在下,绿蓝高度比例为 3∶7。建筑外立面墙面宜为白色。

7.2.3 在大门口、入口处、门厅中央、仲裁庭仲裁员席背面中央等主要部位,设置农村土地承包仲裁标识。

7.3 农村土地承包仲裁基础设施用房供电电压为交流 220 V/380 V,电力负荷等级为三级。

7.4 农村土地承包仲裁基础设施用房应进行无障碍设计,具备卫生设施。

7.5 农村土地承包仲裁基础设施用房应根据当地气候条件设置采暖系统和空调系统。

8 技术经济指标

8.1 项目建设总投资包括建筑安装工程费、仪器设备购置安装费、工程建设其他费和预备费。投资估算指标见表 3。

表 3　农村土地承包仲裁基础设施投资估算指标

序号	建设内容	工程量	投资指标,元/m^2	单项投资额,万元	备　注
	合计			151～204	
一	建筑安装工程			83.0～120.0	
1	土建工程	350 m^2～500 m^2	1 500	53.0～75.0	
2	装修工程	350 m^2～500 m^2	600	20.0～30.0	中级装修(含标识)
3	安装工程	350 m^2～500 m^2	300	10.0～15.0	包括给排水、通风空调、电气工程等
二	仪器设备购置			48.0～62.0	
1	档案密集架	8 组～10 组	10 000	8.0～10.0	
2	庭审设备	6 台套～10 台套		15.0～20.0	
3	仲裁业务用车	1 辆		15.0～20.0	用于调查、取证、宣传等
4	仲裁业务设备及办公家具			10.0～12.0	
三	工程建设其他费			10.0～12.0	前两项费用之和的 5%
四	预备费			10.0	前三项费用之和的 5%

8.2　农村土地承包仲裁基础设施建设总工期不应超过1年。

9　附录

9.1　农村土地承包仲裁标识图样见附录A。

9.2　农村土地承包仲裁基础设施建筑方案参见附录B。

附 录 A
(规范性附录)
农村土地承包仲裁标识图样

农村土地承包仲裁标识图样见图 A.1。

注 1:长宽比为 1∶1,使用时应当严格按照比例放大或缩小。

注 2:蓝色:C:85 M:50 Y:0 K:35;
绿色:C:90 M:30 Y:95 K:30;
黑色:C:0 M:0 Y:0 K:95。

注 3:悬挂于农村土地承包经营纠纷仲裁基础设施入口处、门厅中央以及仲裁庭仲裁员席后侧墙壁正上方。

图 A.1 农村土地承包仲裁标识图样

附
（资料
农村土地承包仲裁基

农村土地承包仲裁基础设施建筑方案示例见图 B.1。

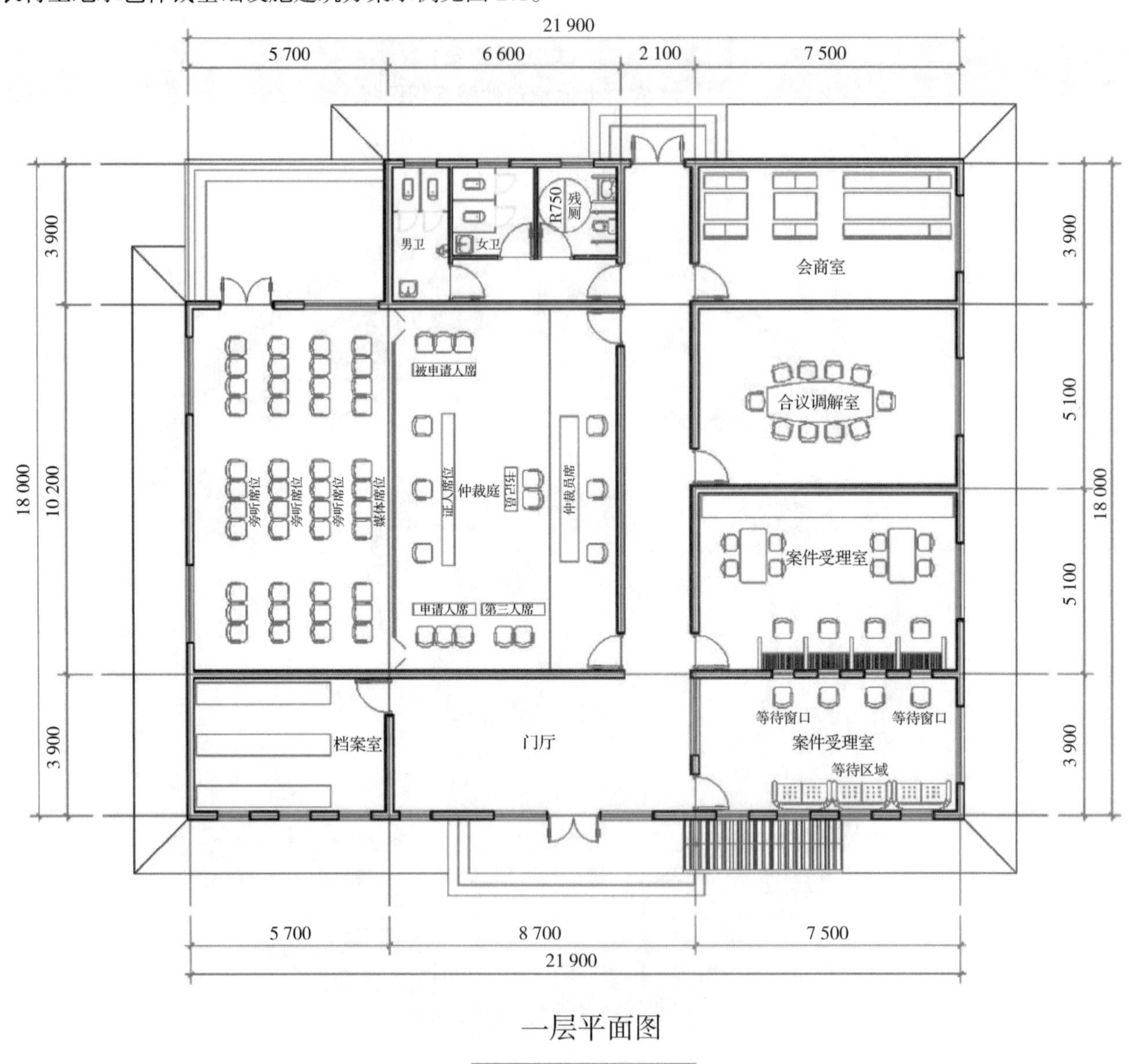

一层平面图

4.500
3.600
900
3 600
±0.000
450
−0.450
21 900

南立面图

图 B.1　农村土地承包仲

录）

施建筑方案示例

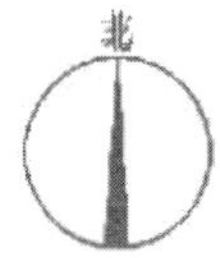

方案设计说明：

1.推荐建筑结构类型为砖混结构。
2.推荐主要工程做法：地面采用地砖地面；顶棚采用轻钢龙骨石膏板吊顶；内墙采用水泥砂浆墙面，刷乳胶漆；外墙采用水泥砂浆墙面，按仲裁标识基本色涂装；屋面为保温隔热防水平屋面，不上人；门窗应节能、结实、美观。
3.推荐建筑设备设计：配备采暖（供暖地区）、供电照明、弱电系统、通风空调、给排水系统，进行网络综合布线。
4.此方案供参考，各地可根据实际情况调整。

础设施建筑方案示例

ICS 65.040.01
P 35

中华人民共和国农业行业标准

NY/T 3023—2016

畜禽粪污处理场建设标准

Construction criterion for treatment plant of animal manure and sewage

2016-11-01 发布 2017-04-01 实施

中华人民共和国农业部 发布

目　次

前　言

本建设标准根据农业部《关于下达2012年农业行业标准制定和修订(农产品质量安全监管)项目资金的通知》(农财发〔2012〕56号)下达的任务,按照《农业工程项目建设标准编制规范》(NY/T 2081—2011)的要求,结合农业行业工程建设发展的需要而编制。

本建设标准包括12章和2个附录:范围、规范性引用文件、术语和定义、总则、建设规模与项目构成、选址与建设条件、工艺与设备、建筑用地与规划布局、建筑工程及附属设施、节能节水与环境保护、安全与卫生、主要技术经济指标、附录A和附录B。

本建设标准由农业部发展计划司负责管理,农业部规划设计研究院负责具体技术内容的解释。在标准执行过程中如发现有需要修改和补充之处,请将意见和有关资料寄送农业部工程建设服务中心(地址:北京市海淀区学院南路59号,邮政编码:100081),以供修订时参考。

本标准管理部门:中华人民共和国农业部发展计划司。

本标准主持单位:农业部工程建设服务中心。

本标准编制单位:农业部规划设计研究院。

本标准主要起草人:赵立欣、罗娟、董保成、陈羚、宋成军、齐岳、王骥、万小春、李小刚。

畜禽粪污处理场建设标准

1 范围

本标准规定了以畜禽养殖场(含养殖小区)粪污处理场建设的基本要求，包括建设规模与项目构成、选址与建设条件、工艺与设备、建设用地与规划布局、建筑工程及附属设施、节能节水与环境保护、安全与卫生、投资估算与劳动定员等。

本标准适用于不少于50头猪单位畜禽养殖场(含养殖小区)新建、扩建或改建粪污处理场的建设。

2 规范性引用文件

下列文件对于本文件的应用是必不可少的。凡是注日期的引用文件，仅注日期的版本适用于本文件。凡是不注日期的引用文件，其最新版本(包括所有的修改单)适用于本文件。

GB 12801 生产过程安全卫生要求总则
GB 14554 恶臭污染物排放标准
GB 18877 有机—无机复合肥料
GB/T 29304 爆炸危险场所防爆安全导则
GB 50015 建筑给水排水设计规范
GB 50016 建筑设计防火规范
GB 50052 供配电系统设计规范
GB 50057 建筑物防雷设计标准
GB 50223 建筑工程抗震设防分类标准
CECS 112 氧化沟设计规程
CECS 152 一体式膜生物反应器污水处理应用技术规程
CECS 265 曝气生物滤池工程技术规程
HJ 576 厌氧—缺氧—好氧活性污泥法污水处理工程技术规范
HJ 577 序批式活性污泥法污水处理工程技术规范
HJ 2014 生物滤池法污水处理工程技术规范
NY 525 有机肥料
NY/T 667 沼气工程规模分类
NY 884 生物有机肥
NY/T 1220 沼气工程技术规范
NY/T 1222 规模化畜禽养殖场沼气工程设计规范
NY/T 2065 沼肥施用技术规范

3 术语和定义

下列术语和定义适用于本文件。

3.1

畜禽粪污 animal manure and sewage

主要包括畜禽粪便、畜禽尿液、垫料、冲洗水以及少量生活污水。

3.2

畜禽粪污处理场 treatment plant of animal manure and sewage

专业从事利用高温、好氧或厌氧等技术手段杀灭畜禽粪污中病原菌、寄生虫和杂草种子等，实现沼气、水肥综合利用或达标排放的工程。主要包括“能源生态型”、“能源环保型”、堆肥3种处理利用工艺。

3.3

“能源生态型”处理利用工艺　process of “energy ecological”disposing and using

畜禽养殖场的粪污经过厌氧消化处理后，以生产沼气等清洁能源为主要目标，发酵剩余物作为农田固肥、水肥利用的处理利用工艺。

3.4

“能源环保型”处理利用工艺　process of“energy environment”disposing and using

畜禽养殖场的粪污经厌氧消化处理后，以处理废水为主要目标，并生产沼气利用，发酵后污水经好氧消化处理后达标排放，或以回用为最终目标的处理工艺。

3.5

堆肥处理利用工艺　process of compost disposing and using

畜禽养殖场的畜禽粪便经过腐熟处理后作为农业固体肥料利用的处理利用工艺。

4　总则

4.1　畜禽粪污处理场的建设，必须遵循国家有关法律、法规，执行国家现行的资源利用、环境保护、安全与消防等有关规定，并应遵循“减量化、无害化、资源化、生态化”的原则进行建设。

4.2　应结合畜禽养殖场(含养殖小区)的现状和周边环境条件，根据畜禽粪污量统筹规划，做到近远期结合，以近期为主，兼顾远期发展。

4.3　应采用成熟可靠的技术，积极选用新工艺、新材料和新设备。

4.4　畜禽粪污处理场的建设除执行本标准外，还应符合国家现行有关标准的规定。

5　建设规模与项目构成

5.1　畜禽粪污处理场的建设规模

以猪的存栏量为依据进行划分，其他畜禽品种与猪的折算关系按照附录A进行计算。

Ⅰ类：≥50 000头猪；

Ⅱ类：5 000头猪～50 000头猪(不含)；

Ⅲ类：1 500头猪～5 000头猪(不含)；

Ⅳ类：50头猪～1 500头猪(不含)。

5.2　畜禽粪污处理场的项目构成

5.2.1　生产设备设施

粪污收集、储存、预处理设施，发酵等生产设施(视畜禽粪污的处理目标而定)，产品和末端剩余物储存与处理设施。

5.2.2　配套设施

供电、照明、防雷，给排水、采暖通风，防火、防爆与安全防护，道路、绿化等设施。

5.2.3　管理设施

化验室、办公室、门卫室、卫生间等设施。

5.3　畜禽粪污处理场的建设内容

应根据生产需要和依托条件合理确定，充分发挥专业化协作和社会化服务的作用。改扩建项目应充分利用原有设施和装备。

6　选址与建设条件

6.1　选址应结合畜牧业发展规划、土地利用总体规划、城乡规划及项目本身特性等合理布局，并应符合国家现行有关环境保护、卫生防疫和安全防火等法律法规的规定。

6.2 选址应综合考虑工程建设地点的工程地质、水文地质、气象和周边环境，并具备良好的交通运输、供水、供电等条件。

6.3 处理场宜设置在畜禽养殖场（含养殖小区）内或临近沼气供气村镇、沼肥综合利用区域，并应设在养殖场的生产区、生活管理区和村镇常年主导风向的下风向或侧风向处，与养殖场生产设施的距离不得小于 100 m，与村镇的距离不得小于 500 m。

6.4 处理场禁止设在生活饮用水水源保护区、风景名胜区、自然保护区的核心区及缓冲区；生产或储存易燃、易爆及其他危险物品的场所；国家或地方法律、法规规定需特殊保护的其他区域。在禁建区附近时，应选择在禁建区常年主导风向的下风向或侧风向处，距离应不小于 500 m。

7 工艺与设备

7.1 处理场的工艺和设备，应根据工程建设规模、目标和当地生产力水平等综合因素确定，适度提高机械化、自动化水平，满足安全生产、节本高效的要求。

7.2 工艺选择应结合粪污种类、工程建设目标、无害化处理要求等因素，经技术经济比较后确定，优先选用低能耗、低成本及操作管理方便的成熟工艺。

7.3 应对采用干清粪工艺收集的固体废弃物和污水进行分别处理。固体废弃物处理宜优先采用堆肥处理利用工艺；污水处理应视具体要求而定，在具有足够多消纳土地的地区优先采用“能源生态型”处理利用工艺，无法消纳的地区宜采用“能源环保型”处理利用工艺，污水经处理后达标排放。“能源生态型”处理利用工艺、“能源环保型”处理利用工艺和堆肥处理利用工艺参见附录 B。

7.4 采用“能源生态型”处理利用工艺的畜禽粪污处理场，其主要设备设施应包括：

a) 生产设备设施。
   1) 原料收集与储存设备设施：主要包括运粪车、原料储存池等，应与原料种类和生产方式相适应。
   2) 预处理设备设施：主要包括格栅、沉沙池、调节池、集料池、粉碎设备、搅拌设备、进料设备以及配套厂房（棚）等，应根据原料特性和工艺要求来确定。
   3) 沼气生产设备设施：主要包括厌氧消化器、进出料设备、搅拌设备、回流设备以及控制设备等，应根据不同工艺要求进行选用。
   4) 沼气净化与利用设备设施：沼气净化设施主要包括脱水装置、脱硫装置等；储气柜容积应根据日产沼气量、储存方式和利用模式确定；寒冷地区的沼气净化与储存设施应具有增温保温和防冻措施。沼气利用设施宜根据集中供气、发电、用作锅炉燃料或车用燃料等不同用途来确定，包括沼气灶具、沼气发电机组、沼气锅炉、沼气净化提纯装置等。
   5) 沼渣沼液利用设备设施：沼渣沼液的利用设施应按照 NY/T 2065 的规定，结合当地生产条件确定，包括固液分离设备、沼渣晾晒场、有机肥加工设备、沼液储存池、沼液输配管网、沼液运输罐车、沼液深度处理设施等。

b) 配套设施。主要包括供电设施、消防设施、给排水设施、采暖通风设施、防火设施、防雷设施、防爆与安全防护设施、应急燃烧器、道路、围墙和绿化等。

c) 管理设施。主要包括锅炉房、化验室、配电室等辅助用房，办公室、门卫室等管理用房，以及卫生间等生活设施用房。

7.5 采用“能源环保型”处理利用工艺的畜禽粪污处理场，主要设备和设施应包括：

a) 生产设备设施。
   1) 具体设施同本标准 7.4 中 a)的规定。
   2) 沼液及污水处理设施主要包括好氧反应池（器）、氧化塘和人工湿地等，应经技术经济分析后确定适用的处理工艺。

b) 配套设施同本标准 7.4. 中 b)的规定。

c) 管理设施同本标准 7.4. 中 c)的规定。

7.6 采用堆肥处理利用工艺的畜禽粪污处理场,其主要设备设施应包括:

a) 生产设备设施。

1) 前处理设备设施:包括计量、破碎、筛分、混合和输送等设备设施,宜根据物料特点、设备性能、维护要求、投资及运行费用等选用。

2) 主发酵设备设施:包括堆肥车间或发酵槽、翻搅设备、强制通风设施、废气收集与处理设施、渗滤液收集设施等;发酵的主体设施底部须设置渗滤液收集设施(井),渗滤液收集后宜回流作物料调节用水,多余的渗滤液应排入污水处理设施进行处理。

3) 后处理设备设施:主要包括筛选、粉碎、造粒和计量包装等设备及设施,宜根据物料特点选用性能可靠、经久耐用、性价比高的设备。

b) 配套设施,主要包括供电设施、消防设施、给排水设施、采暖设施、通风设施、防火设施、防雷设施、防爆与安全防护设施、道路、围墙和绿化等。

c) 管理设施同本标准 7.4 中 c)的规定。

8 建设用地与规划布局

8.1 畜禽粪污处理场的用地,应坚持科学、合理、节约用地的原则,并应符合国家土地管理的有关规定。

8.2 根据处理工艺不同,畜禽粪污处理场建设用地分为"能源生态型"、"能源环保型"和堆肥处理 3 种。用地指标应按远期规划确定,并做出分期建设的安排,总用地指标按表 1 的规定进行控制。

表 1 畜禽粪污处理场用地指标

单位为平方米

处理方式	建设规模			
	Ⅰ类	Ⅱ类	Ⅲ类	Ⅳ类
"能源生态"型	≥8 000	3 000～8 000(不含)	1 500～3 000(不含)	<1 500
"能源环保"型	≥12 000	4 000～12 000(不含)	2 000～4 000(不含)	<2 000
堆肥处理	≥6 000	3 000～6 000(不含)	1 500～3 000(不含)	<1 500

8.3 项目建设内容和规模见表 2、表 3 和表 4。

表 2 "能源生态型"处理场建设内容一览表

建设内容		单位	规模与数量			
			Ⅰ类	Ⅱ类	Ⅲ类	Ⅳ类
主要生产设施	原料储存池	m^3	≥1 500	150～1 500(不含)	45～150(不含)	1.5<45
	预处理厂房(含泵房)	m^3	≥200	50～200(不含)	按需	—
	沉沙池(渠)	m^3	≥200	50～200(不含)	20～50(不含)	按需
	调节(调配)池	m^3	≥200	50～200(不含)	20～50(不含)	按需
	集料池	m^3	≥200	50～200(不含)	按需	按需
	沼气发酵装置(中温)	m^3	≥5 000	620～5 000(不含)	180～620(不含)	—
	沼气净化设施	m^2	≥100	30～100(不含)	按需	按需
	沼气储存设施	m^2	按需	按需	按需	按需
	沼气利用设施(发电机房等)	m^2	≥100	50～100(不含)	按需	—
	站内沼液储存池	m^3	≥2 000	≥500	≥150	≥50
	沼渣利用设施	m^2	按需	按需	按需	按需

表 2 (续)

建设内容		单位	规模与数量			
			Ⅰ类	Ⅱ类	Ⅲ类	Ⅳ类
配套设施	供电设施	m^2	按需	按需	按需	按需
	消防设施	m^2	按需	按需	按需	按需
	给排水设施	m^2	按需	按需	按需	按需
	采暖通风	m^2	按需	按需	按需	按需
	防火、防雷、防爆与安全防护设施	m^2	按需	按需	按需	按需
	应急燃烧器(火炬)	/	必须配置	必须配置	按需	按需
	道路、围墙、绿化等	m^2	按需	按需	按需	按需
管理设施	锅炉房、化验室、配电室等	m^2	≤120	≤75	≤45	≤40
	管理用房(办公室、门卫室等)	m^2	≤120	≤75	≤45	≤30
	生活设施用房(卫生间等)	m^2	≤80	≤50	≤30	≤30

表 3 "能源环保型"处理场建设内容一览表

建设内容		单位	规模与数量			
			Ⅰ类	Ⅱ类	Ⅲ类	Ⅳ类
主要生产设施	原料储存池	m^3	≥1 500	150～1 500(不含)	45～150(不含)	1.5～45(不含)
	沉沙池(渠)	m^3	≥200	50～200(不含)	20～50(不含)	按需
	调节(调配)池	m^3	≥200	50～200(不含)	20～50(不含)	按需
	预处理厂房(含泵房)	m^3	≥200	50～200(不含)	按需	—
	沼气发酵装置(中温)	m^3	≥5 000	620～5 000(不含)	180～620(不含)	—
	沼气净化设施	m^2	≥100	30～100(不含)	按需	按需
	沼气储存设施	m^2	按需	按需	按需	按需
	沼气利用设施(发电机房等)	m^2	≥100	50～100(不含)	按需	—
	沼渣利用设施	m^2	按需	按需	按需	按需
	好氧反应池(器)	m^3	≥300	50～300(不含)	20～50(不含)	按需
	氧化塘	m^3	≥15 000	1 500～15 000(不含)	450～1 500(不含)	15～450(不含)
	人工湿地	m^2	≥5 000	500～5 000(不含)	150～500(不含)	5～150(不含)
	鼓风机房	m^2	≥30	10～30(不含)	按需	按需
	脱水间	m^2	≥20	按需	按需	按需
	消毒间	m^2	≥20	按需	按需	按需
	污泥储池	m^3	≥20	按需	按需	按需
	除臭间、加药间	m^2	≥60	15～60(不含)	按需	按需
	应急事故池	m^3	≥500	50～500(不含)	按需	按需
配套设施	供电设施	m^2	按需	按需	按需	按需
	消防设施	m^2	按需	按需	按需	按需
	给排水设施	m^2	按需	按需	按需	按需
	采暖通风	m^2	按需	按需	按需	按需
	防火、防雷、防爆与安全防护设施	m^2	按需	按需	按需	按需
	应急燃烧器(火炬)	/	必须配置	必须配置	按需	按需
	道路、围墙、绿化等	m^2	按需	按需	按需	按需
管理设施	锅炉房、化验室、配电室等	m^2	≤120	≤75	≤45	≤40
	管理用房(办公室、门卫室等)	m^2	≤120	≤75	≤45	≤30
	生活设施用房(卫生间等)	m^2	≤80	≤50	≤30	≤30

表 4　堆肥处理场建设内容一览表

建设内容		单位	规模与数量			
			Ⅰ类	Ⅱ类	Ⅲ类	Ⅳ类
主要生产设施	原料库	m^2	≥800	100～800(不含)	按需	—
	发酵车间(含发酵槽)	m^2	≥1 200	300～1 200(不含)	100～300(不含)	按需
	堆场(腐熟场)	m^2	≥600	150～600(不含)	60～150(不含)	按需
	制肥车间	m^2	≥600	150～600(不含)	60～150(不含)	按需
	周转库	m^2	≥200	80～200(不含)	按需	—
	成品库及工具库	m^2	≥1 000	300～1 000(不含)	100～300(不含)	按需
配套设施	供电设施	m^2	按需	按需	按需	按需
	消防设施	m^2	按需	按需	按需	按需
	给排水设施	m^2	按需	按需	按需	按需
	采暖	m^2	按需	按需	按需	按需
	通风(含除尘、除臭)	/	必须配置	必须配置	按需	按需
	防火、防雷、防爆与安全防护设施	m^2	按需	按需	按需	按需
	道路、围墙、绿化等	m^2	按需	按需	按需	按需
管理设施	锅炉房、化验室、配电室等	m^2	≤120	≤75	≤45	≤40
	管理用房(办公室、门卫室等)	m^2	≤120	≤75	≤45	≤30
	生活设施用房(卫生间等)	m^2	≤80	≤50	≤30	≤30

8.4　总体布局应符合生产工艺技术的要求,既应做到满足使用、环保、防火等要求,又应做到分区明确、流程合理、布置紧凑、施工和维护方便。采用多种技术措施综合处理时,应做好工艺间的衔接,并应综合考虑场址地形、气象和工程地质条件等因素。主要生产区与辅助生产区应综合考虑地形、风向、使用功能及安全等因素,在满足消防要求的情况下宜采取相对集中布置。

8.5　工艺流程的竖向设计,宜充分利用原有地形,做到排水畅通、土方平衡和节约用能。各建(构)筑物群体效果应与周围环境相协调,按功能分区设置,且人流、物流顺畅,尽量减少中间运输环节。

8.6　应注意环境绿化与美化,新建畜禽粪污处理场的绿化覆盖率不应小于30%;畜禽粪污处理场周边及场区内主要生产区和辅助生产区之间,均应设置绿化隔离带。

9　建筑工程及附属设施

9.1　建筑标准应遵循安全实用、经济合理的原则,根据设计要求、建(构)筑物用途、建筑场地条件等因素确定,其装饰效果应与周边建筑及环境相协调。

9.2　主要生产、配套和辅助设施的抗震设防类别为标准设防类(简称丙类)。配套和辅助建筑的抗震设防类别应按GB 50223的要求确定,宜采用下列结构形式:

a)　原料储存池、沉沙池、调节池、集料池、沉淀池等采用钢筋混凝土结构,厌氧消化器宜采用钢结构或钢筋混凝土结构;

b)　发酵车间、加工车间、仓库、厂房(棚)等,宜采用砖混结构或轻钢结构;

c)　锅炉房、泵房、供配电室、办公室、化验室、门卫室等,宜采用砖混结构。

9.3　应有可靠的供水水源和完善的供水设施;设置在养殖场(含养殖小区)内的畜禽粪污处理场,其生产和生活用水宜由养殖场(含养殖小区)的给水管网供给。

9.4　供电电源应由当地电网供给(自己发电的除外),电力负荷等级为三级,并符合GB 50052的规定;对不能停电的工艺设备,当不能满足要求时,应设置备用发电设备。

9.5　排水系统应实行雨污分流,并应符合GB 50015的技术要求。

9.6　管理设施的配置应根据工程建设规模、经济条件等因素合理确定。Ⅰ、Ⅱ类畜禽粪污处理场的生产管理应实行自动化监测与机械控制；Ⅲ、Ⅳ类畜禽粪污处理场的生产管理优先采用自动化监控，亦可采用机械控制或手动控制。凡是采用自动化或机械控制的设备，必须同时配有手动控制。

9.7 养殖场(含养殖小区)内新建的畜禽粪污处理场的附属设施，应充分利用养殖场(含养殖小区)的设施；改建、扩建的畜禽粪污处理场应充分利用原有设施的能力，并保证基本功能。

9.8 畜禽粪污处理场的维修、运输等设施的装备配置应满足正常生产需要。

9.9 应设置必要的通信设施，保证场区内各生产岗位之间的通信联系，并能及时与养殖场(含养殖小区)、管理部门、供电部门等取得联系。

9.10 化验设备和仪表的配置应以保证正常生产需要为原则，并根据生产规模和当地社会化服务条件等合理选择；对于污水达标排放处理工艺，应配置出水水质的检测设备。

9.11 主干道宽度应不小于 4 m，各支道宽度应满足原材料和产品的运输要求；主要道路的路面宜采用混凝土路面；场区占地面积大于 3 000 m^2时，宜设置环形消防通道。

10 节能节水与环境保护

10.1 应科学合理利用能源，采取有效措施提高能源利用效率，使用节能科技新产品和能耗低的设备。

10.2 应采取各种有效措施减少新水的使用，尤其是缺水地区的辅助生产、场区绿化等所需用水，优先采用符合相关水质标准的再生水。

10.3 畜禽粪污处理场的建设不应对地下水、空气和土壤造成污染。

10.3.1 畜禽粪污收集设施应采取防扬散、防遗撒、防渗漏等防止污染环境的措施，各类水池必须做好防渗处理，避免污染地下水；沼渣沼液禁止随意排放。对于要求达标处理的污水，处理后污水水质应符合现行国家标准和地方有关规定，不得影响现有饮用水水源和水体的自净功能。

10.3.2 沼气不得直接向环境排放，应急排放时须采用应急燃烧器；沼液储存设施内产生的沼气须收集后利用或应急排放；堆肥过程中产生的臭气须收集处理后再排放，排放浓度应符合 GB 14554 的规定。

10.3.3 污泥利用与处置应根据当地消纳能力和对环境影响等进行综合分析确定。

10.4 应选用低噪声设备，并采取隔音、消声等措施；水泵、电机、鼓风机和其他设备等的噪声应符合现行国家标准和地方有关规定。

11 安全与卫生

11.1 畜禽粪污处理场的消防、防雷、防爆及保护等应符合 GB 50016、GB 50057 和 GB/T 29304 中有关防火、防雷、防爆等的规定。

11.2 防火、防雷、防爆及消防设施应定期检查，保证完好状态。发现毁损应及时修复或更换，达到报废年限的必须及时更换。

11.3 结合生产特点制定相应安全防护措施、安全操作规程和消防应急预案，并粘贴在醒目位置。配备的防护救生设施及用品应定期检查和更换。

11.4 建(构)筑物应根据需要设置通风设施。所有建(构)筑物的安全防护应符合国家标准和地方现行有关规定。

11.5 应采取有效措施消除可能引起传染病的微生物，防止污染环境和传播。

11.6 作业区内应设有防尘、消毒、除臭等安全、卫生设施，防止恶臭和畜禽养殖废弃物渗出、泄漏，且应符合 GB 12801 的规定。

12 主要技术经济指标

12.1 新建畜禽粪污处理场的投资估算，应按国家或地方有关规定编制，根据动态管理的原则，按照实际情况进行调整后使用。

12.2 不同处理方式的畜禽粪污处理场的投资估算参照表5的规定。

表5 畜禽粪污处理场投资估算指标

单位为元每头猪(存栏)

处理场类别	建设规模	工程建设总投资估算指标
“能源生态”型处理场	Ⅰ类	200～250
	Ⅱ类	230～300
	Ⅲ类	280～400
	Ⅳ类	380～450
“能源环保”型处理场	Ⅰ类	230～290
	Ⅱ类	270～420
	Ⅲ类	400～480
	Ⅳ类	460～550
堆肥处理场	Ⅰ类	100～150
	Ⅱ类	130～180
	Ⅲ类	160～260
	Ⅳ类	240～350
注:表中投资费用不包括土地费用,各地应根据实际物价做详细核算。		

12.3 劳动组织与劳动定员应根据工程规模、工程复杂程度、生产管理要求、自动控制水平、经营模式和当地社会化服务条件等综合因素确定,做到职责分明、定岗定员、精简高效。

12.4 畜禽粪污处理场的劳动定员应参照表6的规定。

表6 畜禽粪污处理场劳动定员

单位为人

规　模	Ⅰ类	Ⅱ类	Ⅲ类	Ⅳ类
“能源生态”型处理场	≥8	3～8	2～5	1～2
“能源环保”型处理场	≥5	3～5	2～5	1～2
堆肥处理场	≥10	5～10	2～5	1～2

附　录　A
（规范性附录）
不同类别畜禽粪便重量排放折算表

不同类别畜禽粪便重量排放折算见表 A.1。

表 A.1　不同类别畜禽粪便重量排放表

畜禽类别及数量	折算为猪的数量
10 只蛋鸡	1 头猪
20 只肉鸡	1 头猪
1 头奶牛	10 头猪
1 头肉牛	5 头猪
注：表中数据均为畜禽排放粪便量的平均值，折算系数根据 NY/T 667 确定，猪的平均粪便产生量按照 2kg/(头・d)计算。	

附　录　B
（资料性附录）
畜禽粪污无害化处理工艺

B.1 “能源生态型”处理利用工艺

该工艺需要养殖业和种植业的合理配置，即周围有足够的农田或市场能够消纳厌氧发酵后的沼液、沼渣，使沼气工程成为能源生态农业的纽带，适用于项目建设点周边环境容量大、排水要求不高的地区。其中，厌氧消化部分工艺主要包括完全混合式厌氧消化工艺(CSTR)、塞流式厌氧消化工艺(PFR)、升流式固体反应器(USR)、车库式发酵工艺等；新型厌氧消化工艺包括一体化两相厌氧消化工艺(CTP)、分离式两相厌氧消化工艺(STP)、覆膜槽式发酵工艺(MCT)等。

“能源生态型”处理利用工艺流程如图 B.1 所示。

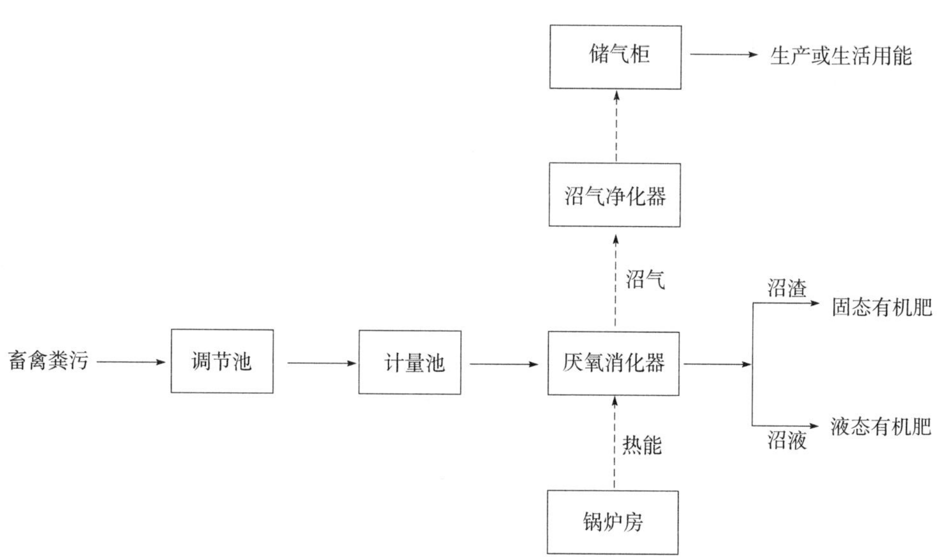

注：厌氧消化工艺的设计宜按照 NY/T 1220、NY/T 1222 或其他相关国家标准和行业标准执行。

图 B.1 “能源生态型”处理利用工艺流程

B.2 “能源环保型”处理利用工艺

该工艺适用于规模化养殖场，其最小污水处理量为 50 m^3/d，同时，项目建设点周边排水要求高。其中，厌氧工艺主要有升流式厌氧污泥床(UASB)、膨胀颗粒污泥床(EGSB)、内循环厌氧反应器(IC)等。不能还田利用的污水或经厌氧处理后不能达到排放标准的污水，可采用好氧工艺进行达标处理。常用好氧处理工艺主要有序批式活性污泥法(SBR)、膜生物反应器(MBR)、氧化沟、生物接触氧化法、厌氧—缺氧—好氧活性污泥法(A^2/O)等。典型“能源环保型”处理利用工艺流程如图 B.2 所示。

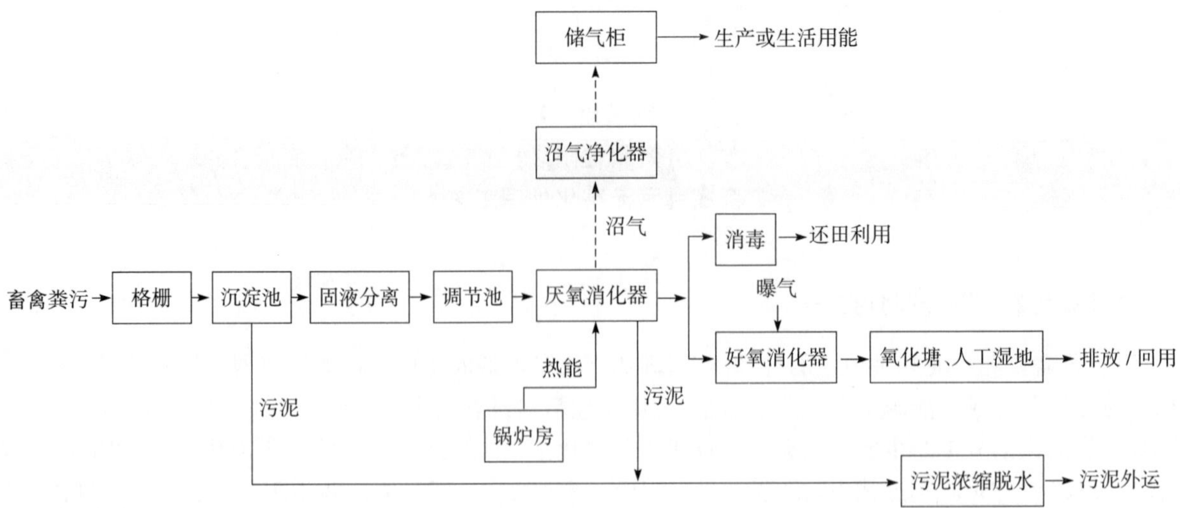

注：主要好氧消化工艺如下：
——序批式活性污泥法(SBR)，按照 HJ 577 的有关规定执行；
——膜生物反应器(MBR)，按照 CECS 152 的有关规定执行；
——氧化沟(亦称连续式反应池，CLR)，按照 CECS 112 的有关规定执行；
——生物接触氧化法，按照 HJ 2014 或 CECS 265 的有关规定执行；
——厌氧—缺氧—好氧活性污泥法(A^2/O)，按照 HJ 576 的有关规定执行。

图 B.2 “能源环保型”处理利用工艺流程

B.3 堆肥处理工艺

堆肥处理工艺类型有自然堆肥、条垛式控氧堆肥、机械翻堆堆肥、转筒式堆肥等。典型堆肥工艺流程如图 B.3 所示。

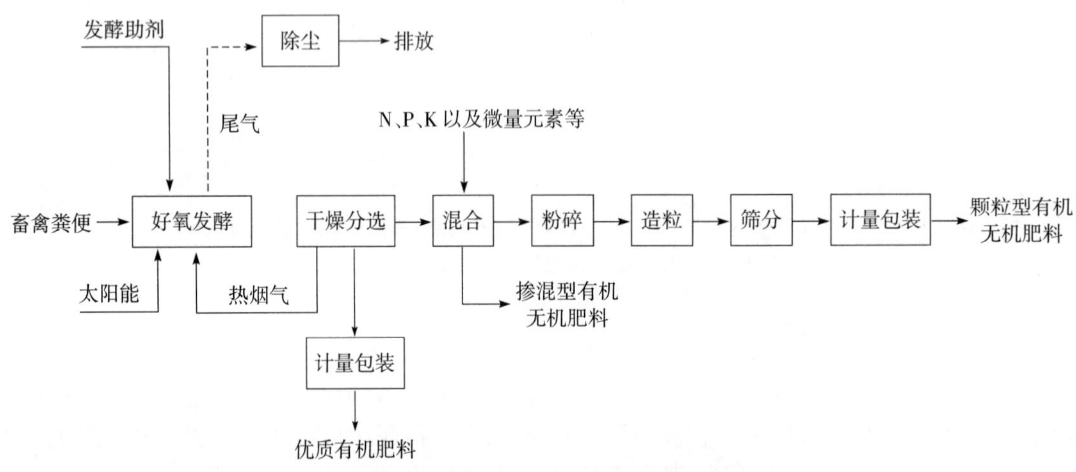

注：生产的肥料产品应符合 GB 18877、NY 525、NY 884 或其他相关国家标准和行业标准的要求。

图 B.3 堆肥处理利用工艺流程

ICS 65.040.01
P 35

中华人民共和国农业行业标准

NY/T 3024—2016
代替 NYJ/T 07—2005

日光温室建设标准

Construction criterion for chinese solar greenhouse

2016-11-01 发布　　2017-04-01 实施

中华人民共和国农业部 发布

目　次

前　言

本建设标准根据农业部《关于下达2013年农业行业标准制定和修订(农产品质量安全和监管)项目资金的通知》(农财发〔2013〕91号)下达的任务，按照《农业工程项目建设标准编制规范》(NY/T 2081—2011)的要求，结合农业行业工程建设发展的需要而编制。

本建设标准是对NYJ/T 07—2005《日光温室建设标准》的修订。

本建设标准共分10章：总则、规范性引用文件、术语和定义、建设规模与项目构成、选址与建设条件、工艺与设备、建筑与结构、配套工程、节能节水与环境保护和主要技术经济指标。

本标准与NYJ/T 07—2005相比，除编辑性修改外，主要技术变化如下：

——更新了部分术语的定义，增加了一些新的术语，删除了其他标准中已定义的术语；

——更新了引用标准；

——更新了部分技术经济指标；

——增加了节能节水与环境保护章节。

本建设标准由农业部发展计划司负责管理，中国农业科学院农业环境与可持续发展研究所负责具体技术内容的解释。在标准执行过程中如发现有需要修改和补充之处，请将意见和有关资料寄送农业部工程建设服务中心(地址：北京市海淀区学院南路59号，邮政编码：100081)，以供修订时参考。

本标准管理部门：中华人民共和国农业部发展计划司。

本标准主持单位：农业部工程建设服务中心。

本标准起草单位：中国农业科学院农业环境与可持续发展研究所、农业部规划设计研究院。

本标准主要起草人：杨其长、周长吉、张义、方慧、程瑞锋、李琨、刘文科、仝宇欣、肖平。

本标准的历次版本发布情况为：

——NYJ/T 07—2005。

日光温室建设标准

1 总则

本标准是编制、评估、审批日光温室建设工程项目可行性研究报告的重要依据，也是有关部门审查日光温室工程项目初步设计和监督检查项目建设的参考尺度。

本标准适用于北纬 32°～48°地区以生产果蔬和花卉为主的日光温室新建工程项目，改(扩)建工程项目可参照执行。

2 规范性引用文件

下列文件对于本文件的应用是必不可少的。凡是注日期的引用文件，仅注日期的版本适用于本文件。凡是不注日期的引用文件，其最新版本(包括所有的修改单)适用于本文件。

GB/T 18622 温室结构设计荷载

GB/T 29148 温室节能技术通则

GB 50011—2010 建筑抗震设计规范

3 术语和定义

下列术语和定义适用于本文件。

3.1

日光温室 Chinese solar greenhouse

东西延长，由山墙及后墙三面蓄热保温墙体、北向保温屋面(后屋面)和南向采光屋面(前屋面)构成，前屋面夜间用活动保温材料覆盖保温，以太阳能为主要能源并可进行作物越冬生产的温室。

3.2

前屋面 south roof

由骨架和透光材料覆盖构成的采光屋面。

3.3

前屋面角 tilt angle of the south roof

前屋面南沿端点与屋脊线间的垂直连线与地平面之间的夹角。

3.4

后屋面 north roof

又称后坡，连接前屋面与后墙的坡形保温防水围护结构。

3.5

后屋面角 tilt angle of the north roof

又称后坡仰角，后屋面内表面与水平面的夹角。

3.6

后墙 north wall

北侧具有承载、蓄热、保温功能的墙体。

3.7

后墙高度 height of the north wall

后屋面内表面与后墙内表面交线处至室外地面设计标高间的垂直距离。

3.8

山墙 gable

东、西两端的蓄热、保温墙体。

3.9

长度 length

东、西山墙外表面与室外地面交线之间的水平距离。

3.10

跨度 span

后墙内侧与室内地面交线至前屋面地脚线间的水平距离。

3.11

脊高 height of the ridge

室外地面设计标高至屋脊线间的垂直距离。

3.12

温室间距 net distance between the two neighbor greenhouses

南北相邻两栋温室间，南侧温室后墙外侧与室外地面交线至北侧温室前屋面地脚线间的水平距离。

3.13

建筑面积 construction area

日光温室墙体和前屋面在室外地面上的外轮廓线包围的面积。

3.14

室内面积 indoor area

日光温室墙体和前屋面在室内地面上的内轮廓线包围的面积。

4 建设规模与项目构成

4.1 日光温室群的建设规模，以多个单栋（单体）日光温室排列组成温室群的总占地面积表示。日光温室群的建设规模应根据建设地区的资源条件、投资环境和市场需求，结合建设单位的经济、技术条件和管理能力等因素确定。

4.2 日光温室建设项目构成包括日光温室、辅助生产设施、生产管理及生活设施、配套设施等。

a） 辅助生产设施包括灌溉系统、二氧化碳施肥系统、仓储、农机具等；

b） 生产管理及生活设施包括管理用房、食堂、宿舍、传达室等；

c） 配套设施包括厂区道路、给排水、供配电、消防设施等。

4.3 对新建的日光温室群，应充分利用当地提供的社会专业化协作条件进行建设；已有建设基础的单位新建日光温室或进行日光温室改（扩）建，均应充分利用现有设施和社会公用设施；辅助生产及配套设施可根据建设目标、生产性质以及工艺要求取舍或合并。

5 选址与建设条件

5.1 日光温室建设应符合建设地区土地利用的中长期规划。

5.2 日光温室建设宜选择在交通便利的地区，充分利用已有的交通条件。

5.3 日光温室建设场址应有满足生产需要的水源和电源。

5.4 日光温室建设场地应选择在光照条件好的地区，冬季的日照百分率宜大于50%。

5.5 日光温室群宜建在地势平坦、开阔采光条件好、无粉尘以及无有害气体污染源的地区，应远离高大建筑物或其他影响温室采光的物体。

5.6 日光温室建设场址宜选择在工程地质条件好、地下水位较低、排灌方便的区域，避开洪、涝、泥石流和多冰雹、雷击、风口等地段。

5.7 用于土壤栽培的日光温室宜选择土壤肥沃、有机质含量高、无盐渍化的地块。

6 工艺与设备

6.1 日光温室群生产工艺与配套设备应满足规模化生产的要求，符合优质、高产、低耗、节能、节约投资、高劳动生产率的要求。

6.2 日光温室配套设备应根据生产工艺要求、生产管理水平和当地的气候条件等因素配置。

6.3 日光温室应根据不同地区的气候条件和种植要求，增设辅助加温或降温设备。

6.4 日光温室灌溉系统宜根据种植品种和栽培方式合理选择滴灌、渗灌、微喷灌(可兼施肥、施药)等设备。

6.5 日光温室内应根据不同的栽培方式(土壤栽培、基质栽培、营养液栽培等)配置相应的设施。

6.6 日光温室前屋面冬季应采用保温材料覆盖保温，根据生产需要和经济条件，可选择草苫、纸被或耐候防水防霉复合保温被等保温覆盖物，保温材料的卷放宜采用电机驱动装置。

6.7 日光温室前屋面应设置通风构造，不宜在后墙或后屋面设置通风口(用于食用菌栽培的日光温室除外)。

6.8 夏季生产时，日光温室前屋面可根据作物生长需要增设遮阳降温设施。

6.9 日光温室可根据生产需要增设二氧化碳施肥装置、人工补光设备等。

7 建筑与结构

7.1 日光温室的跨度可因地制宜确定，通常以 8 m～12 m 为宜。

7.2 日光温室的脊高应按照合理采光时段原理设计，后墙和山墙厚度应根据当地 80%以上年份的最大冻土层厚度和墙体建筑材料与结构合理确定。日光温室的脊高宜为 2.6 m～5 m，后墙高度宜为 2 m～4 m，后墙和山墙厚度宜为 0.6 m～1.0 m。

7.3 前屋面角 α 宜按式(1)确定。

$$\alpha \geqslant \phi - (3^\circ \sim 6^\circ) \qquad (1)$$

式中：

ϕ——地理纬度。

7.4 后屋面角比当地冬至日正午太阳高度角大 10°～15°为宜。

7.5 日光温室骨架间距以 0.8 m～1.2 m 为宜，具体间距视骨架材料、结构强度、覆盖材料性能及当地风雪荷载情况而定。

7.6 日光温室长度以 70 m～100 m 为宜，具体可视地块情况合理确定。

7.7 日光温室的缓冲间，通常应依东、西山墙而建。若温室较长，缓冲间可设在温室的中部，缓冲间面积宜为 6 m^2～9 m^2。

7.8 日光温室的方位，根据建设地所处地理纬度和气候条件可采用南偏东或南偏西方位，且偏角(日光温室屋脊延长线的垂线与真子午线之间的夹角)宜≤10°。

7.9 日光温室后墙及山墙基础宜采用条形基础，前屋面基础宜采用钢筋混凝土加预埋件的独立基础或条形基础。高寒地区的日光温室基础应采取选用高标号水泥、添加抗冻剂等抗冻融工艺技术构筑。

7.10 日光温室骨架结构宜采用钢管、圆钢、型钢等钢材制作，钢骨架宜采用装配式构建组装。

7.11 日光温室钢结构骨架表面应进行防腐处理，宜采用热浸镀锌或刷防锈漆防腐。

7.12 日光温室透光覆盖材料应根据当地的经济条件，并充分考虑其使用寿命、透光率和流滴消雾持效期合理选择。

7.13　日光温室采用塑料薄膜覆盖时，固膜装置可用卡槽、压膜线、卡具等。

7.14　日光温室后墙及山墙应采用内外墙异质复合结构，内墙蓄热，外墙隔热保温。

7.15　日光温室后屋面应具备保温、防水和承重功能。

7.16　日光温室的间距，以冬至日 10:00～14:00 时(当地时间)前排日光温室投影不遮挡后排日光温室为原则。宜按式(2)确定。

$$L=\frac{(G+D)\times\cos(\theta_{10})-(L_1+L_2)}{\mathrm{tg}(h_{10})} \qquad (2)$$

式中：

G——脊高，单位为米(m)；

D——外保温覆盖材料收卷至屋脊处的直径，单位为米(m)；

h_{10}——冬至日 10:00 的太阳高度角；

θ_{10}——冬至日 10:00 的太阳方位角；

L_1——后墙厚度，单位为米(m)；

L_2——后屋面水平投影宽度。

7.17　日光温室结构设计荷载，应按 GB/T 18622 的规定进行计算。

7.18　日光温室的抗震能力应按 GB 50011—2010 中丁类建筑的要求设计。

8　配套工程

8.1　寒冷地区日光温室冬季需要加温的，可根据气候条件及生产要求配备供暖系统。

8.2　日光温室群供水系统的水压按水力设计确定。滴灌管(带)的工作压力在 100 kPa 左右，微喷头的工作压力在 200 kPa～2501 kPa。

8.3　日光温室供电电力负荷等级为三级。

8.4　根据生产需要，大规模日光温室生产可设置播种、催芽和育苗车间。

8.5　根据生产需要，大规模日光温室生产可设置果蔬、花卉等产品的预冷、分级、包装车间，以及储藏、保鲜等设施。

8.6　日光温室建设区应设置排水系统。

8.7　日光温室建设区道路应分主次，主干道宽以 5 m～6 m 为宜，次干道宽以 3 m～4 m 为宜，小区便道宽以 2 m～3 m 为宜，路面宜采用混凝土或沥青混凝土硬化。

9　节能节水与环境保护

9.1　节能

9.1.1　日光温室外围护基础应进行保温处理或设置防寒沟，减少温室能量损失。

9.1.2　日光温室前屋面透光覆盖材料应具有保温性能，外保温覆盖材料的传热系数宜小于 2W/(m·℃)。

9.1.3　寒冷地区日光温室加温宜用局部加温代替整体加温。

9.1.4　日光温室建筑和环境控制系统设计应按 GB/T 29148 的规定进行设计。

9.2　节水、节肥

9.2.1　日光温室灌溉应优先采用滴灌系统。

9.2.2　日光温室土壤栽培宜使用有机肥料，无土栽培营养液供给宜采用计算机精准控制。

9.3　环境保护

9.3.1 日光温室生产应配备粘虫板(带)、光诱杀灯和防虫网等物理防治设施设备。

9.3.2 日光温室应注重优化结构性能,充分利用太阳辐射能,寒冷地区供暖系统的热源应优先采用天然气、柴油、地源(水源)热泵等清洁能源。

9.3.3 日光温室无土栽培应设置营养液回收利用系统,废水须处理达标后排放。

10 主要技术经济指标

10.1 在提高蓄热保温性能的前提下,应尽可能控制和降低日光温室建设投资,以较少的投资,取得较高的经济效益,充分发挥投资效益。

10.2 日光温室生产配套设施、生产管理设施的建设内容和规模应与温室建设规模相匹配,相应的建设投资参照相关标准确定,并纳入日光温室工程项目的总投资。

10.3 日光温室工程项目建设投资包括温室单体工程投资直接费、项目预备费和其他费用三部分。温室单体工程投资为温室建设材料和设备的直接费和安装调试费的总和,其中,安装调试费按设备和材料直接费用的5%～10%计算。

10.4 日光温室单体工程的投资取决于温室用材及其配套设施,由日光温室主体工程投资估算指标和不同配套设施的投资估算指标确定。

10.5 日光温室主要材料消耗量按表1的规定确定。

表1 日光温室主要材料消耗量估算

项目	单位(每平方米室内面积)	数量	备注
标准砖	块	140～160	480 mm 墙体
水泥	kg	18～20	标号按425# 计算
钢材	kg	6～9	
墙体及基础保温材料	m^3	0.06～0.10	聚苯板、珍珠岩或炉渣
前屋面采光覆盖材料	m^2	1.20～1.35	塑料薄膜
前屋面外保温覆盖材料	m^2	1.25～1.40	草苫、保温被
注:标准砖、水泥、钢材的用量,温室较高、跨度较大的取低值,温室较低、跨度较小的取高值。			

10.6 单体(栋)日光温室主体工程(含主体结构、构件加工)的投资估算指标按表2的规定确定。

表2 日光温室主体工程投资估算指标

项目	说明	价格(每平方米室内面积)元
基础	基础做法:山墙和后墙为条形基础,根据不同地区的气候特点、冻土深度,埋深0.3 m～0.8 m,由内到外为480 mm厚砖基础+保温层;前墙为240 mm条形砖基础,埋深0.8 m	35～40
墙体结构	墙体做法:由内到外为480 mm厚砖墙+保温层+保护层	65～75
基础与墙体保温层	100 mm厚聚苯板	8～15
	120 mm厚珍珠岩	5～10
	120 mm厚炉渣	3.5～5.5
后屋面	后屋面做法:由上到下为(SBS+沥青)+100 mm～200 mm厚炉渣或蛭石,找平2%+60 mm厚钢筋混凝土预制板	25～35
	后屋面做法:由上到下为(SBS+沥青)+100 mm厚聚苯板+60 mm厚钢筋混凝土预制板	25～35
钢骨架	有两种形式:焊接式与装配式。焊接式取下限,装配式取上限	35～55
塑料薄膜	进口材料取上限,国产材料取下限	4～7
注1:以上定额均按北京市2013年的预算价格计算,各地可参照当地的预算价格执行。 注2:保护层应保证保温层不裸露,不开裂。		

10.7 日光温室主体工程建设工期定额按表3的规定确定。

表3 日光温室主体结构建设工期定额

单位为天

日光温室类型	建设工期	其中	
		土建工程	现场安装
塑料薄膜日光温室（面积667 m²）	8～13	7～10	1～3
注1：温室建设工期按667 m²面积、墙体为“480 mm厚砖基础＋保温层＋保护层”计算，不同温室建设规模及形式可参照本表执行。 注2：表中建设工期系按5个技术安装工人、10个普通安装工人计算；土建工程按10名技工、5名普工计算。			

10.8 日光温室工艺设备投资估算指标按表4的规定确定。

表4 日光温室工艺设备投资估算指标

项　目	价格	备　注
滴头滴灌系统，元/m² 室内面积	6～10	价格可根据滴头数量不同浮动
滴灌带滴灌系统，元/m² 室内面积	3～5	滴灌带为5年期取上限，普通取下限
二氧化碳施肥系统，元/m² 室内面积	2～3	燃煤净化二氧化碳施肥
	10～15	液态二氧化碳钢瓶供气
	0.5～1	化学反应法
草苫保温，元/m²	2～5	保温材料展开面积
复合保温被，元/m²	15～22	保温被展开面积
电动卷被系统，元/套	4 500～5 500	卷铺长度为60 m
电动卷膜系统，元/套	1 500～2 200	卷铺长度为60 m
手动卷膜系统，元/套	800～1 500	卷铺长度为60 m

10.9 日光温室配套工程供暖系统投资估算指标按表5的规定确定。

表5 日光温室供暖系统投资估算指标

项　目		价格，元/kW	备　注
热风供暖系统	燃油炉加温系统	120～300	不含集中储油罐和外线供油系统
	燃煤炉加温系统	100～250	不含管道、烟囱及其他配件
集中热水供暖系统	圆翼型散热器散热	240～290	室内外设计温差在15℃～30℃范围内，温差大取高限，温差小取低限

10.10 根据国家和地方的有关规定，日光温室建设标准投资估算中各项其他费用应包括：

a) 建设项目（项目建议书、可行性研究报告）咨询费；
b) 勘察测量费（含地质勘测、地形勘测）；
c) 工程设计费（含初步设计及施工图设计）；
d) 标底编制及招标代理费；
e) 工程监理费；
f) 建设单位管理费；
g) 建设项目环境影响咨询服务费。

10.11 日光温室建设标准投资估算中，各项其他费用的总取费率定为总投资的5%～6%；一般大型工程取低值，中小型工程取高值。

10.12 项目基本预备费取总投资的5%～8%。一般大型工程取低值，中小型工程取高值。

10.13 日光温室的劳动定员按表6的规定确定。

表6 日光温室(667 m^2)栽培管理人员劳动定员指标

单位为人

温室类型	果菜类生产温室	叶菜类生产温室	花卉生产温室
劳动定员	1.0～1.5	0.5	1.0～1.5
注:本表劳动定员仅指生产工人,不含管理部门和其他技术人员。			

10.14 日光温室(群)耗水量与作物品种及灌溉方式有关,日光温室日最大用水量按表7的规定确定。

表7 日光温室日最大用水量

栽培作物	叶菜类蔬菜	果菜类蔬菜	地面栽培花卉	盆栽花卉
日最大用水量,L/m^2 室内面积	15～20	10～15	20～30	20～30

ICS 65.020.99
B 04

中华人民共和国农业行业标准

NY/T 3069—2016

农业野生植物自然保护区建设标准

Construction criterion of facilities for protected areas of agricultural wild plants

2016-12-23 发布　　2017-04-01 实施

中华人民共和国农业部 发布

目　次

前　言

本建设标准根据农业部《关于下达2012年农业行业标准制定和修订(农产品质量安全监管)项目资金的通知》(农财发〔2012〕56号)下达的任务,按照《农业工程项目建设标准编制规范》(NY/T 2081—2011)的要求,结合农业行业工程建设发展的需要而编制。

本建设标准共分8章:范围、规范性引用文件、术语和定义、建设条件、建设规划、工程建设内容及规格、主要技术经济指标和附录与附件。

本建设标准由农业部发展计划司负责管理,农业部工程建设服务中心负责具体技术内容的解释。在标准执行过程中如发现有需要修改和补充之处,请将意见和有关资料寄送农业部工程建设服务中心(地址:北京市海淀区学院南路59号,邮政编码:100081),以供修订时参考。

本标准管理部门:农业部发展计划司。

本标准主持单位:农业部工程建设服务中心。

本标准起草单位:中国农业科学院作物科学研究所、农业部规划设计研究院。

本标准主要起草人:杨庆文、刘东生。

农业野生植物自然保护区建设标准

1 范围

本标准规定了农业野生植物自然保护区建设的术语和定义、建设条件、土地规划和工程建设内容及规格。

本标准适用于国家农业野生植物自然保护区建设。

2 规范性引用文件

下列文件对于本文件的应用是必不可少的。凡是注日期的引用文件,仅注日期的版本适用于本文件。凡是不注日期的引用文件,其最新版本(包括所有的修改单)适用于本文件。

GB 50011 建筑抗震设计规范

GB/T 50085 喷灌工程技术规范

GB/T 50485 微灌工程技术规范

NY/T 1668 农业野生植物调查技术规范

NY/T 1669 农业野生植物原生境保护点建设技术规范

NY/T 2216 农业野生植物原生境保护点监测预警技术规程

NYJ/T 07 日光温室建设标准

02S701 砖砌化粪池标准图集

3 术语和定义

NY/T 1669、NY/T 1668 和 NY/T 2216 界定的以及下列术语和定义适用于本文件。

3.1

自然保护区 protected area

对有代表性的自然生态系统、珍稀濒危野生动植物物种的天然集中分布区、有特殊意义的自然遗迹等保护对象所在的陆地、陆地水体或者海域,依法划出一定面积予以特殊保护和管理的区域。

3.2

农业野生植物自然保护区 protected area of agricultural wild plants

为保护珍稀、濒危农业野生植物资源及其自然栖息地而划出界限加以特殊保护的自然地域。

3.3

异位保存 *ex-situ* conservation

在珍稀、濒危野生动植物栖息地以外妥善保存这些野生动植物资源的保护方式。

3.4

农业野生植物异位保存圃 *ex-situ* conservation field for agricultural wild plants

在珍稀、濒危的农业野生植物栖息地以外妥善保护这些农业野生植物资源的人工田间种植园。

4 建设条件

4.1 选址原则

4.1.1 保护区所在地应具有被保护物种生存繁衍典型的生态环境和气候类型。

4.1.2 被保护的农业野生植物濒危状况严重且危害加剧。

4.1.3 保护区远离公路、矿区、工业设施、规模化养殖场、潜在淹没地、滑坡塌方地质区或规划中的建设用地等。

4.2 必备条件

4.2.1 被保护的农业野生植物物种应属于列入重点保护名录的野生植物，数量应不少于 3 个，实际分布面积不少于 33.3 hm^2(约 500 亩)。

4.2.2 保护区应覆盖被保护的农业野生植物集中分布区域及其周边环境条件相似的自然地理区域，面积不少于 133 hm^2(约 2 000 亩)。

4.2.3 保护区建设单位应具备县级以上(含)人民政府批准建立保护区的文件。

4.2.4 保护区建设单位应具备相应的土地产权或使用权证明。

4.2.5 保护区建设单位应具备相应主管部门批准的保护区建设与发展总体规划。

4.2.6 保护区建设单位应具有明确的管理机构、人员编制和经费来源。

5 建设规划

5.1 核心区

核心区应以被保护的农业野生植物集中分布状况而定，面积应不小于 80 hm^2(1 200 亩)。核心区内除应具有的科研监测、观察及保护性工程外，不应设置任何其他设施。

5.2 缓冲区

缓冲区应为核心区边界外围 50 m～150 m 的区域。缓冲区可布设科研、观察、保护等必要的工程设施。

5.3 异位保存圃

需要时，可设异位保存圃。

异位保存圃应设在缓冲区外。异位保存圃的面积应在 3 000 m^2～5 000 m^2，用于种植从保护区周边采集的珍稀、濒危农业野生植物资源。异位保存圃内可按物种类别或生长习性划分不同的保存区。

5.4 试验区

需要时，可设试验区。

试验区应设在缓冲区外，主要用于开展必要的科学实验研究。试验区可根据实验目的进行分区。

6 工程建设内容及规格

6.1 田间工程

6.1.1 围栏

核心区、缓冲区、异位保存圃、实验区外围均应设围栏。

6.1.1.1 陆地围栏

应用铁丝网做围栏材料，围栏的立柱应为高 2.3 m、宽 15 cm 方形的钢筋水泥柱，每根立柱中至少有 4 根直径为 Φ12 的螺纹钢或普通钢，外加 Φ6 箍筋，水泥保护层厚度应为 1.5 cm～3.0 cm，铁丝网为 Φ2.5～Φ3 镀锌丝＋Φ2～Φ2.5 刺。立柱埋入地下深度不小于 50 cm，浇注直径不小于 30 cm 的混凝土基座，立柱间距为 3 m；横向铁丝网间距应不大于 20 cm，基部铁丝网距地面应不超过 10 cm，顶部铁丝网距立柱顶不超过 10 cm，两立柱之间呈交叉状斜拉 2 条铁丝网。

6.1.1.2 水面围栏

视水面的大小和深度而定，立柱直径应为不小于 5 cm 的钢管或直径不小于 10 cm 的木(竹)桩；立柱高度应为最高水位时的水面深度加 1.5 m，立柱埋入地下深度应不少于 0.5 m。铁丝网设置按 6.1.1.1 的规定执行，铁丝网高度为最低水位线至立柱顶端。

6.1.1.3 生物围栏

适用时，可利用当地带刺植物种植于围栏外围，用作辅助围栏。用于生物围栏的物种应不属于被保护物种的近缘植物，高度应不超过主围栏。

6.1.2 巡视道路

6.1.2.1 沿缓冲区外围可修建长度应不超过缓冲区围栏、宽度为 1.5 m～1.8 m、沙石路面的巡视道路。

6.1.2.2 适用时，核心区内可修建人行便道，但宽度不超过 1.0 m。

6.1.3 连接道路

适用时，可修建距离保护区最近的公路(含村村通道路)至保护区大门的连接道路。连接道路应为长度不超过 5 km、宽度不超过 3.5 m 的沙石路面。

6.1.4 排灌设施

6.1.4.1 水生或喜湿植物的保护区

可在缓冲区或缓冲区外修建拦水坝、蓄水池和灌溉渠。

6.1.4.2 旱生植物保护区

可在缓冲区或缓冲区外修建排水沟。排水沟宜布置在低洼地带，并尽量利用天然沟渠，根据当地常规降雨强度确定排水沟宽度和深度。

6.1.4.3 异位保存圃和试验区

可安装喷灌或滴灌设施。设计按 GB/T 50085 或 GB/T 50485 的规定执行。

6.1.5 防火带

适用时，可在缓冲区外围修建防火隔离带或生物防火林带。防火带长度应不大于缓冲区围栏，宽度为 15 m～20 m。

6.1.6 日光温室

适用时，可在试验区内建设面积不大于 400 m^2 的日光温室，用于野生植物研究。日光温室的设计与建设按 NYJ/T 07 的规定执行。

6.1.7 隔离网室

适用时，可在试验区内建设面积不大于 667 m^2 的隔离网室。隔离网室水泥立柱高度不超过 4 m，立柱规格按 6.1.1.1 的规定执行。立柱间隔为 3 m，外围立柱间安装网眼为 2 cm×2 cm 的钢丝网，上面覆盖网眼为 2 cm×2 cm 的聚乙烯单丝防鸟网。网室内可进行分隔，隔间安装网眼为 2 cm×2 cm 的钢丝网。

6.2 土建工程

6.2.1 看护房和工作间

6.2.1.1 看护房和工作间应建于缓冲区外或缓冲区内紧靠缓冲区围栏。

6.2.1.2 看护房(含厨房、卫生间等生活设施)和工作间为砖混结构，总建筑面积应不超过 150 m^2。设计按 GB 50011 的规定执行。

6.2.2 瞭望塔

依保护区面积和地形设置 1 个～2 个瞭望塔，瞭望塔应为面积 7 m^2～8 m^2、高度 8 m～10 m 的塔形砖混结构或塔形钢结构。瞭望塔设计和建设按 GB 50011 的规定执行。

6.2.3 标志碑

6.2.3.1 标志碑为 3.5 m×2.4 m×0.2 m 的混凝土预制板碑面，底座为钢混结构，埋入地下深度不低于 0.5 m，高度不低于 0.5 m。

6.2.3.2 标志碑正面应有保护区的全称、面积和被保护的物种名称、责任单位和责任人等标识，标志碑的背面应有保护区的管理细则等内容。

6.2.3.3 标志碑应立于主大门旁。

6.3 其他配套设施

6.3.1 警示牌

警示牌为 60 cm×40 cm 规格的不锈钢或铝合金板材。一般悬挂于缓冲区围栏上，间隔距离为 50 m～100 m。

6.3.2 栅栏门

依保护区面积和地形，核心区和缓冲区可分别设置 1 个～4 个栅栏门。其中，1 个为主大门，应位于看护房附近。栅栏门的规格根据需要而定，宽度不超过 3 m，但高度应与围栏高度一致。

6.3.3 电力设施

6.3.3.1 从距离保护区最近的输电线路引入至看护房和工作间，适用时，配备变压器或配电室。

6.3.3.2 输电线路距离远、成本高，可建设小型水电、风电或太阳能发电设施。

6.3.3 给排水设施

6.3.3.1 由距离保护区最近的村落引入自来水至看护房和工作间，适用时，可建饮用水蓄水池。

6.3.3.2 引入自来水距离远、成本高，可打机井和配制抽水泵，或引入山涧泉水。

6.3.3.3 建设生活污水排放系统、人畜粪便简易处理设施，设计按 02S701 的规定执行。

6.4 仪器设备

6.4.1 调查与监测设备

保护区应配备调查监测的基本设备，包括 GPS 仪、测距仪、枝剪、卷尺、采集桶、标本夹、自动气象仪、双筒望远镜、高倍望远镜、照相机、摄像机和便携式土壤测定仪。

6.4.2 实验设备

保护区实验室应配备基本实验设备，包括显微镜、解剖镜、分析天平、电子秤、冰箱、烘干箱、离心机、分光光度仪、pH 计、标本架、消毒柜、实验台和实验柜。

6.4.3 办公和宣教设备

保护区应配备基本的办公设备，包括计算机（含笔记本电脑）、打印机、复印机、扫描仪、绘图仪、网络设备、网络服务器、投影仪、档案柜和办公桌椅。

6.4.4 巡护和防火设备

保护区应配备基本巡护防火设备，包括摩托车（或摩托艇）、灭火机、灭火器、消防栓、油锯机和夜视仪。

6.4.5 其他辅助设备

保护区应配备基本的辅助设备，包括喷雾机、喷雾器、割草机、电锯、小型农机具、小推车、太阳能热水器和厨卫设备。

7 主要经济技术指标

7.1 项目建设主要材料消耗量指标

7.1.1 陆地围栏

见表 1。

表 1 陆地围栏建设主要材料消耗量指标

项目	规格	单位	数量	备注
混凝土	C25	m^3/m 围栏长	0.035	
钢筋	Φ12 螺纹钢	m/m 围栏长	4	
钢筋	Φ6 圆钢	m/m 围栏长	3	间距 0.2 m
铁丝网	Φ2.5～Φ3 镀锌丝+Φ2～Φ2.5 刺	m/m 围栏长	15	间距 0.2 m

7.1.2 水面围栏

见表2。

表2 水面围栏建设主要材料消耗量指标

项目	规格	单位	数量	备注
立柱	直径应为不小于5 cm的钢管或直径不小于10 cm的木(竹)桩	m/m围栏长	2	以最高水位3 m,最低水位1.5 m为例
铁丝网	Φ2.5～Φ3镀锌丝+Φ2～Φ2.5刺	m/m围栏长	17	

7.1.3 巡视道路

见表3。

表3 巡视道路建设主要材料消耗量指标

项目	规格	单位	数量	备注
沙石	粒径小于4 cm	m^3/m道路长	0.42	宽1.8 m,厚15 cm沙石

7.1.4 连接道路

见表4。

表4 连接道路建设主要材料消耗指标

项目	规格	单位	数量	备注
沙石	粒径小于4 cm	m^3/m道路长	0.77	宽3.5 m,厚20 cm沙石

7.1.5 日光温室

见表5。

表5 日光温室建设主要材料消耗指标

项目	规格	单位	数量	备注
砖块	页岩砖	块/m^2室内面积	140～160	以240 mm墙厚
水泥	425#	kg/m^2室内面积	18～20	
钢材		kg/m^2室内面积	6～9	
墙体及基础保温材料	聚苯板、珍珠岩或炉渣	m^3/m^2室内面积	0.06～0.10	
屋顶采光覆盖材料	塑料薄膜	m^2/m^2室内面积	1.20～1.35	
屋面外保温覆盖材料	草帘保温被	m^3/m^2室内面积	1.25～1.40	

7.1.6 隔离网室

见表6。

表6 隔离网室建设主要材料消耗指标

项目	规格	单位	数量	备注
混凝土	C25	m^3/m^2室内面积	0.16	
钢筋	Φ12螺纹钢	m/m^2室内面积	2.2	
钢筋	Φ6圆钢	m/m^2室内面积	1.6	
边网	2 cm×2 cm的钢丝网	m^3/m^2室内面积	0.6	
顶网	2 cm×2 cm的聚乙烯单丝防鸟网	m^2/m^2室内面积	1.05	

7.1.7 看护房工作间

见表7。

表 7　看护房工作间建设主要材料消耗指标

项目	规格	单位	数量	备注
地基混凝土	C20	m^3/m^2 室内面积	0.17	
砖块	页岩砖	块/m^2 室内面积	420	以 240 mm 墙厚
屋顶混凝土	C25	m^3/m^2 室内面积	0.2	
钢筋	Φ10 圆钢	kg/m^2 室内面积	12	屋顶双层双向配筋

7.2　项目建设主要设备、仪器指标

见表 8。

表 8　项目建设主要设备、仪器指标

仪器设备名称	单位	控制数量	控制单价,元	主要技术指标	备注
GPS 仪	台	2	3 000	定位精度 5 m～10 m	
小型气象观测站	台	1	80 000	空气温度、空气湿度、土壤温度、土壤湿度、光照、蒸发量、降水量、风速、风向显示、屏幕显示、自动打印,单机累计存储一年与计算机连接数据信息资源网络共享 PC 电脑带数据线 100 m,太阳能电源＋笔记本电脑	
望远镜	部	2	1 000	放大倍率:12 倍～60 倍,物镜直径:70 mm,双筒	
数码摄像机	部	1	10 000	光学变焦:10 倍,存储容量:240 GB,最大像素:663 万,存储类型:硬盘式/闪存式	
数码相机	部	1	8 000	有效像素 1 000 万以上,高清,单反	
便携式土壤测定仪	台	1	13 000	实时记录土壤温度、土壤水分、大气温度、大气湿度、露点	备选
摄影生物显微镜	台	1	13 000	三目,倒置,总放大倍数 1 250 倍	备选
超低温冰箱	台	1	80 000	最低温度－80℃	备选
普通冰箱	台	2	4 000	最低温度－20℃	
超净工作台	台	1	7 000		备选
分析天平	台	2	4 500	0.1 mg	
烘干箱	台	1	3 800	温度范围:室温＋5～45℃;容积:300 L	
离心机	台	1	7 300	转速:4 000 r/min	
分光光度仪	台	1	1 300	波长范围:350 nm～1 000 nm	备选
计算机(含笔记本)	台	2	6 000	CPU:i5 及以上。硬盘:250 G 以上。内存:2 G 及以上,显卡:独显,512 M 及以上,显示器:LCD 19 寸及以上	
投影仪	套	1	20 000		
打印、复印、扫描一体机	台	1	6 000		
管护工具车	辆	1	80 000		
对讲机	部	4	1 000	产品类别:手台,频率范围:450 MHz～470 MHz	
风力灭火机	台	10	2 000	背负式,最大功率:4.5 kW/7 500 r/min	

7.3　项目建设工期

18 个月～24 个月。

8　附录及附件

8.1　被保护物种名称、数量、分布、面积、区域、位置图及地形图。

8.2　县级以上人民政府批准建设自然保护区的文件。

8.3　保护区建设单位土地产权证书或使用权证书。

8.4 保护区建设单位经上级主管部门批准的建设与发展总体规划。

8.5 保护区建设单位经上级主管部门批准的机构、人员和经费来源等。

ICS 65.040
P 35

中华人民共和国农业行业标准

NY/T 3070—2016

大豆良种繁育基地建设标准

Construction criterion for soybean seed producing bases

2016-12-23 发布 2017-04-01 实施

中华人民共和国农业部 发布

目　　次

前　言

根据建设部、国家发展和改革委员会《关于印发〈工程项目建设标准编制程序规定〉和〈工程项目建设标准编写规定〉的通知》(建标〔2007〕144 号)和农业部《农业工程项目建设标准编制规范》(NY/T 2081—2011)的要求,结合农业行业工程建设实际情况和我国大豆种业发展的需要,制定本标准。

本标准共 12 章,主要内容包括范围、规范性引用文件、术语和定义、一般规定、建设规模与项目构成、选址与建设条件、工艺(农艺)与设备、功能分区与总体布局、田间工程、建筑工程及配套设施、环境保护与节能节水以及主要技术经济指标。

本标准由农业部发展计划司负责管理,农业部规划设计研究院负责具体技术内容的解释。在标准执行过程中如发现有需要修改和补充之处,请将意见和有关资料寄送农业部规划设计研究院(地址:北京市朝阳区麦子店街 41 号,邮政编码:100125)。

主编单位:农业部规划设计研究院。

参编单位:山东圣丰种业科技有限公司、中国农业科学院作物科学研究所、南京农业大学农业部大豆生物学与遗传育种重点实验室、河南省农业科学院经济作物研究所、黑龙江省农业科学院大豆研究所、黑龙江农垦勘测设计院。

主要起草人:李欣、李树君、赵跃龙、陈海军、何进、吴存祥、赵晋铭、卢为国、刘丽君、何艳秋、李海朝、崔永伟、李向岭、余铭。

大豆良种繁育基地建设标准

1 范围

1.1 本标准规定了大豆良种繁育基地的建设规模与项目构成、工艺(农艺)与设备、功能分区与总体布局、田间工程与农业建筑工程、环保与节能等方面的内容和要求。

1.2 本标准是开展大豆良种繁育基地建设工程项目规划、项目建议书、可行性研究、初步设计等前期工作的依据,也是项目建设管理、监督检查和竣工验收的依据。

2 规范性引用文件

下列文件对于本文件的应用是必不可少的。凡是注日期的引用文件,仅注日期的版本适用于本文件。凡是不注日期的引用文件,其最新版本(包括所有的修改单)适用于本文件。

GB/T 3543 农作物种子检验规程

GB 4404.2 粮食作物种子 第2部分:豆类

GB 5084 农田灌溉水质标准

GB 15618 土壤环境质量标准

GB/T 20203 农田低压管道输水灌溉工程技术规范

GB/T 21158 种子加工成套设备

GB/T 30600 高标准农田建设通则

GB 50011 建筑抗震设计规范

GB 50016 建筑设计防火规范

GB/T 50085 喷灌工程技术规范

GB 50288 灌溉与排水工程设计规范

GB/T 50363 节水灌溉工程技术规范

GB/T 50485 微灌工程技术规范

GB/T 50600 渠道防渗工程技术规范

NY/T 1716 农业建设项目投资估算内容与方法

NY/T 2148 高标准农田建设标准

NYJ/T 08 种子贮藏库建设标准

SL 482 灌溉与排水渠系建筑物设计规范

3 术语和定义

下列术语和定义适用于本文件。

3.1

大豆良种繁育基地 soybean seed producing bases

具备完善的标准化生产体系、质量控制体系,能够确保生产合格的大豆种子的基地。

3.2

大豆 soybean

大豆 *Glycine max* (L.) Merr,属豆科,一年生草本植物。

3.3

原种　basic seed

用育种家种子繁殖的第一代至第三代或按原种生产技术规程生产的达到原种质量标准的种子。

3.4

良种　quality seed

用常规种原种繁殖的第一代至第三代或杂交种达到良种质量标准、供大田生产的种子。

3.5

大豆良种种植区划分　division of the soybean seed producing area

根据我国不同地区的气候特点、种植制度及播种季节，将大豆良种种植划分为3个区域，东北春大豆区、黄淮海夏大豆区和南方多作大豆区。

4　一般规定

4.1　符合国家土地、农业、水利、环保等部门的有关规定。

4.2　适应当地的资源条件及投资水平。

4.3　满足建设场地所需的自然条件及技术要求。

4.4　统筹规划，节约用地。

5　建设规模与项目构成

5.1　建设规模

5.1.1　大豆良种繁育基地的建设规模由大豆制种田规模和加工厂生产规模共同确定，共分为3类，详见表1。

表1　大豆良种繁育基地建设规模分类

类　别	Ⅰ类	Ⅱ类	Ⅲ类
大豆制种田规模，hm^2	1 001～2 500	501～1 000	300～500
加工规模，t/a	2 250～5 625	1 125～2 249	675～1 124
注：加工规模(t/a)为每年的加工能力。			

5.2　项目构成

5.2.1　大豆良种繁育基地建设项目由生产设施、辅助生产设施、配套设施和管理及生活设施构成。

5.2.2　生产设施包括田间生产设施和加工设施。其中，田间生产设施包括大豆制种田、田间道路、田间灌排设施、农田防护林网及农业机械；加工设施包括种子加工所需生产用房及生产设备。

5.2.3　辅助生产设施包括晒场、计量室、检验检测室、种子仓库、农机具库以及储藏和检验检测所需各类仪器设备。

5.2.4　配套设施包括供配电、给排水、消防、供热、通信、场区道路、围墙及大门。

5.2.5　管理及生活设施包括管理用房、员工食堂和宿舍等。

6　选址与建设条件

6.1　选址原则

6.1.1　应符合国家大豆优势制种区域规划布局的相关规定。

6.1.2　应符合国家和地方土地利用、城乡规划、环境保护及资源节约的相关法律、法规，因地制宜、合理布局、提高土地利用率。

6.1.3　项目选址决策前应进行科学论证，多方案比选。

6.2　制种田选址与建设条件

6.2.1 地势平缓，积温充足。

6.2.2 土层深厚，地力均匀，土壤肥力中等以上，土质质量应符合 GB 15618 的有关规定，田块集中连片。

6.2.3 交通便利，灌溉、排水条件好，水资源充足、水质符合 GB 5084 的有关规定；农技服务体系比较完善。

6.2.4 宜避开自然灾害频发及污染严重的地区。

6.3 种子加工厂选址与建设条件

6.3.1 交通便利，水、电、通信等基础设施供应可靠。

6.3.2 场地工程及水文地质条件良好，且不受洪涝等自然灾害威胁。

6.3.3 场地防洪标准不应低于 50 年一遇。

6.3.4 与制种田的运输距离宜控制在 50 km 以内。

7 工艺(农艺)与设备

7.1 制种田农艺与农机具配置

7.1.1 农艺技术

7.1.1.1 种植流程：播前准备(选地、整地、底肥、种子处理)—播种—田间管理(中耕、除草、化控、追肥、病虫防治)—收获。

7.1.1.2 应根据不同品种确定最适宜的播期和密度，不同品种间设置 3 m～5 m 防混杂带。

7.1.2 农机具配置

7.1.2.1 大豆制种按耕整地、播种、灌溉、施肥、植保和收获 6 个阶段配置农机具，全过程所需主要农机具详见附录 A。

7.1.2.2 农机作业水平由机耕率、机播(栽植)率和机收率 3 项指标决定。机耕率应为 100％；东北、黄淮海地区的机播率≥95％(机播的漏播率≤5％)、机收率≥95％；南方地区的机播率≥85％(机播的漏播率≤15％)，机收率≥85％。

7.1.2.3 农机作业指标应满足以下要求：

a) 耕翻作深度≥25 cm；

b) 耕整地表平整度≤±5 cm；

c) 收获破碎率≤1.5％。

7.2 种子加工工艺与设备

7.2.1 种子加工工艺

7.2.1.1 预清工艺流程如下：

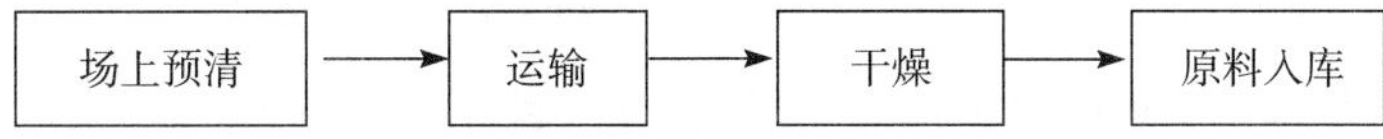

注：此阶段指田间收获到加工生产车间前应完成的过程，需要在田间配置相应规模的晒场及农机具库(棚)等。

7.2.1.2 加工工艺流程如下：

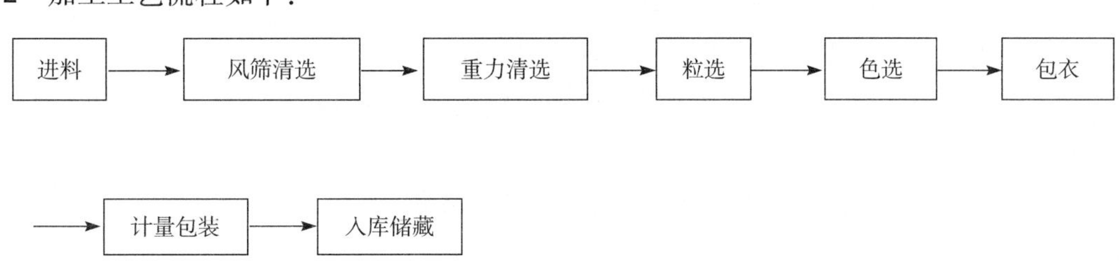

7.2.2 **种子质量评价指标**

7.2.2.1 加工后大豆原种应满足纯度不低于99.9%，净度不低于99.0%，发芽率不低于85.0%，水分不高于12.0%(长城以北和高寒地区的大豆种子水分允许高于12.0%，但不能高于13.5%)的质量要求。

7.2.2.2 加工后大豆良种应满足纯度不低于98.0%，净度不低于99.0%，发芽率不低于85.0%，水分不高于12.0%(长城以北和高寒地区的大豆种子水分允许高于12.0%，但不能高于13.5%)的质量要求。

7.2.3 **种子加工及设备配置**

7.2.3.1 根据当地实际及种子本身的特征特性，选配破损率低、损失率低、性能可靠的专用收获与脱粒机械。

7.2.3.2 宜采用全程机械化和重点工序自动化、智能化作业的种子加工成套设备，设备加工能力应与基地种子生产规模相匹配。

7.2.3.3 大豆种子加工成套设备技术指标应符合GB/T 21158的相关要求。

7.2.3.4 大豆种子预清阶段主要设备配置详见附录B。

7.2.3.5 大豆种子加工主要设备配置详见附录C。

7.2.4 **种子储藏**

7.2.4.1 储藏规模应与基地生产量及加工能力相匹配。

7.2.4.2 常温库内宜配备机械降温和除湿设备，以及移动式或固定式输送、电子控温、控湿、机械通风、熏蒸等设备及防虫、防鼠设施。

7.2.4.3 恒温库内温度控制指标为$T<15$℃，相对湿度控制指标为RH<65%。

7.2.5 **种子包装**

7.2.5.1 根据种植品种和播种规模选择适宜的包装袋，每袋种子重量宜为3 kg～25 kg。

7.2.6 **种子检验**

7.2.6.1 种子检验可分为扦样、室内检验和田间检验。室内检验包括净度分析、发芽试验、水分测定、真实性测定、品种纯度测定、转基因成分测定及种子健康测定。田间检验包括品种真实性检验和品种纯度鉴定两方面。

7.2.6.2 种子检验执行GB/T 3543中的相关规定。

7.2.6.3 种子检验主要仪器设备配置详见附录D。

8 功能分区与总体布局

8.1 功能分区

8.1.1 根据用地性质不同，基地分为制种生产田和种子加工厂两大类。

8.1.2 按照功能要求，基地分为种子生产区、种子加工区、种子仓储区和管理服务区四大部分。

8.1.3 种子生产区由制种田和相应的灌排设施、田间道路及晒场等组成。

8.1.4 种子加工厂由种子加工区、种子仓储区和管理服务区三部分组成。

8.1.4.1 种子加工区由种子加工车间、生产辅助性用房组成。

8.1.4.2 种子仓储区包括种子仓库、晒场及其之间的运输道路组成；种子仓库包括常温库、恒温库、辅料库和成品库。

8.1.4.3 管理服务区包括基地管理、种子检验检测、信息化及生活服务类用房和厂区道路等。

8.2 总体布局

8.2.1 制种田应满足大豆良种种植生产的各项要求,并结合田、水、路、林、村因地制宜,综合考虑。

8.2.2 种子加工厂应遵循节约用地、有利生产、方便管理的原则合理布局,各功能区之间既相互联系又相对独立,同一功能区内的建(构)筑物应相对集中布置。

9 田间工程

9.1 土地平整

9.1.1 田块布局应根据地形、降雨、大豆种植特点、灌水方式,并综合考虑土地权属等情况。

9.1.2 田块应相对集中,便于机械化管理。

9.1.3 田面平整度应满足田间管理、机械耕作的要求。

9.1.4 田块长度和宽度应根据地形地貌、机械作业效率、灌排效率、防止风害等因素确定。

9.1.5 田坎修筑、土体及耕作层各项指标应符合 GB/T 30600 和 NY/T 2148 的有关规定。

9.2 土壤培肥

9.2.1 大豆制种田应根据目标产量确定适宜的施肥量,测土配方覆盖率应达到 100%,并应保持土壤养分平衡。

9.2.2 东北春大豆区宜多施有机肥,结合整地施入;增施钾肥,适当补充镁肥及锌、硫等中微量元素,并应做到精确调整排肥量及均匀度。黄淮海夏大豆区宜多施有机肥,结合小麦播前整地施入。南方多作大豆区宜根据不同种植制度确定周年施肥方式。

9.3 灌溉与排水

9.3.1 大豆制种田应具备良好的灌溉及排水条件,灌、排设施应配套齐全。

9.3.2 灌溉设计保证率应符合表 2 的规定,灌溉水利用系数应符合 GB/T 50363 的有关规定。

表 2 灌溉设计保证率

灌水方法	地 区	灌溉设计保证率,%
地面灌溉	干旱地区或水资源紧缺地区	50～75
	半干旱、半湿润地区或水资源不稳定地区	70～80
	湿润地区或水资源丰富地区	75～85
喷灌　微灌	各类地区	85～95

9.3.3 渠系建筑物应配套完整,满足灌溉与排水系统要求,使用年限应与灌排系统总体工程相一致。

9.3.4 斗渠和农渠应根据防渗和节水要求进行衬砌,并满足 GB/T 50600 的相关规定。

9.3.5 喷灌、微灌区固定输水管道的埋深应在冻土层以下,且不小于 0.6 m。

9.3.6 排水设计暴雨重现期宜采用 5 年～10 年一遇,并保证 1 d～3 d 暴雨从作物受淹起 1 d～3 d 内排至田面无积水。

9.3.7 大豆制种田灌溉与排水工程除应符合本标准规定外,还应执行 GB 50288、GB/T 50085、GB/T 50485、GB/T 20203、SL482 以及 NY/T 2148 的相关规定。

9.4 田间道路

9.4.1 田间道路建设应能满足机械化作业、农产品和农用物资运输及生产人员通行要求。

9.4.2 平原区机耕路通达度宜为 100%,丘陵区宜为 90%。

9.4.3 机耕路面宽宜为 4 m～7 m,生产路面宽宜为 1 m～3 m。

9.4.4 机耕路和生产路建设应符合 GB/T 30600 和 NY/T 2148 的规定。

9.5 农田输配电

9.5.1 大豆制种田应配置田间输配电设施。

9.5.2 高压输电宜采用10 kV供电线路,低压配电宜采用380 V/220 V供电线路。

9.5.3 变配电装置应采用适合的变台、变压器和配电箱(屏)等装置。

9.6 农田信息化

9.6.1 大豆制种田宜配置土壤肥力、墒情和虫情等监测设施及现代化物联网监控设施,满足农田信息化管理要求。

9.7 农田防护林网

9.7.1 为了防止风灾、干旱等自然灾害对农田作物的影响,大豆制种田应根据当地主导风向,结合道路及田间沟渠分布,布置相应的农田防护林网。

10 建筑工程及配套设施

10.1 建筑工程建设要求

10.1.1 基地各类建筑应满足生产、储藏、检测和管理等要求,做到方便生产、经济合理、安全适用;建设标准应根据建设用途和建设地区条件合理确定。

10.1.2 建筑工程包括制种田间变配电用房、灌排设施用房、田间晒场、农机具库(棚)等,加工厂内加工车间、晒场、种子储藏库、种子检验检测室、管理生活用房及水、电、热等配套设施用房。

10.1.3 种子加工车间、农机具库宜采用单层轻钢结构建筑。

10.1.4 检验检测、管理生活类用房以及水、电、热等配套设施用房宜采用砖混结构建筑。

10.1.5 种子储藏库(常温和低温)设计应执行NYJ/T 08的相关规定。

10.1.6 各类建筑防火设计应执行GB 50016的相关规定。各类生产性用房及辅助生产性用房(除农机具库)的耐火等级不应低于二级。

10.1.7 农机具库的耐火等级不宜低于三级。

10.1.8 主要建筑物的结构设计使用年限应达到25年及以上。

10.1.9 各类建筑抗震标准应执行GB 50011的相关规定。主要建筑物的抗震设防类别应为丙类及以上。

10.1.10 晒场设计应满足运输机械荷载承重要求和排水要求。

10.2 配套设施建设要求

10.2.1 配套设施包括道路、给水、排水、消防、供热、通风、供配电、网络及通信等,并应与主体工程相配套,力求达到高效、节能、低噪声、少污染。

10.2.2 加工区道路应与外界保持便利通畅的联系,满足场内运输及工艺流程要求。

10.2.3 道路路面结构宜采用混凝土或沥青路面;路面宽度单车道应为3 m～3.5 m,双车道应为6 m～7 m。

10.2.4 加工区应具有可靠的供水水源和完善的供水设施。

10.2.5 加工区内排水系统应采用雨污分流制,并应以管道或暗沟方式进行排放。

10.2.6 加工区应设消防给水系统,并保证消防水源安全供给。

10.2.7 加工车间内应根据种子加工规模、建筑类型配备相应级别的消防系统。

10.2.8 根据种子加工工艺要求配备相应的供热设施;在寒冷地区还要考虑办公管理及生活类用房的冬季采暖,供热系统的设置应执行所在地区相关规范。

10.2.9 加工区应采用当地电网供电,电力负荷等级应不低于三级。

10.2.10 加工区通讯设施应与当地电信网设施相匹配,配备相应的电话、电视、监控及无限网络系统。

10.3 主要建筑工程建设规模指标

基地内主要建(构)筑物工程建设规模见附录 E。

11 环境保护与节能节水

11.1 环境保护

基地建设应执行国家环境保护方面的相关规定。

11.2 节能节水

基地建设应执行国家节能节水方面的相关规定。

12 主要技术经济指标

12.1 根据基地建(构)筑物工程建设规模、生产方式等相关条件,确定基地总建设用地及各类设施建设面积,应符合表 3 的规定。

表 3 基地建设用地及各类建设工程建筑面积指标表

项目名称	基地规模		
	Ⅰ类	Ⅱ类	Ⅲ类
	1 001 hm^2～2 500 hm^2	501 hm^2～1 000 hm^2	300 hm^2～500 hm^2
基地建筑用地总面积,hm^2	3.00～7.00	2.20～5.00	1.20～2.50
总建筑面积,m^2	7 740～16 100	4 360～7 740	2 900～4 360
其中:加工用房总建筑面积,m^2	1 200～2 000	800～1 200	700～800
辅助及配套设施用房总建筑面积,m^2	6 140～13 340	3 380～6 120	2 040～3 300
管理及服务用房总建筑面积,m^2	520～880	240～470	146～240
晒场总面积,m^2	8 000～16 000	4 000～8 000	2 000～4 000
注:晒场不全是建在加工区内,Ⅰ、Ⅱ、Ⅲ类基地加工区外需建晒场的要求详见 7.2.1.1;Ⅰ、Ⅱ、Ⅲ类基地需建晒场个数参见附录 E。			

12.2 基地生产、辅助生产、配套、管理及服务设施土建工程投资应符合表 4 的规定,基地加工设备、检验检测仪器及农机具投资应符合表 4 的规定。

表 4 基地土建工程建设投资表

单位为万元

项目名称	基地规模			备 注
	Ⅰ类	Ⅱ类	Ⅲ类	
	1 001 hm^2～2 500 hm^2	501 hm^2～1 000 hm^2	300 hm^2～500 hm^2	
田间工程投资	2 250～9 375	1 125～3 750	675～2 250	Ⅰ类和Ⅱ类每亩投资 1 500～2 500 元;Ⅲ类每亩投资 1 500～3 000 元
加工车间投资	120～360	80～240	70～130	
辅助设施工程投资	760～1 800	450～1 100	270～370	包括各类仓储库、检验检测室、农机具库和晒场
配套设施工程投资	70～100	90～110	60～80	包括水、暖、电各类用房及场区道路
管理及服务设施工程投资	90～180	45～90	25～50	包括办公用房、职工宿舍、食堂、门卫用房
加工设备投资	130～300	65～130	50～65	
检验检测仪器投资	20～30	10～20	10	
农机具投资	450～900	220～450	90～220	
工程建设总投资	3 890～13 045	2 085～5 890	1 250～3 175	
注:田间各单项工程投资估算指标参见附录 F。				

12.3 基地建设各类费用的投资估算应符合表 5 的规定。

表 5　基地建设投资估算构成表

项目名称	基地规模		
	Ⅰ类	Ⅱ类	Ⅲ类
	1 001 hm^2～2 500 hm^2	501 hm^2～1 000 hm^2	300 hm^2～500 hm^2
项目总投资,万元	4 200～14 100	2 250～6 500	1 350～3 500
田间工程费,%	55～65	50～57	50～64
加工生产设施土建工程费,%	2.6～2.8	3.5～3.8	3.7～5.0
辅助生产设施土建工程费,%	13～18	17～20	16～20
配套设施土建工程费,%	0.7～1.5	1.7～3.3	2.2～4.0
管理及服务土建工程费,%	1.2～1.6	1.4～2.0	1.4～2.0
加工及检测检验设备购置及安装费,%	2.2～3.0	2.4～3.5	2.5～3.6
农机具费,%	6.5～10.0	6.5～10.0	6.5～10.0
工程建设其他费,%	5.0～7.0	5.0～7.0	5.0～7.0
基本预备费,%	3.0～5.0	3.0～5.0	3.0～5.0

附　录　A
（规范性附录）
大豆田间农机具配置表

大豆田间农机具配置情况见表 A.1。

表 A.1　大豆田间农机具配置表

序号	设备名称	单位	用途
1	拖拉机(150 HP)	台	动力输出
2	拖拉机(200 HP)	台	动力输出
3	联合整地机	套	翻整土地
4	精量播种机(6 行～8 行)	台	播种
5	精量播种机(12 行)	台	播种
6	中耕机(6 行～8 行)	台	翻耕土地
7	中耕机(12 行)	台	翻耕土地
8	喷药机	台	喷洒农药
9	施肥机	台	撒施化肥
10	喷灌设备	套	浇水
11	大豆联合收获机	台	种子收获

附　录　B
（规范性附录）
大豆种子收获后预清阶段设备配置表

大豆种子收获后预清阶段设备配置情况见表 B.1。

表 B.1　大豆种子收获后预清阶段设备配置表

序号	设备名称	单位	用途	备注
1	种子预清机	台	种子原料清理	
2	皮带输送机	台	原料输送	
3	斗式输送机	台	原料输送	
4	种子原料储仓	台	高水分原料暂储	
5	种子干燥机	台	种子脱水	
6	种子储仓	台	原料暂储	
7	计量包装机	台	原料包装	
8	电控系统	套	设备控制	
9	输种系统	套	物料接口及溜管	
10	辅助系统	套	平台、支架等	

附　录　C
（规范性附录）
大豆种子加工设备配置表

大豆种子加工设备配置情况见表 C.1。

表 C.1　大豆种子加工设备配置表

序号	设备名称	单位	用途
1	进料斗	台	原料暂储
2	给料装置	台	原料均匀给料
3	斗式输送机	台	种子输送
4	风筛清选机	台	清除种子中灰尘、大小杂质
5	重力式分选机	台	清除虫蛀霉变粒和石子等
6	色选机	台	清除与种子本身有差异的杂粒
7	带式分选机或螺旋分选机	台	清除破损粒及半粒
8	种子包衣机	台	实施种子包衣
9	计量包装机	台	种子计量包装
10	电控系统	套	成套设备控制
11	除杂系统	套	杂质收集
12	系统除尘系统	套	防止灰尘外溢
13	风筛清选除尘系统	套	风筛选风源与除尘
14	重力分选除尘系统	套	重力分选除尘
15	储料斗	台	对处于各种状态的种子暂储
16	平台	套	方便设备安装与维护
17	支架	套	支撑单台设备或部件
18	输种系统	套	物料接口及溜管

附 录 D
(规范性附录)
检验检测主要仪器设备配置表

检验检测主要仪器设备配置表见表 D.1。

表 D.1 检验检测主要仪器设备配置表

序号	仪器名称	用途
1	显微镜	种子净度分析
2	电子数粒仪	数种
3	电子天平	样品称重
4	人工气候箱	发芽试验
5	低温储藏箱	样品储藏
6	干燥箱	种子样品干燥
7	水分测定仪	水分测定
8	高压灭菌器	高压灭菌
9	冷冻离心机	DNA 提取
10	分光光度计	DNA 质量检测
11	PCR 仪	基因扩增
12	电泳仪	凝胶电泳
13	数显电导仪	活力测定
14	分样器	分样
15	净度工作台	净度检验
16	电动筛选器	净度检验

附 录 E
(规范性附录)
主要工程建设规模一览表

主要工程建设规模一览表见表 E.1。

表 E.1 主要工程建设规模一览表

序号	建设内容	单位	基地建设规模			备注
			Ⅰ类 1 001 hm^2～2 500 hm^2	Ⅱ类 500 hm^2～1 000 hm^2	Ⅲ类 300 hm^2～500 hm^2	
1	加工生产设施	m^2				
1.1	加工车间	m^2	1 200～2 000	800～1 200	700～800	
2	储藏设施					
2.1	常温库原料库	m^2	3 000～7 500	1 500～3 000	800～1 500	
2.2	恒温库	m^2	150～300	80～150	50～80	T<15℃,RH<65%
2.3	辅料库	m^2	150～300	80～150	50～80	
2.4	成品库	m^2	1 800～3 500	1 000～1 800	700～1 000	
3	辅助及配套设施					
3.1	检验检测室	m^2	200～300	200	200	
3.2	农机具库(棚)	m^2	600～1 200	300～600	150～300	农机具棚应与田间晒场结合建设
3.3	晒场	m^2	8 000～16 000	4 000～8 000	2 000～4 000	Ⅰ类基地至少设4处 Ⅱ类基地至少设2处
3.4	锅炉房	m^2	200	180	50～100	冬季寒冷地区配置
3.5	加工区水泵房	座	1	1	1	
3.6	配电(箱)室	座	1	1	1	
3.7	场区道路	m^2	500～1 000	300～500	≥200	
4	管理及生活设施					
4.1	办公用房	m^2	150～300	80～150	50～80	
4.2	职工宿舍	m^2	200～400	100～200	60～100	
4.3	食堂	m^2	100～150	50～100	30～50	
4.4	门卫用房	m^2	20～30	10～20	6～10	

附 录 F
(资料性附录)
田间工程项目投资估算指标一览表

田间工程项目投资估算指标见表F.1。

表F.1 田间工程项目投资估算指标一览表

序号	工程名称	计量单位	估算指标,元
1	土地平整		
1.1	土地平整	hm^2	2 000～4 000
1.2	耕作层改造	hm^2	3 000～5 000
1.3	田坎(埂)	m	30～150
2	土壤培肥	hm^2	2 000～3 000
3	灌溉工程		
3.1	蓄水池	m^3	250～450
3.2	机井	眼	30 000～100 000
3.3	泵站	kW	15 000～20 000
3.4	灌溉水渠	m	60～250
3.5	管道灌溉	hm^2	9 000～12 000
3.6	喷灌	hm^2	25 000～33 000
3.7	微灌	hm^2	30 000～45 000
4	排水工程		
4.1	防洪沟	m	180～300
4.2	田间排水沟	m	100～250
4.3	暗管排水	m	200～350
5	农用输配电		
5.1	高压线	m	150～250
5.2	低压线	m	70～120
5.3	变配电	座(台)	20 000～60 000
6	道路		
6.1	沙石路	m^2	30～50
6.2	混凝土(沥青混凝土)道路	m^2	100～180
7	防护林网		
7.1	防护林	株	4～6

ICS 65.040
P 35

中华人民共和国农业行业标准

NY/T 3071—2016

家禽性能测定中心建设标准　鸡

Construction criterion for poultry performance test center—Chicken

2016-12-23 发布　　2017-04-01 实施

中华人民共和国农业部 发布

目　　次

前　　言

本标准根据农业部《关于下达2014年农业行业标准制定和修订(农产品质量安全监管)项目资金的通知》(农财发〔2014〕61号)下达的任务,按照《农业工程项目建设标准编制规范》(NY/T 2081—2011)的要求,结合农业行业工程建设发展的需要而编制。

本标准共分13章:总则、规范性引用文件、术语和定义、建设规模与项目构成、建设原则、项目选址与建设条件、饲养测定工艺与设备、建设用地与规划布局、建筑工程及附属设施、防疫隔离设施、废弃物处理、环境保护和主要技术经济指标。

本标准由农业部发展计划司负责管理,农业部工程建设服务中心负责具体技术内容的解释。在标准执行过程中如发现有需要修改和补充之处,请将意见和有关资料寄送农业部工程建设服务中心(地址:北京市海淀区学院南路59号,邮政编码:100081),以供修订时参考。

本标准管理部门:农业部发展计划司。

本标准主持单位:农业部工程建设服务中心。

本标准起草单位:江苏省家禽科学研究所、农业部家禽品质监督检验测试中心(扬州)。

本标准主要起草人:高玉时、邹剑敏、陆俊贤、唐修君、贾晓旭、陈大伟、金波、赵东伟、张小燕、贾雪波、顾荣。

家禽性能测定中心建设标准　鸡

1　总则

1.1　为加强对家禽性能测定中心(鸡)建设项目决策和建设的科学管理,正确执行建设规范,合理确定建设水平,推动技术进步,全面提高投资效益,特制定本标准。

1.2　本标准是编制、评估和审批家禽性能测定中心(鸡)建设项目可行性研究报告的重要依据,也是有关部门审查工程项目初步设计和监督、检查项目整个建设过程的参考尺度。

1.3　本标准规定了家禽性能测定中心(鸡)的建设规模与项目构成、建设原则、项目选址与建设条件、饲养测定工艺与设备、建设用地与规划布局、建筑工程及附属设施、防疫隔离设施、废弃物处理、环境保护和主要技术经济指标等。

1.4　本标准适用于每年测定鸡品种、品系或配套系 50 个以上的家禽性能测定中心的建设,年测定能力小于 50 个鸡品种、品系或配套系的测定机构建设可参照执行。

2　规范性引用文件

下列文件对于本文件的应用是必不可少的。凡是注日期的引用文件,仅注日期的版本适用于本文件。凡是不注日期的引用文件,其最新版本(包括所有的修改单)适用于本文件。

GB 5749　生活饮用水卫生标准

GB 7959　粪便无害化卫生标准

GB 18596　畜禽养殖业污染物排放标准

GB 50011　建筑抗震设计规范

GB 50039　农村防火规范

GB 50189　公共建筑节能设计标准

NY/T 388　畜禽场环境质量标准

NY/T 682　畜禽场场区设计技术规范

NY/T 823　家禽生产性能名词术语和度量统计方法

NY/T 828　肉鸡生产性能测定技术规范

NY/T 1566　标准化肉鸡养殖场建设规范

NY/T 2123　蛋鸡生产性能测定技术规范

3　术语和定义

下列术语和定义适用于本文件。

3.1

家禽生产性能测定　performance test of poultry

按照国家或行业有关标准,将同一批次的家禽种蛋置于一致的环境条件下孵化,出雏后置于同一环境条件下饲养,对其生产性能进行测量的全过程。

3.2

全进全出制　all-in,all-out

以禽舍为单元,同一禽舍内只饲养同一批次的家禽,同时进同时出的管理制度。

3.3

净道　non-pollution road

场区内用于人员通行以及健康家禽、饲料等清洁物品转运的专用道路。

3.4

污道　pollution road

场区内用于垃圾、粪便等废弃物、病死禽出场的专用道路。

4　建设规模与项目构成

4.1　建设规模

4.1.1　家禽性能测定中心(鸡)建设规模应根据国家畜禽良种工程建设相关规划以及我国家禽产业和社会经济发展需求等合理确定,应能满足蛋鸡和肉鸡生产性能测定工作需要。

4.1.2　家禽性能测定中心(鸡)建设规模,每年测定鸡品种、品系或配套系的能力应在50个以上,其中肉鸡种鸡15个,肉鸡商品代20个,蛋鸡种鸡和蛋鸡商品代15个以上。根据NY/T 828和NY/T 2123规定的测定数量和测定周期,应具有每年测定不少于18 600只鸡的能力。

4.2　项目构成

4.2.1　建设内容

主要包括场区建筑安装工程、仪器设备和场区工程。

4.2.2　场区建筑安装工程

主要包括新建生产设施(测定舍和种蛋孵化室)、辅助设施(更衣消毒室、车辆消毒设施、饲料储备间、种蛋储存间、兽医室、化验室、品质检测室、测定技术档案室、物资仓库等)、配套设施(粪污处理工程、给排水工程、采暖工程、通风和空调工程、电气工程、消防工程、信息网络工程以及监控系统等)及生活管理设施(办公用房、值班室、生活用房等)。

4.2.3　仪器设备

主要包括生产、环境控制、废弃物处理、品质测定以及其他辅助设备。

4.2.4　场区工程

主要包括场区道路、绿化、围墙、大门和停车场等。

5　建设原则

5.1　项目建设应遵循国家有关工程建设的标准和规范,执行国家节约土地、节约能源、节约用水、保护环境、消防安全要求,符合国家有关法律法规和畜牧业管理部门的有关规定。

5.2　项目建设应统筹规划,与城乡发展规划以及家禽产业分布相协调,做到近期和远期相结合。

5.3　项目建设水平应根据我国农业和科技发展的现状,因地制宜,做到安全可靠、技术先进、经济合理、使用方便和管理规范。

6　项目选址与建设条件

6.1　应充分考虑鸡生产性能测定工作的实际需要,其选址原则应具有较好的水、电、路和通信等基础设施条件,交通便利,同时具备较好的防疫条件。

6.2　项目选址和建设条件应符合NY/T 682和NY/T 1566的要求。

7　饲养、测定工艺及设备

7.1　饲养工艺

7.1.1　肉种鸡:宜采用种蛋孵化—育雏—育成—产蛋的饲养工艺。育雏和育成期宜采用笼养或平养,快大型肉种鸡产蛋期宜采用地面平养，中速型和慢速型肉种鸡宜采用笼养。

7.1.2　商品肉鸡：宜采用种蛋孵化—育雏—育成—育肥的饲养工艺。全程宜采用地面垫料平养、网上平养或者笼养。

7.1.3　蛋种鸡、蛋鸡商品代：宜采用种蛋孵化—育雏—育成—产蛋的饲养工艺。全程宜采用笼养。

7.1.4　测定鸡群饲养工艺应以每栋鸡舍为单元，实行“全进全出”制度。

7.2　性能测定工艺

项目工艺主要包括性能测定任务的接受、种蛋样品的采集与管理、种蛋的孵化、性能测定、测定过程质量控制、检验报告编制和签发等。详细性能测定工艺流程参见附录A。

7.3　工艺设备

7.3.1　配备原则

7.3.1.1　应满足鸡生产性能测定的需要，与饲养工艺匹配。

7.3.1.2　应具有先进性、可靠性、适应性和科学性。在同等性能的情况下，优先考虑国产仪器设备。

7.3.1.3　有利于性能测定过程环境控制、鸡群健康、测定质量和效率。

7.3.2　配备要求

7.3.2.1　仪器设备基础配置见表1，其他未列入的仪器、养鸡设施和辅助设施应根据有关规定和实际情况确定。

表1　仪器设备基础配置

序号	设备类型	名称	单位	数量	要　求
1	生产设备	孵化器	台	3～4	孵化量19 200个/批，应包括2台～3台孵化器和1台出雏器
		育雏育成设备	套	2	育雏育成舍2栋，每栋1套
		蛋鸡产蛋设备	套	3	蛋鸡笼养舍3栋，每栋1套
		肉鸡产蛋设备	套	2	肉种鸡笼养舍2栋，每栋1套
		高床网架	套	1	商品代肉鸡网上平养舍1栋，每栋1套
		喂料系统	套	9	鸡测定舍9栋，1套/栋
		饮水系统	套	9	鸡测定舍9栋，1套/栋
2	环境控制设备	环境控制系统	套	9	鸡测定舍9栋，1套/栋
		加热系统	套	8	鸡育雏育成测定舍、肉鸡测定舍4栋，2套/栋
		风机	台	29～38	鸡测定舍9栋，3台/栋～4台/栋；孵化室1个，2台/个
		湿帘	m^2	190～240	鸡测定舍9栋，20 m^2/栋～25 m^2/栋；孵化室1个，10 m^2/个～15 m^2/个
		清粪系统	套	8	笼养鸡舍7栋，1套/栋，高床网架1栋，1套/栋
		闭路监控	套	1	可选
		消毒防疫设施	套	1	应与测定规模匹配
3	废弃物处理设备	污水处理设备	套	1	应与测定规模匹配
		动物尸体无害化处理设备	套	1	应与测定规模匹配
4	品质测定设备	蛋品质测定设备	套	1～2	应包括蛋重、蛋黄色泽、哈氏单位、蛋壳强度、蛋壳厚度等指标的测定设备
		肉品质测定设备	套	1～2	应包括肉色、pH、嫩度、系水力等指标的测定设备
		营养成分测定设备	套	1	测定饲料中和产品中粗蛋白、粗纤维、粗脂肪、钙、磷含量等指标
		电子秤	台	6～8	应包括量程0 g～5 kg、精确度1 g和量程0 g～5 kg、精确度5 g的电子秤

表 1（续）

序号	设备类型	名称	单位	数量	要　求
4	品质测定设备	电子天平	台	3～4	应包括精确度 0.001 g、0.000 1 g 和 0.000 01 g 的电子天平
		磅秤	台	3～5	量程 0 g～100 kg，准确度 50 g
		体尺测定设备	套	1～2	具备按 NY/T 823 规定的鸡各项体尺指标测量的设备
		冰箱/冰柜	台	3～5	
5	其他辅助设备	冲洗消毒机	台	3～5	
		场内物资运输设备	辆	2～3	
		采样用车	辆	1	7 座左右面包车
		供电设备	套	1	应与测定规模匹配
		供水设备	套	1	应与测定规模匹配，具有净化功能

7.3.2.2　测定工作人员生活、办公设备设施应根据实际需要配置。

7.3.2.3　中心用于档案存放的档案柜、陈列柜以及除湿设备应根据实际需要配置。

8　建设用地与规划布局

8.1　建设用地应符合国家和地方有关管理的规定。

8.2　按使用功能要求，场区划分为测定区（测定舍）、生活管理区（管理用房、生活用房和值班室等）、辅助区（孵化室、兽医室、品质测定室、防疫消毒设施和饲料储备间等）和废弃物处理区（病死鸡处理和粪污处理设施等）。

8.3　场区布局应符合 NY/T 1566 的要求。

8.4　测定舍总建筑面积应按照 4.1.2 要求的测定规模、NY/T 828 和 NY/T 2123 规定的测定数量以及不同阶段的饲养密度进行计算。

8.5　测定场场区占地总面积应控制在总建筑面积的 2.5 倍～3.5 倍。

8.6　测定场区绿化率应不低于 30%。

8.7　场区布局要充分考虑今后发展和改扩建的可能性。

9　建筑工程及附属设施

9.1　建筑与结构

9.1.1　家禽性能测定中心（鸡）主要建筑物面积指标见表 2。

表 2　家禽性能测定中心（鸡）主要建筑物面积指标

建筑类型	名称	建筑面积 m^2	备　注
生产用房	育雏育成舍	1 000～1 200	2 栋
	肉种鸡产蛋舍（平养）	500～600	1 栋
	肉种鸡产蛋舍（笼养）	1 000～1 200	2 栋
	商品肉鸡测定舍（网上平养）	500～600	1 栋
	蛋鸡产蛋舍（笼养）	1 500～1 800	3 栋
	种蛋孵化室	200～240	主要用于种蛋储存、孵化和出雏等

表 2（续）

建筑类型	名称	建筑面积 m^2	备　注
辅助生产用房	样品接待室	20～30	
	业务室	40～60	
	兽医室	40～60	抗体监测及药敏实验
	化验室	40～60	饲料常规成分检测
	品质测定室	100～160	屠宰测定，肉、蛋品质测定
	测定技术档案室	20～30	纸质和电子测定档案的保存
	更衣消毒室	40～60	
	饲料储备间	160～200	
	数据处理室	40～60	测定数据记录表的分类、整理以及测定结果分析等
	会商室	40～60	
	其他辅助建筑	80～100	物资仓库、药品库等
生活管理用房	生活管理建筑	260～300	办公用房、生活用房、值班室和厕所等
合计		生产用房建筑面积 4 700 m^2～5 740 m^2，辅助生产用房建筑面积 620 m^2～880 m^2，生活管理用房建筑面积 260 m^2～300 m^2，合计 5 580 m^2～6 920 m^2	

9.1.2　各类测定鸡舍宜采用密闭式鸡舍，配置环境控制系统。

9.1.3　鸡舍宜设计为矩形平面、单层、单跨、双坡屋顶，鸡舍檐高度宜为 2.8 m～3.0 m，长度宜为 50 m～60 m，跨度宜为 10 m～12 m。

9.1.4　孵化室宜采用单层、平屋顶或坡屋顶建筑，室内净高宜为 4.0 m～4.5 m。

9.1.5　辅助建筑宜采用单层或多层、平屋顶或坡屋顶建筑，室内净高宜为 2.8 m～3.3 m。

9.1.6　外围护结构的传热系数应符合 GB 50189 或地方公共建筑节能设计标准的规定。

9.1.7　建筑物耐火等级应符合 GB 50039 的规定。

9.1.8　各类鸡舍可根据建场条件选用轻钢结构或砖混结构，辅助建筑宜选用砖混结构。

9.1.9　建筑抗震设防类别应达到 GB 50011 丙类的要求。

9.1.10　设置避雷、防雷设施。

9.2　配套工程与设施

9.2.1　场区周围应有实体围墙与外界隔离，墙高应在 2 m 以上，场区内测定区与生活区、办公区之间应设有效隔离设施。生产和生活污水宜采用暗沟或管道排至污水处理池，自然雨水宜采用明沟排放。

9.2.2　场区应有供水设备设施，测定区水质应符合 NY/T 388 的要求，办公区和生活区水质应符合 GB 5749 的要求。

9.2.3　电力负荷等级应为二级。当地不能保证二级供电时，应有自备电源。

9.2.4　场区应配置电话、网络等通讯、信息交流设备。

9.2.5　消防应符合 GB 50039 的规定，场区内设计环形道路，保障场内消防通道与场外道路相通，场内水源、电压、水量应符合现行消防给水要求。

10　防疫隔离设施

10.1　应具备较为完整的防疫、隔离体系，各项措施应完善、配套、经济和实用。

10.2　测定中心四周应建实体围墙，并应有绿化隔离带，入口处应设有车辆、物品和人员消毒设施。

10.3　测定区与生活管理区应保持一定距离。在测定区入口处应设更衣淋浴消毒室，在鸡舍入口处应设鞋靴消毒池或消毒盆。

10.4 测定区内应设有专门的净道和污道，且不应交叉，道路宜为混凝土路面，净道宽宜为 3.0 m～5.0 m，污道宽宜为 2.0 m～3.5 m。

10.5 饲料储备间应具有通向测定区内外的门，分别用于接料和送料。场外饲料车不得直接进入测定区卸料。

10.6 污水粪便处理区及病死鸡无害化处理设施应设在测定区夏季主导风向的下风向或侧风向处，应设有围墙与测定区隔离。

10.7 配置专用防疫消毒设备。

11 废弃物处理

11.1 废弃物经过处理后应达到有关排放标准。

11.2 污水处理应符合环保要求，且应符合资源化重复利用原则，排放时应符合 GB 18596 规定的要求。

11.3 粪便处理应符合 GB 7959 的要求。

12 环境保护

12.1 新建性能测定中心应进行环境评估。选择场址时，应由环境保护部门对拟建场址的水源、水质进行检测并做出评价，确保测定中心与周围环境互不污染。中心各区均应做好绿化。

12.2 场区空气、水质、土壤等环境参数应定期进行监测，并根据检测结果做出环境评价，提出改善措施。

12.3 噪声大的设备应采用隔音、消音或吸音等相应措施，使鸡舍的生产噪声或外界传入的噪声不得超过 80 dB。

12.4 场区绿化应结合当地气候和土质条件选种能净化空气的花草树木，并根据当地情况布置防风林、行道树和隔离带。

13 主要技术经济指标

13.1 项目建设投资

13.1.1 投资构成

包括建筑工程投资、仪器设备购置费、工程建设其他费和预备费等，总投资估算指标见表 3。

表 3 项目总投资估算表

序号	项目名称	项目主要内容	投资估算	备 注
1	建筑工程投资	测定舍等生产用房建筑安装工程，4 700 m^2～5 740 m^2	1 000 元/m^2～1 500 元/m^2，计 470 万元～860 万元	具体估算方法按照当地的工程造价定额和指标执行
		辅助生产用房建筑安装工程 620 m^2～880 m^2	1 800 元/m^2～2 200 元/m^2，计 112 万元～194 万元	
		办公、生活用房建筑安装工程 260 m^2～300 m^2	1 500 元/m^2～2 200 元/m^2，计 39 万元～66 万元	
		场区工程	200 元/m^2～300 元/m^2 计 110 万元～200 万元	
2	仪器设备购置费	见 4.2.3	700 万元～1 060 万元	详见表 4
3	工程建设其他费	前期调研、可行性报告编制咨询费、勘探设计费、建设单位管理费、监理费、招投标代理费以及各地方的规费等	按不超过项目总投资的 7%～8%估算	
4	预备费	用于建设工程中不可预见的投资	按不超过项目总投资的 5%估算	
	总投资		1 700 万元～2 600 万元	

13.1.2　**仪器设备购置费**

按表1中所列仪器设备进行购置，其经济指标见表4。

表4　仪器设备购置基本经济指标估算表

序号	仪器设备类别	购置费，万元
1	生产设备	220～320
2	环境控制设备	200～300
3	废弃物处理设备	100～160
4	品质测定设备	180～260
5	其他设备	100～120
总计		700～1060
注：表中所列经济指标仅为标准制定时的平均参考价格，具体价格以招标采购时实际中标价格为准，其中进口设备购置费为不含税价格。		

13.2　**建设工期**

项目建设工期按照建筑工程的工期、进口或国产设备的购置安装工期确定。在保证工程质量的前提下，应力求缩短工期，通常为18个月～24个月。

13.3　**劳动定员**

13.3.1　从事家禽生产性能测定的技术人员应具有相关专业大专以上学历，并经有关部门考核合格。

13.3.2　技术负责人和质量负责人应具备高级专业技术职称或同等能力，并从事本专业工作8年以上。

13.3.3　综合管理部门负责人应具备中级及以上专业技术职称或同等能力，熟悉测定业务，具有一定的组织协调能力。

13.3.4　测定部门负责人应具备中级及以上专业技术职称或同等能力，5年以上本专业工作经历，熟悉测定业务，具有一定的管理能力。

13.3.5　直接从事种蛋孵化、种鸡饲养的工人应经过专业技术培训，考核合格后持证上岗。

13.3.6　鸡生产性能测定中心的管理人员、技术人员和技术工人总数不宜少于10人。

附　录　A
（资料性附录）
鸡性能测定工艺流程

鸡性能测定工艺流程见图 A.1。

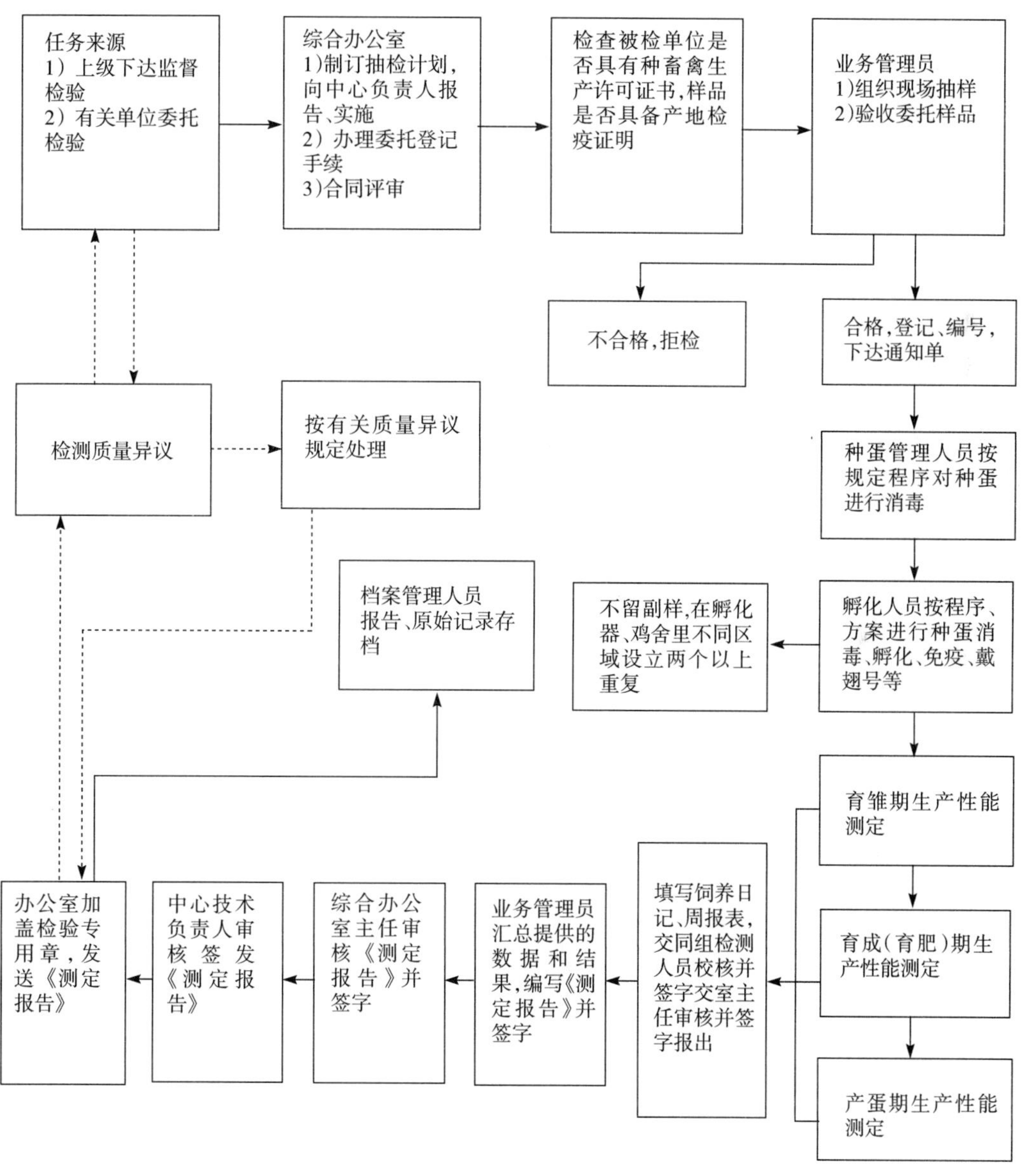

图 A.1　鸡性能测定工艺流程

ICS 65.020.01
B 00

中华人民共和国农业行业标准

NY/T 2081—2011

农业工程项目建设标准编制规范

Writing standard for agricultural engineering project construction

2011-09-01 发布　　　　2011-12-01 实施

中华人民共和国农业部　发布

前　　言

本标准按照 GB/T 1.1—2009 给出的规则起草。

本标准由中华人民共和国农业部发展计划司提出。

本标准由中华人民共和国农业部农产品质量安全监管局归口。

本标准起草单位:农业部工程建设服务中心。

本标准主要起草人:刘克刚、俞宏军、田惠、环小丰、王蕾、王艳霞、张晓亚。

农业工程项目建设标准编制规范

1 范围

本标准规定了农业工程项目建设标准的编写原则和编制要求。

本标准适用于农业工程项目建设标准的编写、修订和审定；渔港工程建设标准的编写、修订及审定也可参考。

2 规范性引用文件

下列文件对于本文件的应用是必不可少的。凡是注日期的引用文件，仅注日期的版本适用于本文件。凡是不注日期的引用文件，其最新版本(包括所有的修改单)适用于本文件。

GB/T 1.1—2009 标准化工作导则 第1部分：标准的结构和编写规则

《工程项目建设标准编制程序规定》和《工程项目建设标准编写规定》的通知(建标[2007]144号)

3 术语与定义

下列术语和定义适用于本文件。

3.1

农业工程项目 agricultural engineering project

为加强农业基础设施建设、提高农业综合生产能力，投入一定量的资本，以农业建筑工程或农业田间工程等为主要建设内容，按照项目建设程序，经过决策与实施，形成固定资产或新增农业生产和服务能力的项目。

3.2

建设标准 construction standard

为在建设领域内获得最佳秩序，对建设活动或其结果规定共同的和重复使用的规则、导则或特性的文件。

3.3

农业工程项目建设标准 construction standard of agricultural engineering project

为农业工程项目投资决策服务，合理确定农业工程项目建设内容、规模及建设水平所做的统一规定或要求。

4 一般规定

4.1 编制原则

4.1.1 农业工程项目建设标准的编制应体现技术先进、经济合理、安全适用、确保质量的通则。

4.1.2 农业工程项目建设内容、规模应坚持专业化协作、社会化服务的原则，根据实际情况科学合理确定。

4.1.3 农业工程项目应充分考虑财力、物力的可能，坚持以获得最佳秩序和最佳效益为目标。

4.1.4 农业工程项目应突出主体设施的标准和指标。对影响农业工程项目决策、建设水平和投资效益发挥的关键设施，应按照节约、降耗、增效的原则，作出规定。

4.1.5 农业工程项目配套设施的设置，应与主体设施相适应。凡是有协作条件的，应充分利用，不应另行设置。

4.1.6 农业改扩建项目应充分依托既有条件,发挥原有工程设施的潜力。

4.1.7 农业项目建设水平应以现有实践及经验为依据,考虑发展需要,兼顾投资能力,总体要体现同类项目行业先进水平。

4.1.8 制定标准应充分研究和利用国家或行业现行的技术标准和有关的定额、指标、经济参数,并注意与正在制定和修订的有关标准、定额、指标和经济参数相协调,避免矛盾和重复。

4.1.9 农业工程项目建设标准的编制,除应符合本规定外,还应符合国家现行有关法律及法规。

4.2 程序与格式

标准的立项、编写和审批程序,以及标准的构成、编排顺序、层次划分、印刷格式等,应遵守标准归口管理部门的有关规定。

由建设部或国家发展改革委员会立项的农业工程项目建设标准,按照建设部、国家发展和改革委员会关于印发《工程项目建设标准编制程序规定》和《工程项目建设标准编写规定》的通知(建标[2007]144号)要求完成。

由农业部或其他标准主管部门立项的标准,执行 GB/T 1.1—2009 的规定,并从属农业部标准立项、编写和审批相关文件的规定和要求。

标准的程序和格式如有差异,但编写内容和深度应符合本规定。

4.3 内容与深度

4.3.1 农业工程项目建设标准的对象,可以是同一类建设项目,可以是整个建设项目或是单项工程。

4.3.2 农业工程项目建设标准的主要内容包括:总则、建设规模与项目构成、选址与建设条件、工艺(农艺)与设备、建设用地与规划布局、建筑工程及附属设施、农业田间工程、农业防疫隔离设施、节能节水与环境保护、安全与卫生、主要技术及经济指标、附录及附件等。标准的具体内容,应结合编写对象的特点和需要,进行适当增减或调整。

4.3.3 农业工程项目建设标准的编制深度,应满足或符合编制和评估项目可行性研究报告的要求,并可作为项目监督检查及验收的依据。标准中的各项规定,可量化的应给出指标,不能量化的应有定性要求。

5 编制要求

5.1 总则

5.1.1 制定标准的目的。概括地阐述制定标准的依据和理由。

5.1.2 标准所适用的范围。应与标准的名称及其规定的内容相一致。

5.1.3 标准的共性要求。应为涉及标准整个内容或几部分内容的基本原则。

5.1.4 执行相关标准的要求。说明与其他标准及规定的关系。

5.2 建设规模与项目构成

5.2.1 阐明确定项目建设规模的依据及原则。

5.2.2 确定项目建设规模的度量指标,并依据该指标,划分项目规模等级。度量指标一般可选用农产品产量、种植面积、养殖数量、检测数量(批次)、建筑面积和投资额度等。

5.2.3 按项目建设的功能划分项目构成,并说明各构成部分所包含的具体内容。

5.3 选址与建设条件

5.3.1 阐明项目选址的原则及依据。应考虑满足相关法律法规、区域社会经济发展规划、行业发展规划、建设规划、土地利用规划以及项目本身的特性要求等。

5.3.2 阐述项目选址需考虑的场区环境等其他要求,包括土地类型、场地地势和周边间距等。

5.3.3 应提出项目对供水、供电、交通、通讯、气象、水文地质、工程地质等建设条件及周边自然环境的具体要求。

5.3.4 应列出不宜实施项目建设的地区、地段或其他因素。

5.4 工艺(农艺)与设备

5.4.1 阐明选定项目工艺(农艺)水平的基本原则及依据。工艺(农艺)技术应体现先进性和前瞻性,以及节能、节水、节地、节肥、节材和环保等原则和要求。

5.4.2 阐述项目可选用的一种或多种工艺(农艺)技术方案,包括内容要点、工艺布局、工艺路线、技术参数等具体要求。

5.4.3 阐述项目设备配置原则及依据原则。在满足工艺(农艺)技术要求的前提下,应考虑先进适应、安全可靠、适量配套以及优先选择国产设备等。

5.4.4 分别列述项目建设所需的设备类别以及选用范围内的主要设备,包括农田作业用的各类农机具等。

5.5 建设用地与规划布局

5.5.1 确定项目用地类型及用地规模。

5.5.2 确定项目用地构成及各功能区的占地面积或控制指标。

5.5.3 阐述项目场区总体规划布局原则以及规划布局需考虑的要素和基本要求,包括对建筑物、构筑物以及各种生产设施、道路、停车泊位,容积率及绿地率,水、电、气供应条件,以及消防、排污等进行综合考虑,合理布局,并提出指标。

5.6 建筑工程及附属设施

5.6.1 阐述各类建筑物和构筑物的功能、建筑特征及特殊要求等,包括建筑布局、建筑面积、层数、高度、建筑防火类别和耐火等级。

5.6.2 阐明建筑物和构筑物的主要工程做法及装饰装修标准。若对工程做法及建筑材料有特殊要求的,则应详细说明。

5.6.3 阐明主要建筑物结构类型、结构的设计使用年限、建筑抗震设防类别等。

5.6.4 阐明项目对附属配套设施的总体要求以及对场区道路、围墙(栏)、给排水、供电、采暖、通讯、消防、污水处理、生产配套设施、设施用房等的具体要求。

5.7 农业田间工程

5.7.1 阐明项目田间工程总体布局以及田间设施布置需考虑的要素和基本要求。

5.7.2 阐述各类田间工程设施规模、数量和等级等的确定依据及参考取值范围,包括土地平整及土壤改良,机井及抽水站、塘池、沟渠(管道)及其配套建筑物,道路、林网、供电线路、晒场、温网室及围栏等,并给出控制指标。

5.7.3 对项目中主要的以及有特殊要求的田间设施(或构筑物),应从建筑特征、结构形式、主要材料、工程做法等方面提出具体要求。

5.8 农业防疫隔离设施

5.8.1 阐明项目防疫隔离设施的布局原则和要求。

5.8.2 阐述防疫隔离设施的平面布置及情况。应综合考虑动物及植物防疫隔离方面的风向、漂移、人流物流路线、安全间距等因素对隔离设施的影响。

5.8.3 阐述需要设置的各类防疫隔离设施及具体要求。

5.8.4 列述需配备的各类防疫隔离设备及用具。

5.9 节能节水与环境保护

5.9.1 阐述项目节能目标、方案及相关参数。

5.9.2　阐述项目节水目标、方案及相关参数。

5.9.3　阐述有关环境保护内容对生产工艺及设备的一般要求。

5.9.4　阐述污水、污物、废气、噪声等对环境可能造成的破坏和影响，提出废弃物处理方案及环境保护措施等。

5.9.5　阐述农业面源污染对土壤、水体、地下水源等造成的影响，并提出处理方案或措施。

5.9.6　阐述项目场区整体环境优化要求及相关措施。

5.10　安全与卫生

5.10.1　项目建设内容具有辐射、污染等危害人身安全物质的，应说明项目安全防护建设的方案及具体保障措施。

5.10.2　项目建设存在疫病、火灾等能构成重大安全隐患因素的，应说明防控、防范和消除隐患的具体要求和措施。

5.10.3　列述符合生产安全的相关规程及要求。

5.11　主要技术及经济指标

5.11.1　说明项目建设主要材料消耗量指标。

5.11.2　对于生产类设施，应说明主要生产物资消耗指标。

5.11.3　说明项目的投资构成及主要投资估算指标，并应详细说明编制指标时所考虑的涵盖范围、造价水平等。

5.11.4　说明项目建设工期、劳动定员以及其他需要列述的个性化指标。

5.12　附录及附件

5.12.1　标准中需以资料性及补充性方式表述的内容，包括各类指标、图表和参数等，可用附录及附件的形式给以表达。

图书在版编目（CIP）数据

农业工程项目建设标准：2013—2016/农业部工程建设服务中心编．—北京：中国农业出版社，2017.11
ISBN 978-7-109-23470-3

Ⅰ．①农… Ⅱ．①农… Ⅲ．①农业工程－建设－标准－中国－2013—2016 Ⅳ．①S2-65

中国版本图书馆 CIP 数据核字（2017）第 262145 号

中国农业出版社出版
（北京市朝阳区麦子店街 18 号楼）
（邮政编码 100125）
责任编辑 刘 伟 冀 刚

中国农业出版社印刷厂印刷 新华书店北京发行所发行
2017 年 11 月第 1 版 2017 年 11 月北京第 1 次印刷

开本：880mm×1230mm 1/16 印张：19.25
字数：630 千字
定价：150.00 元